A.C.J. Beerens/A.W.N. Kerkhofs
101 Versuche mit dem Oszilloskop

101*Versuche mit dem Oszilloskop

*jetzt mit 125 Versuchen

A.C.J. Beerens
A.W.N. Kerkhofs

8., überarbeitete Auflage

Philips Fachbücher

Dr. Alfred Hüthig Verlag Heidelberg

Aus dem Niederländischen übersetzt von R. Scholz Eindhoven, und
G.W. Schanz Hamburg

Dieses Buch enthält XII + 241 Seiten und 260 Bilder, davon 36 Fotos,
23 Tabellen

Wir übernehmen keine Gewähr, daß die in diesem Buch enthaltenen Angaben
frei von Schutzrechten sind.

CIP-Kurztitelaufnahme der Deutschen Bibliothek

Beerens, A.C.J.
101 Versuche mit dem Oszilloskop / A.C.J. Beerens,
(Aus d. Niederländ. übers. von R. Scholz u. G.W. Schanz).-
– 8., überarb. Aufl. – Heidelberg: Hüthig, 1986.
 (Philips-Taschenbücher)
 7. Aufl. verlegt von Philips-GmbH, Abt. Verl.
 Hamburg
 ISBN 3-7785-1169-6

Alle Rechte vorbehalten
Nachdruck und fotomechanische Wiedergabe – auch auszugsweise – nicht
gestattet
© 1986 Dr. Alfred Hüthig Verlag GmbH, Heidelberg
Printed in Germany

Vorwort

Das Elektronenstrahl-Oszilloskop ist eines der vielseitigsten Meßgeräte, das man sich vorstellen kann. Seine Anwendungsmöglichkeiten sind fast unbegrenzt. Anfangs wurde das Oszilloskop lediglich als Labormeßgerät betrachtet, doch durch die fortschreitende Technisierung ist es seit einigen Jahrzehnten in vielen modernen Betrieben zu einem unentbehrlichen Hilfsmittel geworden. Auch der heutige technische Unterricht wäre ohne Oszilloskope kaum denkbar.

Der große Vorteil des Elektronenstrahl-Oszilloskops liegt im Vergleich zu elektromechanischen Meßsystemen, wie Volt- und Amperemeter, in seiner praktisch trägheitslosen Wirkungsweise. Man kann es als *superschnellen, universellen Kurvenschreiber* betrachten. „Universell", weil die Anwendung nicht auf elektrische Größen beschränkt ist; man kann auch nichtelektrische Größen darstellen. Hierzu benutzt man sogenannte „Umsetzer", mit denen aus nichtelektrischen Größen beispielsweise proportionale elektrische Spannungen gewonnen werden. Durch Verwendung von Hilfsgeräten (elektronische Schalter) kann man ferner auf dem Bildschirm sogar mehrere Oszillogramme gleichzeitig darstellen, wenn nicht von vornherein ein Zweistrahl- oder Zweikanal-Oszilloskop benutzt wird.

Was die Gliederung dieses Taschenbuchs anbelangt, werden zunächst global Aufbau, Wirkungsweise und Eigenschaften von Oszilloskopen und Hilfsgeräten behandelt. Nach einer Auswahl benötigter Meßwertaufnehmer werden 125 Versuche mit Oszilloskopen beschrieben. Mit der Zahl 101 sollte ursprünglich ausgedrückt werden, daß die vorliegende Sammlung von Versuchen keinen Anspruch auf Vollständigkeit erhebt, sondern nur als Auswahl aus einer fast unbegrenzten Anzahl von Möglichkeiten gedacht ist. Hieraus darf jedoch nicht geschlossen werden, daß nun lediglich eine mehr oder weniger wahllos zusammengestellte Auswahl geboten wird. Im Gegenteil; es wird versucht, den Leser Schritt für Schritt mit dem Aufbau einfacher Meßschaltungen sowie mit der Bedienung und den Anwendungsmöglichkeiten von Oszilloskopen vertraut zu machen. Hierzu führt er selbständig eine Anzahl nicht allzu komplizierter Versuche aus; Versuche, die dem „Eingeweihten" vielleicht weniger eindrucksvoll erscheinen mögen. Wir glauben jedoch, daß *gerade einfache Versuche* für die Weiterbildung des Lesers *eine gesunde Basis* bilden.

Um einen großen Leserkreis anzusprechen, wurden vorwiegend solche Versuche ausgewählt, die wenig Hilfsgeräte erfordern. Bereits etwa 25 % der Versuche lassen sich ausführen, sofern nichts weiter als je eine variable Gleich- und Wechselspannung zur Verfügung stehen. In jedem physikalischen Praktikum befinden sich zumindest ein NF-Generator und ein NF-Verstärker; hiermit ist bereits die Hälfte der Versuche ausführbar. Verfügt man außerdem noch über einen Rechteckgenerator, so werden weitere 25 Versuche möglich. Für den restlichen Teil der Versuche werden einige leicht zu beschaffende Hilfseinrichtungen benötigt.

Zu jedem Versuch wird neben einem Schaltschema für den Meßaufbau und einer stichwortartigen Versuchsanleitung eine kurze Erklärung der Zusammenhänge gegeben. In einigen Fällen wird diese Erklärung genügen; in den meisten Fällen soll sie jedoch dem ernsthaften Leser eine Anregung sein, die Zusammenhänge und Hintergründe des betreffenden Versuchs selbst zu durchdenken und näher kennenzulernen. Gerade deswegen erscheint dieses Taschenbuch für den modernen technischen Unterricht wie auch zum Selbststudium besonders geeignet.

Die Verfasser

Inhaltsverzeichnis

Vorwort V

1. Oszilloskop und Hilfsgeräte 1
   1.1. Oszilloskop 1
      1.1.1. Elektronenstrahlröhre 1
      1.1.2. Y-Verstärker mit Abschwächer 3
      1.1.3. X-Verstärker mit Abschwächer 5
      1.1.4. Zeitablenkschaltung 5
   1.2. Elektronischer Schalter 7
   1.3. Vorverstärker 8

2. Meßwertaufnehmer 8
   2.1. Elektrische Größen 8
      2.1.1. Strom 8
      2.1.2. Widerstand 9
      2.1.3. Selbstinduktion 9
      2.1.4. Kapazität 9
   2.2. Nichtelektrische Größen 9
      2.2.1. Weg und dgl. 9
      2.2.2. Kraft und dgl. 10
      2.2.3. Schallschwingungen, mechanische Schwingungen und dgl. 11
      2.2.4. Lichtstrom, Beleuchtungsstärke und dgl. 12
      2.2.5. Temperatur 13

3. 125 Versuche mit dem Oszilloskop 14
   3.1. Versuch 1: Kalibrierung des Y-Kanals in elektrischen Spannungswerten 15
   3.2. Versuch 2: Messung von Gleichstrom 16
   3.3. Versuch 3: Amplitude Spitze—Spitze einer Rechteckspannung 17
   3.4. Versuch 4: Mittelwert einer Rechteckspannung 18
   3.5. Versuch 5: Amplitude Spitze—Spitze einer Sinusspannung 19
   3.6. Versuch 6: Effektivwert einer Sinusspannung 20
   3.7. Versuch 7: Mittelwert einer Sinus-Halbwelle 21
   3.8. Versuch 8: Faradaysches Induktionsgesetz 22
   3.9. Versuch 9: Prüfung von Materialien zur Abschirmung magnetischer Felder 23
   3.10. Versuch 10: Wellenlänge eines Schallsignals 24
   3.11. Versuch 11: Kalibrierung des Zeitmaßstabs 25
   3.12. Versuch 12: Prüfung des Hörbereichs 26
   3.13. Versuch 13: Eigenfrequenz einer Stimmgabel 27
   3.14. Versuch 14: Schwingungsformen einer gespannten Saite 28
   3.15. Versuch 15: Optische und akustische Beobachtung eines Rechtecksignals 29
   3.16. Versuch 16: Ausgangssignal eines Rundfunkempfängers 30
   3.17. Versuch 17: Schwingungen einer Klaviersaite 31
   3.18. Versuch 18: Akustische Schwebungen 32
   3.19. Versuch 19: Fortpflanzungsgeschwindigkeit des Schalls in Luft 33
   3.20. Versuch 20: Dopplereffekt 34

3.21.	Versuch 21: Kalibrierung des X-Kanals in elektrischen Spannungswerten	35
3.22.	Versuch 22: X- und Y-Ablenkung mit Gleichspannungen	36
3.23.	Versuch 23: X- und Y-Ablenkung mit Sinusspannungen	37
3.24.	Versuch 24: Strom-Spannungs-Kennlinie eines Widerstands	38
3.25.	Versuch 25: Strom-Spannungs-Kennlinie eines spannungsabhängigen Widerstands (VDR)	39
3.26.	Versuch 26: Strom-Spannungs-Kennlinie einer Vakuumdiode	40
3.27.	Versuch 27: Strom-Spannungs-Kennlinie einer Halbleiterdiode	41
3.28.	Versuch 28: Strom-Spannungs-Kennlinie einer Gasdiode	42
3.29.	Versuch 29: Strom-Spannungs-Kennlinie eines Diac	43
3.30.	Versuch 30: Betriebsbereich einer Z-Diode	44
3.31.	Versuch 31: Betriebsbereich einer gasgefüllten Spannungsstabilisatorröhre	45
3.32.	Versuch 32: Eigenschaften eines Unijunctiontransistors	46
3.33.	Versuch 33: Kondensator im Gleichstromkreis	47
3.34.	Versuch 34: Spannungsverlauf an einem Kondensator während eines kurzzeitigen Stroms	48
3.35.	Versuch 35: Kapazität eines Kondensators	49
3.36.	Versuch 36: „Natürlicher" Stromverlauf in einer Kondensatorschaltung	50
3.37.	Versuch 37: „Natürlicher" Spannungsverlauf an einem Kondensator	51
3.38.	Versuch 38: Kondensator im Wechselstromkreis	52
3.39.	Versuch 39: Phasenverschiebung zwischen Strom und Spannung bei einem Kondensator	53
3.40.	Versuch 40: Kapazitätsbestimmende Größen eines Kondensators	54
3.41.	Versuch 41: Wägen mit einem kapazitiven Aufnehmer	55
3.42.	Versuch 42: Füllstandsbestimmung von Flüssigkeiten mit einem kapazitiven Aufnehmer	56
3.43.	Versuch 43: Spule im Gleichstromkreis	57
3.44.	Versuch 44: Stromverlauf in einer Spule während einer kurzzeitigen Spannung	58
3.45.	Versuch 45: Selbstinduktion einer Spule	59
3.46.	Versuch 46: „Natürlicher" Spannungsverlauf in einer Spule	60
3.47.	Versuch 47: „Natürlicher" Stromverlauf in einer Spule	61
3.48.	Versuch 48: Spule im Wechselstromkreis	62
3.49.	Versuch 49: Phasenverschiebung zwischen Strom und Spannung bei einer Spule	63
3.50.	Versuch 50: Größen, die die Selbstinduktion einer Spule bestimmen	64
3.51.	Versuch 51: Eigenschaften gekoppelter Spulen	65
3.52.	Versuch 52: Bestimmung des Ausdehnungskoeffizienten von Metallen	66
3.53.	Versuch 53: Netzspannung	67
3.54.	Versuch 54: Kontrolle der Zündung eines Motors	68
3.55.	Versuch 55: Schaltzeiten eines Zerhackers	69
3.56.	Versuch 56: Prellen eines Zungenkontakts	70
3.57.	Versuch 57: Trägheit eines lichtempfindlichen Widerstands	71
3.58.	Versuch 58: Selektivität eines Schwingkreises	72
3.59.	Versuch 59: Ausschwingen eines Schwingkreises	73
3.60.	Versuch 60: Eine kurzgeschlossene Transformatorwicklung	74

3.61.	Versuch 61: Ausschwingen zweier gekoppelter Kreise	75
3.62.	Versuch 62: Zerlegung einer Rechteckspannung	76
3.63.	Versuch 63: Helligkeit einer Glühlampe	77
3.64.	Versuch 64: Helligkeit einer Leuchtstofflampe	78
3.65.	Versuch 65: Bestimmung von Zünd- und Brennspannung einer Gasdiode	79
3.66.	Versuch 66: Thyratron im Wechselstromkreis	80
3.67.	Versuch 67: Eine Thyristorschaltung	81
3.68.	Versuch 68: Lichtsteuerung mit einem Triac	82
3.69.	Versuch 69: Primärstrom eines Netztransformators	83
3.70.	Versuch 70: Hystereseschleife von Transformatorblech	84
3.71.	Versuch 71: Hystereseschleife von dielektrischem Material	85
3.72.	Versuch 72: Diodenstrom bei Einweggleichrichtung	86
3.73.	Versuch 73: Ausgangsspannung eines Zweiweggleichrichters	87
3.74.	Versuch 74: Gleichrichterschaltung mit Spannungsverdopplung ...	88
3.75.	Versuch 75: Einige Messungen an einem Spannungsbegrenzer	89
3.76.	Versuch 76: Sperrträgheit einer Halbleiterdiode	90
3.77.	Versuch 77: Niveaustellschaltungen	91
3.78.	Versuch 78: Torschaltungen	92
3.79.	Versuch 79: Abgleich eines Tastteilers für Oszilloskope	93
3.80.	Versuch 80: Messungen an einem Koaxialkabel	94
3.81.	Versuch 81: Messungen an einer Paralleldrahtleitung	95
3.82.	Versuch 82: Amplitudenmoduliertes Signal	96
3.83.	Versuch 83: Demodulation eines AM-Signals	97
3.84.	Versuch 84: Frequenzvergleich zweier HF-Signale	98
3.85.	Versuch 85: Schwinggeschwindigkeit, Schwingweg und Beschleunigung	99
3.86.	Versuch 86: Ermittlung von Schwingungsknoten und -bäuchen einer Saite	100
3.87.	Versuch 87: Messungen mit einem Dehnungsmeßstreifen	101
3.88.	Versuch 88: Einfacher Sägezahngenerator	102
3.89.	Versuch 89: Einfacher Impulsgenerator	103
3.90.	Versuch 90: Rechteckgenerator mit einem Operationsverstärker ...	104
3.91.	Versuch 91: Rechteckgenerator mit einer Logikschaltung	105
3.92.	Versuch 92: Erzeugung von Nadelimpulsen mit einer Logikschaltung	106
3.93.	Versuch 93: Quarzoszillator mit einer Logikschaltung	107
3.94.	Versuch 94: Phasendifferenz zweier Sinusspannungen	108
3.95.	Versuch 95: Messung der Wechselstromschaltung	109
3.96.	Versuch 96: Frequenzmessung mit Lissajousfiguren	110
3.97.	Versuch 97: Frequenzmessung mit Zykloiden	111
3.98.	Versuch 98: Bestimmung der Drehzahl eines Motors	112
3.99.	Versuch 99: Frequenzmessung durch Z-Modulation	113
3.100.	Versuch 100: Frequenzteiler	114
3.101.	Versuch 101: Aufbau einer Treppenspannung	115
3.102.	Versuch 102: Vor- und Nacheilen der X-Spannung gegenüber der Y-Spannung	116
3.103.	Versuch 103: Exzentrizität einer rotierenden Welle	117
3.104.	Versuch 104: I_a-U_{gk}-Kennlinie einer Elektronenröhre	118
3.105.	Versuch 105: I_a-U_{gk}-Kennlinien einer Elektronenröhre bei zwei U_{gk}-Werten	119
3.106.	Versuch 106: I_C-I_B-Kennlinie eines Transistors	120

3.107. Versuch 107: I_C-U_{CE}-Kennlinien eines Transistors
bei zwei I_B-Werten 121
3.108. Versuch 108: I_D-U_{DS}-Kennlinien eines Feldeffekt-
Transistors bei vier U_{GS}-Werten 122
3.109. Versuch 109: Transistor als Stromverstärker 123
3.110. Versuch 110: Transistor als gegengekoppelter Verstärker 124
3.111. Versuch 111: Transistorverstärker in Basisschaltung 125
3.112. Versuch 112: Einfache integrierende Netzwerke 126
3.113. Versuch 113: Spannung vor und hinter einem Glättungsfilter 127
3.114. Versuch 114: Messungen an einem Schmitt-Trigger 128
3.115. Versuch 115: Messungen an einem monostabilen Multivibrator 129
3.116. Versuch 116: Frequenzhub eines FM-Signals 130
3.117. Versuch 117: Demodulation eines FM-Signals 131
3.118. Versuch 118: Frequenzbereich eines Schwingkreises 132
3.119. Versuch 119: Frequenzbereich zweier miteinander
gekoppelter Schwingkreise 133
3.120. Versuch 120: Nachweis der Seitenbänder eines AM-Signals 134
3.121. Versuch 121: Videosignal während einer Zeile 135
3.122. Versuch 122: Videosignal während eines Halbbilds 136
3.123. Versuch 123: Anstiegszeit des Y-Verstärkers 137
3.124. Versuch 124: Operationsverstärker als invertierender
Breitbandverstärker (V = 1...100) 138
3.125. Versuch 125: Operationsverstärker als nichtinvertierender
Breitbandverstärker (V = 1...100) 139

4. Literaturverzeichnis 140

5. Stichwortverzeichnis 141

6. Anhang: Eine Auswahl von PHILIPS Oszilloskopen 145

Hinweis:

In beiden einleitenden Kapiteln sind die wichtigsten der besprochenen elementaren Fachbegriffe *kursiv* gedruckt, um dem Anfänger bei der Durchführung der Versuche nötigenfalls leichtes Nachschlagen zu ermöglichen.

1. Oszilloskop und Hilfsgeräte

1.1. Oszilloskop

Die Hauptteile eines Elektronenstrahl-Oszilloskops sind
a. *Elektronenstrahlröhre*
b. *Y-Verstärker (Vertikalverstärker) mit Abschwächer*
c. *X-Verstärker (Horizontalverstärker) mit Abschwächer*
d. *Zeitablenkschaltung*

Zur Verdeutlichung dient das vereinfachte Blockschaltbild gebräuchlicher Oszilloskope. Die einzelnen Schaltungsteile werden im folgenden kurz beschrieben.

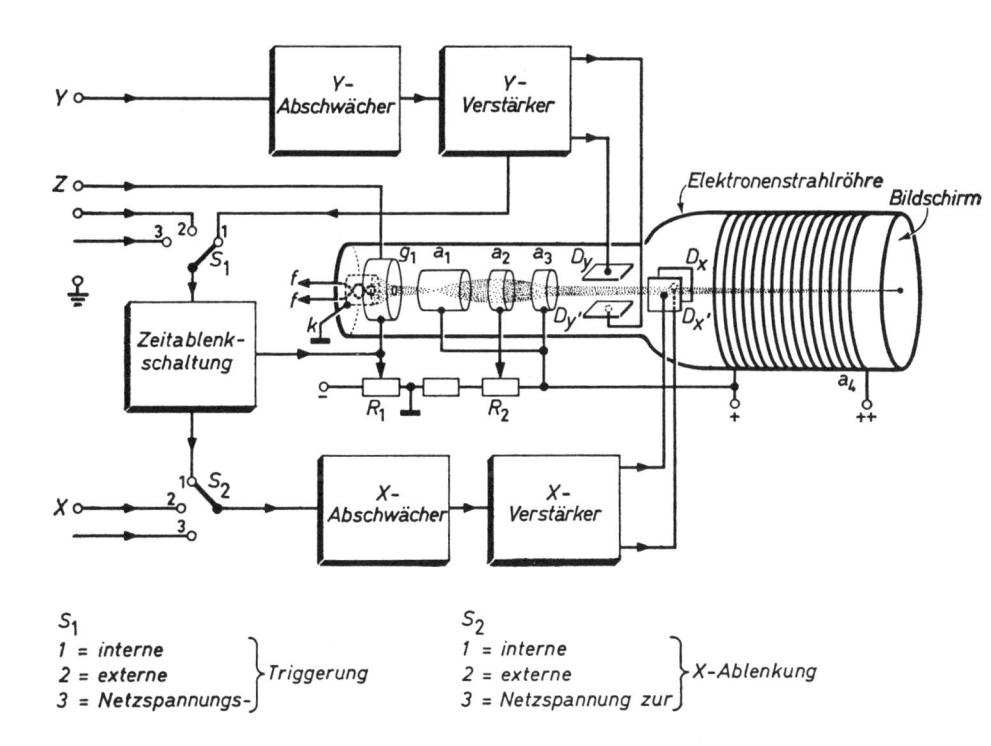

S_1
1 = *interne*
2 = *externe* ⎱ *Triggerung*
3 = *Netzspannungs-*⎰

S_2
1 = *interne*
2 = *externe* ⎱ *X-Ablenkung*
3 = *Netzspannung zur*⎰

1.1.1. Elektronenstrahlröhre

Die *Elektronenstrahlröhre* besteht aus einem trichterförmigen, evakuierten Glaskolben. Im Kolbenhals ist das *Elektrodensystem* untergebracht, während der Kolbenboden von einer meist plan ausgeführten Glasplatte gebildet wird, die auf ihrer Innenseite eine *Lumineszenzschicht* trägt. Dieser sogenannte *Leuchtschirm* wird jeweils dort, wo Elektronen auftreffen, zum Leuchten angeregt. Die Farbe des *Leuchtflecks* ist vielfach grün, aber bisweilen auch blau oder anders. Die *Helligkeit* des Leuchtflecks hängt jeweils von der Menge und von der Geschwindigkeit der auf den Leuchtschirm prallenden Elektronen ab. Die Elektronen werden ihrerseits durch thermische Emission aus der Katode k freigemacht, die von einem Heizfaden f erwärmt wird. Unmittelbar vor der Katode befindet sich ein metallischer Hohlzylinder g_1 — der sogenannte *Wehneltzylinder* —, der an eine niedrige, gegen Katode *negative* Spannung gelegt wird. Durch Veränderung dieser Spannung mit Hilfe von R_1 werden die (negativen) Elektronen mehr oder weniger stark abgestoßen. Je größer diese negative Vorspannung ist, desto kleiner ist also die Anzahl Elektronen, die den Wehneltzylinder passieren können. Man stellt auf diese Weise die Helligkeit des Leuchtflecks auf dem Bildschirm ein (R_1 = *Helligkeitseinsteller*). Außerdem kann man die Helligkeit von außen beeinflussen. Dies geschieht über den mit Z bezeichneten Anschluß. Ist die *Z-Spannung* eine Wechselspannung, so ändert sich die Helligkeit im Rhythmus dieser Spannung (sogenannte *Strahlmodulation* oder *Helligkeitsmodulation*). Zur völligen Sperrung des Elektronenstrahls, wobei kein Leuchtfleck mehr erscheint, sind allerdings einige 10 V erforderlich (siehe beispielsweise Versuch 99, 100, 102 und 103). Auf den *Wehneltzylinder* folgen drei zylindrische *Elektroden* (a_1, a_2, a_3), die an einer hohen, gegen Katode positiven Spannung liegen. So werden die Elektronen durch die Öffnung des Wehneltzylinders „gesaugt" und beschleunigt. Die *Anoden* selbst werden wegen ihrer Zylinderform nicht von den Elektronen getroffen, die mit großer Geschwindigkeit hindurchfliegen. Die einzelnen Anoden haben nicht die gleiche *positive* Spannung; die Spannung von a_2 ist einige hundert Volt niedriger als die von a_1 und a_3. Diese Spannungsdifferenz beeinflußt die Bahn der Elektronen derart, daß sie sämtlich ziemlich genau durch einen einzigen Punkt fliegen. Die Kombination a_1, a_2 und a_3 wirkt also als *Elektronenlinse*. Durch Veränderung der Spannungsdifferenz zwischen a_2 und a_1-a_3 mit Hilfe von R_2 kann man den *Brennpunkt* dieser „Linse" so legen, daß auf dem *Leuchtschirm* ein scharfer *Leuchtfleck* sichtbar wird (R_2 = *Schärfeinsteller*).

Die mittlere Spannung an den *Ablenkplatten* D_x-D_x' und D_y-D_y' ist etwa die gleiche wie an a_3, wodurch die Geschwindigkeit der Elektronen unverändert bleibt. Eine etwaige Spannungsdifferenz zwischen den beiden Platten eines Plattenpaars bestimmt die Ablenkung des Elektronenstrahls in X- bzw. in Y-Richtung. Üblicherweise wird die *horizontale Richtung* als *X-Richtung*, die *vertikale Richtung* als *Y-Richtung* bezeichnet. Diese Festlegung stimmt mit der in der Mathematik üblichen überein. Ist weder zwischen D_x und D_x' noch zwischen D_y und D_y' eine Spannungsdifferenz vorhanden, so erscheint der Leuchtfleck in der Mitte des Leuchtschirms. Ist D_y positiv gegen D_y', so wird der Elektronenstrahl beispielsweise nach oben abgelenkt. Je größer diese Spannungsdifferenz ist, desto weiter verschiebt sich der Leuchtfleck nach oben (die Ablenkung des Leuchtflecks ist der Spannungsdifferenz proportional). Ist D_y dagegen negativ gegen D_y', so wird der Leuchtfleck nach unten abgelenkt (siehe Versuch 1). Sinngemäß verschiebt eine Spannungsdifferenz zwischen D_x und D_x' den Leuchtfleck nach rechts oder links, wenn D_x positiv bzw. negativ gegen D_x' ist (siehe Versuch 21). Wird zwischen D_y und D_y' eine Wechselspannung angelegt, so schwingt der Leuchtfleck vertikal auf und ab. Bei schnellen Spannungsänderungen ist diese Bewegung derart rasch, daß man wegen der Trägheit des Auges und des *Nachleuchteffekts* des Leuchtschirmmaterials eine stillstehende, vertikale Linie sieht (siehe beispielsweise Versuch 5). Eine horizontale Linie nimmt man wahr, wenn eine Wechselspannung mit entsprechender Frequenz zwischen D_x und D_x' angelegt wird. Der Leuchtfleck läßt sich also bei gleichzeitiger Einwirkung zweier Spannungen nahezu trägheitslos über die gesamte Schirmfläche verschieben; in X-Richtung durch die eine Spannung (X-Spannung) und in Y-Richtung durch die andere (Y-Spannung). Auf diese Weise können zwei Spannungen miteinander verglichen werden. Mit anderen Worten: Man kann die Y-Spannung als Funktion der X-Spannung darstellen.

Der *Ablenkkoeffizient* (hierunter versteht man die Spannungsdifferenz eines Plattenpaars, die zur Auslenkung des Leuchtflecks um 1 Teil — meist 1 cm — erforderlich ist) hängt u. a. von der Geschwindigkeit ab, mit der die Elektronen die Ablenkplatten passieren. Bei geringer Geschwindigkeit sind die Elektronen relativ lange den Ablenkkräften ausgesetzt, was einen günstigen Ablenkkoeffizienten zur Folge hat. Allerdings ist dies mit einer entsprechend geringeren Leuchtfleckhelligkeit gepaart. Um nun die *Bildhelligkeit* zu erhöhen, ohne daß dabei eine starke Verschlechterung des Ablenkkoeffizienten auftritt, ist eine *Nachbeschleunigungsanode* a_4 vorgesehen, die an eine Spannung von einigen tausend Volt gelegt wird. Infolge dieser hohen Spannung prallen die Elektronen mit erhöhter Geschwindigkeit auf den Leuchtschirm. Da die *Nachbeschleunigung* erst nach Passieren des Ablenksystems stattfindet, tritt praktisch keine Beeinträchtigung des Ablenkkoeffizienten auf. Die Nachbeschleunigungsanode besteht meistens aus einer wendelförmigen Bahn aus schlecht leitendem Material an der Innenseite des Glaskolbens. Das schirmnahe Ende dieser Spirale liegt an der vollen Hochspannung, während das entgegengesetzte Ende eine Spannung aufweist, die etwa der von a_3 entspricht. Infolge des allmählichen Spannungsabfalls entlang der Widerstandsbahn bleibt die Richtung der Elektronen während der Nachbeschleunigung unverändert. Die beim Aufprall der Elektronen auf den Schirm freiwerdende Energie wird nicht nur in Licht umgewandelt, sondern verursacht auch sogenannte *Sekundäremission*. Diese vom Leuchtschirm emittierten Elektronen werden von a_4 abgefangen. Es liegt also ein geschlossener Stromkreis vor: Katode — Elektronenstrahl — Leuchtschirm — Sekundäremission — Nachbeschleunigungsanode (a_4) — Speiseteil — Katode.

1.1.2. Y-Verstärker mit Abschwächer

Für die *Auslenkung* des Leuchtflecks auf dem Bildschirm um 1 cm ist an einem Ablenkplattenpaar eine Spannung in der Größenordnung von 20 bis 30 V erforderlich. In der Regel liegen die zu messenden Spannungen nicht in dieser Größenordnung, so daß eine *Vorverstärkung* notwendig ist. Eine solche Vorverstärkung, die bereits bei 100 mV eine Auslenkung von 1 cm bewirkt, kann verhältnismäßig leicht verwirklicht werden. Sind andererseits die zu messenden Spannungen derart groß, daß der Verstärker übersteuert wird, so muß man sie zunächst abschwächen. Ein *Abschwächer* ist ein Spannungsteiler, bestehend aus einer Kombination von Widerständen und/oder Kondensatoren. Mit Hilfe eines Stufenschalters oder Potentiometers kann man die gewünschte Spannungsteilung *stufenförmig* oder *stetig* einstellen, wobei dann ein bestimmter Bruchteil des den Y-Klemmen zugeführten Signals an den Verstärkereingang gelangt. Auf diese Weise kann die Verstärkung in Y-Richtung bestimmt werden. In diesem Zusammenhang wird als Maß der *Ablenkkoeffizient* angegeben. Dieses ist der Quotient aus der Ablenkspannung und der Auslenkung des Bildpunkts (Leuchtfleck) bei definierten Betriebsbedingungen. Bei Wechselspannung ist dieses die Spannung von Scheitel zu Scheitel. Die Angabe erfolgt in *Volt je Zentimeter*, wenn nicht aufgrund der möglicherweise anders gearteten Teilung des Meßrasters andere Teillängen zugrundeliegen. In solchen Fällen ist die Angabe *Volt je Teil*, wobei dann die *Teillänge erwähnt* wird. Vielfach wird dem einstellbaren Abschwächer noch ein fester von beispielsweise 1 : 10 vorgeschaltet, untergebracht in einem *Tastkopf*, der über ein Meßkabel an das Oszilloskop angeschlossen wird (siehe Versuch 78). Bei der Messung wird der Tastkopf mit dem Meßobjekt in Verbindung gebracht, so daß die abgeschwächte Spannung über das Meßkabel an das Oszilloskop gelangt. Auf diese Weise wird das Meßobjekt weniger mit der *Eingangsimpedanz* (Parallelschaltung aus Eingangswiderstand und Eingangskapazität) des Y-Verstärkers belastet. Der Eingangswiderstand handelsüblicher Oszilloskope beträgt etwa 1 MΩ, die Eingangskapazität etwa 20 bis 50 pF. Mit Hilfe eines Oszilloskops kann man den Ablauf der verschiedensten Erscheinungen sichtbar darstellen. Dabei kommt es darauf an, jede beliebige Spannung (mit beliebiger Frequenz, Amplitude und Kurvenform) möglichst „naturgetreu" zu verstärken. Demzufolge sind an die Übertragungseigenschaften des Y-Verstärkers hohe Anforderungen zu stellen. Die naturgetreue Verstärkung rasch veränderlicher Spannungen macht eine entsprechend schnell ansprechende Schaltung erforderlich (siehe Versuch 123). Dieses wird durch Verwendung von Bauteilen mit möglichst geringer Parasitärkapazität und -induktivität sowie durch kapazitäts- und induktionsarme Montage der Schaltung erreicht. (In Versuch 37 wird gezeigt, daß die an einem Kondensator liegende Spannung sich nicht sprungartig ändern kann; in Versuch 47 wird ähnliches für den eine Spule durchfließenden Strom nachgewiesen.) Ein Maß für die *Ansprechgeschwindigkeit* des Y-Verstärkers ist der sogenannte *Frequenzbereich*. Man versteht hierunter den Bereich, in dem sich der *Ablenkkoeffizient* um nicht mehr als ± 3 dB (etwa ± 30 %), bezogen auf den waagerechten Teil der *Frequenzkennlinie*, ändert, und zwar einschließlich etwa vorhandener *Signalverzögerungseinrichtungen*. Letztere findet man bereits in einer Reihe von Oszilloskopen. Die Qualität eines Verstärkers kann man durch das Produkt aus Verstärkung und Frequenzbereich ausdrücken. Hohe Verstärkung und großer Frequenzbereich sind einander *widersprechende* Eigenschaften. Es ist nämlich äußerst schwierig, einen Breitbandverstärker zu konstruieren, der sich außerdem noch durch eine hohe Verstärkung auszeichnet. Oszilloskope mit einem Ablenkkoeffizienten von 5 mV/cm und einem Frequenzbereich von 15 MHz gehören zur normalen *Mittelklasse*. Es gibt jedoch auch Oszilloskope, deren Frequenzbereich beim genannten Ablenkkoeffizienten das Zehnfache beträgt.

Der *Y-Verstärker* soll nicht nur Spannungen von hoher Frequenz naturgetreu verstärken, sondern es müssen auch langsam veränderliche Spannungen unverzerrt wiedergegeben werden. Moderne Oszilloskope sind daher mit sogenannten *Gleichspannungsverstärkern* ausgestattet. Dieses sind Verstärker, bei denen die Kopplung zwischen den einzelnen Stufen „galvanisch", d. h. direkt, geschieht, — dies im Gegensatz zu *Wechselspannungsverstärkern*, deren Stufen mit Kondensatoren (die den Gleichstrom sperren) gekoppelt sind. Das Fehlen von Kopplungskondensatoren in einem Gleichspannungsverstärker bringt es jedoch mit sich, daß neben den zu messenden Gleichspannungen auch die im Verstärker selbst auftretenden Gleichspannungsänderungen mit verstärkt werden. Dies kann zu fehlerhaften Messungen führen. (Diese sogenannte *Gleichspannungsdrift* im Verstärker kann beispielsweise durch eine vorübergehende Veränderung der Speisespannung des Verstärkers entstehen; letztere als Folge unvermeidlicher Netzspannungsschwankungen.) Bei Verwendung von Gleichspannungsverstärkern ist dieser Umstand zu beachten. Bei den meisten Oszilloskopen kann man den Y-Verstärker wahlweise als Gleichspannungsverstärker (Schalterstellung DC bzw. =) oder als Wechselspannungsverstärker (Schalterstellung AC bzw. ∼) betreiben. Man schaltet den Y-Verstärker als Gleichspannungsverstärker, wenn man Gleichspannungen

(z. B. Versuch 1), niederfrequente Wechselspannungen (Versuch 33) oder Wechselspannungen mit einer Gleichspannungskomponente (Versuch 78) zu messen wünscht. In allen anderen Fällen empfiehlt es sich, den Y-Verstärker als Wechselspannungsverstärker zu schalten. (Bei den nachstehend beschriebenen Versuchen wird stets ein Wechselspannungsverstärker benutzt, wenn nicht etwas anderes vermerkt ist.)

Der Ausgang des Y-Verstärkers ist mit den Ablenkplatten praktisch immer „gleichspannungsgekoppelt". Dadurch wird die Möglichkeit geboten, neben dem zu messenden Signal auf dem gleichen Weg eine interne Gleichspannung an die Platten zu legen. Durch Veränderung dieser Gleichspannung kann man das Oszillogramm vertikal verschieben (Y-Verschiebung).

1.1.3. X-Verstärker mit Abschwächer

Die für den Y-Verstärker geltenden Grundsätze in bezug auf „naturgetreue" Übertragung haben naturgemäß auch für den *X-Verstärker* einschließlich *Abschwächer* Gültigkeit. Mit Hilfe des *X-Abschwächers* stellt man den *Ablenkkoeffizienten* in *X-Richtung* ein. Ferner ist eine sogenannte *X-Verschiebung* vorhanden, die es gestattet, das Oszillogramm in horizontaler Richtung zu verschieben. Bei einigen Oszilloskopen sind die Eigenschaften von X- und Y-Verstärker gleich. In vielen Fällen ist jedoch die Qualität des Y-Verstärkers (Produkt aus Verstärkung und Frequenzbereich) bedeutend besser als die des X-Verstärkers, da dieser bei den meisten Messungen ohnehin mit einer hohen „internen" Spannung gesteuert wird, so daß ein weniger günstiger Ablenkkoeffizient hier völlig ausreicht. Aus dem eingangs wiedergegebenen Blockschaltbild des Oszilloskops ist ersichtlich, daß der Eingang von X-Verstärker und -Abschwächer mit Hilfe des Schalters S_2 umgeschaltet werden kann. In Stellung 1 wird die Ausgangsspannung der Zeitablenkschaltung an den X-Abschwächer gelegt. Die Zeitablenkschaltung liefert eine linear mit der Zeit verlaufende Spannung (siehe auch 1.1.4.). In dieser Schalterstellung erfolgt die X-Ablenkung also *zeitproportional*. Dabei wird der Verlauf einer an den Y-Eingang geführten Spannung als Funktion der Zeit abgebildet (z. B. Versuche 12 bis 20). Befindet sich S_2 in Stellung 2, ist der X-Abschwächer mit dem externen X-Eingang (X extern) verbunden. Legt man an diesen Anschluß keine Spannung, erfolgt auch keine X-Ablenkung (z. B. Versuche 1 bis 10). Diese Stellung von S_2 benutzt man auch dann, wenn man zwei beliebige Größen miteinander vergleichen will. Die der einen Größe entsprechende Spannung legt man an den Y-Eingang, die der anderen Größe entsprechende Spannung an den X-Eingang. Es erscheint dann auf dem Leuchtschirm ein Diagramm, das die Beziehung zwischen den beiden Größen wiedergibt (z. B. Versuche 22 bis 32). Erwähnt sei, daß man durchweg die X- und Y-Spannungen so anlegt, daß jeweils der eine Pol an einem gemeinsamen Punkt *(Massepunkt)* liegt. Schließlich kann S_2 noch in Stellung 3 gebracht werden. In diesem Fall liegt am X-Abschwächer eine aus der Netzspannung abgeleitete Sinusspannung mit der Netzfrequenz (zumeist 50 Hz), und es wird demnach die jeweilige Y-Spannung mit der Netzspannung verglichen.

1.1.4. Zeitablenkschaltung

Häufig wünscht man, den Verlauf eines Vorgangs oder einer Größe in Abhängigkeit von der Zeit sichtbar zu machen. Man legt dann die Spannung, die der betreffenden Größe proportional ist, über den Y-Verstärker und -Abschwächer an die Y-Ablenkplatten. Gleichzeitig beaufschlagt man die X-Ablenkplatten mit einer Spannung, die den Elektronenstrahl mit konstanter Geschwindigkeit von links nach rechts über den Schirm bewegt. Nachdem der *Leuchtfleck* den rechten Schirmrand erreicht hat, muß er rasch wieder an seinen Ausgangspunkt, d. h. zum linken Schirmrand, zurückspringen. Unmittelbar anschließend kann dann ein neuer Zyklus beginnen. Die an der Ablenkplatte D_x liegende Spannung muß — bezogen auf $D_z{}'$ (siehe Blockschema) — also „allmählich" und gleichförmig von einem bestimmten negativen Wert auf einen ebensogroßen positiven Wert ansteigen und sodann „schnell" wieder auf den Anfangswert zurückgehen usw. Eine solche Spannung nennt man *Sägezahnspannung* (siehe Oszillogramm von Versuch 88). Die Zeit, die der *ansteigende* Teil einer Sägezahnspannung in Anspruch nimmt, nennt man *Hinlaufdauer*, abfallenden Teils *Rücklaufdauer*. Jedes Oszilloskop enthält eine Schaltung zur Erzeugung von Sägezahnspannungen, die sogenannte *Zeitablenkschaltung*. Schaltungen dieser Art beruhen praktisch immer auf dem Prinzip, daß sich die Spannung an einem Kondensator *zeitlinear* ändert, wenn dieser Kondensator mit konstantem Strom geladen oder entladen wird (Versuch 34). Während des Rücklaufs gibt der Zeitablenkgenerator einen *negativen* Impuls an den *Wehneltzylinder* ab, so daß der *Leuchtschirm* während dieser Zeit *dunkel* bleibt.

Damit auf dem Leuchtschirm ein *stillstehendes* Bild erscheint, muß die Periodendauer der Sägezahnspannung gleich der Periodendauer der zu messenden Spannung oder einem Vielfachen davon sein. Aus diesem Grund ist im Oszilloskop die Möglichkeit einer *stufenweisen* und/oder *stetigen* Änderung der Periodendauer des Sägezahns vorhanden. Man verändert damit die *Ablenkgeschwindigkeit* des Elektronenstrahls in horizontaler Richtung. So erhält man in Verbindung mit dem *Meßraster* einen *Zeitmaßstab*, der auch *Zeitablenkkoeffizient* genannt wird. Dieser gibt an, welcher Zeitdauer eine Längeneinheit auf dem Schirm entspricht. Da aber weder die Frequenz der Y-Spannung noch die der Sägezahnspannung völlig stabil ist, beginnt das Oszillogramm früher oder später doch wieder zu „wandern", so daß der Zeitmaßstab abermals nachgestellt werden muß. Um diese umständlichen Korrekturen von Hand zu vermeiden, geht man gegenwärtig wie folgt zu Werke. Man „startet" die Zeitablenkschaltung mit Hilfe der Y-Spannung. Es erfolgt dann automatisch ein *einzelner* Hin- und Rücklauf der Zeitablenkung, worauf diese *erneut* gestartet werden muß. Auf diese Weise ist die Y-Spannung mit der Sägezahnspannung phasenstarr „verriegelt", wodurch ein *völliger Stillstand* des Bilds gewährleistet ist. Man spricht in diesem Fall vom *getriggerten* Betrieb der Zeitablenkung. Erwähnt sei, daß bei der heute weitverbreiteten getriggerten Zeitablenkung der *Schirm normalerweise* durch entsprechende Vorspannung des Wehneltzylinders *verdunkelt* ist. In diesem Fall wird der Hinlauf *hellgetastet*. Im übrigen ist zu beachten, daß das *Triggersignal* nicht zu groß sein darf (maximal etwa 10 V). Aus dem Blockschaltbild des Oszilloskops ist ersichtlich, daß das Triggersignal auf verschiedene Weise zugeführt werden kann. Befindet sich der Schalter S_1 in Stellung 1, so wird die Zeitablenkschaltung „intern" mit der verstärkten Y-Spannung getriggert. Dieser Fall ist der gebräuchlichste. (In den nachstehenden Experimenten wird fast immer „intern getriggert", wenn nicht anderslautende Hinweise gegeben werden.) In Stellung 2 von S_1 kann man ein „externes" Triggersignal an den Zeitablenkgenerator legen (z. B. Versuch 59 bis 61). Bringt man S_1 in Stellung 3, wird mit der Netzspannung getriggert (z. B. Versuch 72 und 73).

1.2. Elektronischer Schalter

Durch Verwendung eines sogenannten elektronischen Schalters kann man zwei oder mehr Diagramme *gleichzeitig* auf ein und demselben Bildschirm sichtbar machen.

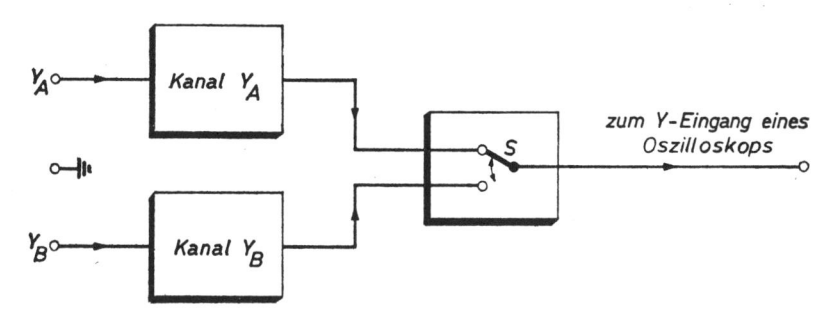

Das Bild zeigt das vereinfachte Schema eines solchen Schalters. Seine Wirkungsweise ist kurz wie folgt. Mit Hilfe des (elektronischen) Schalters S werden die Ausgänge der Kanäle Y_A und Y_B mit dem Y-Eingang eines Oszilloskops verbunden. Dieses geschieht *abwechselnd* mit einer Umschaltfrequenz, die mindestens so hoch sein muß, daß das menschliche Auge beide Darstellungen *scheinbar* gleichzeitig wahrnimmt, die jede für sich ja nur während einer bestimmten Zeitspanne auf dem Schirm erscheinen. (Es sei angenommen, daß der X-Verstärker des betreffenden Oszilloskops auf INTERN geschaltet ist und von der Zeitablenkung gesteuert wird.)

Sind die Spannungen an Y_A und Y_B niederfrequent (maximal etwa 200 Hz), so arbeitet man mit einer Schaltfrequenz von etwa 2000 Hz oder mehr. Die beiden Einzelbilder bestehen dann allerdings *nicht* mehr aus einer *zusammenhängenden* Kurve, sondern aus einzelnen *Bildelementen*. Ist die Schaltfrequenz 10mal größer als die Frequenz des zu messenden Signals, so wird jede Periode durch 10 Bildelemente wiedergegeben, was als Minimum zu betrachten ist. Nach Möglichkeit empfiehlt sich eine höhere Anzahl von Bildelementen, weil dann weniger Bilddetails verlorengehen (siehe Versuch 113).

Für Signale mit höheren Frequenzen (etwa ab 200 Hz) verwendet man eine Schaltfrequenz, die niedriger als die Frequenz der Meßspannung ist. Jetzt werden eine oder mehrere vollständige Perioden sichtbar (siehe Versuch 112, 114 und 115). Diese Art der Umschaltung ist bei Frequenzen unterhalb 200 Hz nicht anwendbar, da bei Schaltfrequenzen unter 25 Hz *Flimmererscheinungen* aufzutreten beginnen. Damit möglichst wenig Bilddetails verlorengehen, muß der eigentliche Umschaltvorgang sehr rasch erfolgen. Das *Verspringen* des Elektronenstrahls vom einen auf das andere Bild bleibt dann praktisch unsichtbar. Zumeist sind mechanische Schalter für diesen Zweck viel zu träge. Man benutzt daher Elektronenröhren oder Transistoren als Schalter. Die Kanäle Y_A und Y_B enthalten jeder einen Abschwächer zur Einstellung der Ablenkkoeffizienten. Beide Kanäle besitzen überdies einen *gemeinsamen* Massepunkt. Ferner sind Vorkehrungen getroffen, daß die beiden Bilder in vertikaler Richtung gegeneinander verschoben werden können; man kann dazu die mittlere Ausgangsspannung in den beiden Kanälen verändern.

1.3. Vorverstärker

Sind die zu messenden Spannungen derart niedrig, daß die resultierende *Auslenkung* trotz der im Oszilloskop vorgenommenen X- bzw. Y-Verstärkung noch unzureichend ist, so ist eine *zusätzliche* Verstärkung vor dem Oszilloskop notwendig (z. B. Versuche 117 bis 118). Für diesen Zweck sind *Vorverstärker* erhältlich, mit deren Hilfe niedrige Spannungen (1 mV und darunter) auf den gewünschten Pegel gebracht werden können. Selbstverständlich ist in solchen Verstärkern eine möglichst niedrige Brumm- und Rauschspannung anzustreben, weil diese Störspannungen in der gleichen Größenordnung wie die zu messenden Spannungen liegen. Es hat sich gezeigt, daß ein gutes Oszilloskop den Verlauf der zu messenden Größe *naturgetreu* wiederzugeben vermag. Folglich ist es von größter Bedeutung, daß jede Schaltung, die zwischen dem Meßobjekt und dem Oszilloskop eingefügt ist, ebenfalls eine *verzerrungsfreie* Wiedergabe ermöglicht. Ein Universal-Vorverstärker muß daher unbedingt eine große Bandbreite besitzen. Ein weiterer Vorteil des Oszilloskops ist es, daß es selbst das Meßobjekt nur in sehr geringem Ausmaß belastet, so daß es den Betriebszustand des Meßobjekts nicht nennenswert stört. Diese Eigenschaft muß bei Verwendung eines Vorverstärkers erhaltenbleiben, d. h. der Eingangswiderstand des Verstärkers muß groß sein (z. B. 2 MΩ), die Eingangskapazität klein (z. B. 20 pF). Die meisten Vorverstärker sind mit einem einfachen Abschwächer zur Einstellung des Verstärkungsgrads – in Verbindung mit dem nachgeschalteten Oszilloskop: Zur Einstellung des Ablenkkoeffizienten – ausgerüstet.

2. Meßwertaufnehmer

Ein Oszilloskop ist ein Gerät, das in seinem Wesen elektrische Spannungen „wahrzunehmen" vermag. Will man es zur Messung anderer Größen heranziehen, so muß man diese zunächst in elektrische Spannungen umsetzen. Die Elektronik kommt dabei zu Hilfe; sie bietet zahlreiche Elemente und Schaltungen zur Umsetzung *elektrischer* wie auch *nichtelektrischer* Größen in elektrische Spannungswerte. Dasjenige Element oder Bauteil einer Schaltung, das auf die wahrzunehmende Größe anspricht, nennt man *Aufnehmer*. Die Schaltung, mit deren Hilfe die betreffende Größe in einen elektrischen Spannungswert umgesetzt wird, nennt man *Umsetzer* (wobei der Aufnehmer also einen Teil des Umsetzers bildet). Eine vollständige Aufzählung der diversen Meßwertaufnehmer wäre wenig sinnvoll, wenn nicht gar unmöglich. Es würde eine solche Übersicht zu rasch veralten, denn die Elektronik beschert fast täglich neue oder verbesserte Bauteile. Hinzu kommt, daß zahlreiche Meßwertaufnehmer vielfach nur Varianten eines bestimmten Prinzips sind. Es sollen daher im folgenden hauptsächlich die Prinzipien behandelt werden.

2.1. Elektrische Größen

2.1.1. Strom

Ein elektrischer Strom läßt sich auf besonders einfache Weise in eine elektrische Spannung umsetzen. In die Schaltung, mit der Strom gemessen werden soll, wird ein Widerstand eingefügt. Naturgemäß ist dieser Widerstand so klein zu wählen, daß er die Wirkungsweise der Schaltung nicht stört. Der Strom durch den Widerstand verursacht einen (kleinen) Spannungsabfall, der nach dem Ohmschen Gesetz dem hindurchfließenden Strom proportional ist. So läßt sich mit Hilfe eines Widerstands ein Stromwert in einen Spannungswert umsetzen. Wegen der Anwendungen siehe Versuche 24 bis 32.

2.1.2. Widerstand

Nach dem vorgenannten Prinzip kann auch ein Widerstandswert in einen Spannungswert umgesetzt werden. Man geht dabei von einem (bekannten) konstanten Stromwert aus. Die am Widerstand abfallende Spannung ist dann dem Widerstandswert proportional.

2.1.3. Selbstinduktion

Die durch einen veränderlichen Strom in einem Leiter induzierte Spannung ist der Stromänderung je Zeiteinheit und dem Induktivitätswert proportional. Geht man von einer bekannten Stromänderung je Zeiteinheit aus, daß man beispielsweise einen Wechselstrom mit konstanter Amplitude und Frequenz durch den Leiter fließen läßt, so ist die Amplitude der am Leiter (an der Spule) liegenden Spannung von dessen (deren) Selbstinduktion abhängig. Auf diese Weise kann man einen Induktivitätswert in einen Spannungswert umsetzen. Dieses Prinzip liegt Versuch 50 zugrunde.

2.1.4. Kapazität

Der durch eine Kondensatorschaltung fließende Strom ist dem Kapazitätswert und der Spannungsänderung je Zeiteinheit proportional. Legt man eine Wechselspannung mit konstanter Frequenz und Amplitude an den Kondensator, ist die maximale Spannungsänderung je Zeiteinheit eine Konstante. Die Amplitude des fließenden Stroms ist dann der Kapazität proportional. Setzt man nun mit Hilfe eines Widerstands (vgl. 2.1.1.) den Stromwert in einen Spannungswert um, entspricht die Amplitude der am Widerstand abfallenden Spannung der Kapazität des Kondensators. Siehe beispielsweise Versuch 40.

2.2. Nichtelektrische Größen

2.2.1. Weg und dgl.

Es gibt verschiedene Möglichkeiten, einen Weg in eine elektrische Spannung umzusetzen. Beispielsweise kann man hierzu als Aufnehmer einen *Plattenkondensator* verwenden. Die Kapazität eines solchen Kondensators ist dem Plattenabstand umgekehrt proportional. Legt man eine Wechselspannung mit konstanter Frequenz und Amplitude an den Kondensator, ist die Stromamplitude dem Plattenabstand umgekehrt proportional. Setzt man den Stromwert mit Hilfe eines Widerstands in einen Spannungswert um (Versuch 40), ist die Spannungsamplitude dem Abstand der Kondensatorplatten umgekehrt proportional. Will man beispielsweise den durch die Längenänderung eines Objekts beschriebenen Weg messen, kuppelt man das Objekt mit einer Platte und fixiert die andere. Vergrößert sich die Länge des Objekts, verringert sich der Plattenabstand. Die Amplitude der am Widerstand abfallenden Spannung ändert sich dann proportional der Längenänderung des Objekts.

Ein zweites Verfahren zur Umsetzung von Weg in elektrische Spannung kommt in Versuch 52 zur Anwendung. Hier wird der durch die *Längenände-*

rung eines Metallstabs beschriebene Weg in eine Induktivitätsänderung der Spule umgesetzt. Ein Wechselstrom mit konstanter Frequenz und Amplitude erzeugt an den Klemmen der Spule eine Wechselspannung, deren Amplitude der Induktivität der Spule proportional ist. Eine Längenzunahme des Stabs ist also mit einer Amplitudenzunahme der an der Spule abfallenden Spannung verknüpft.

Eine dritte Möglichkeit zur Umsetzung von Weg in elektrische Spannung bieten Dehnungsmeßstreifen. Ein *Dehnungsmeßstreifen* in seiner einfachsten Form ist ein dünner Widerstandsdraht, der auf besondere Weise auf einem Träger (beispielsweise Papier) angebracht ist. Der Widerstand des Drahts hängt bekanntlich von seiner Länge ab. Bei einer Dehnung bzw. Stauchung vergrößert bzw. verkleinert sich sein Widerstand. Wünscht man sehr kleine Längenänderungen eines Objekts zu messen, klebt man Dehnungsmeßstreifen darauf. Ändert sich die Länge des Objekts, dehnt sich bzw. schrumpft der Dehnungsmeßstreifen im gleichen Ausmaß, so daß sich eine entsprechende Widerstandsänderung ergibt. Mit Hilfe eines konstanten elektrischen Stroms wird die entstandene Widerstandsänderung in eine Spannungsänderung umgesetzt (siehe Versuch 87).

Im obigen ist nur kurz beschrieben, wie ein Weg oder eine Längenänderung in eine elektrische Spannungsänderung umgesetzt werden kann, und zwar durch Verwendung von *kapazitiven, induktiven* oder *Widerstandsaufnehmern* (Dehnungsmeßstreifen). Die praktischen Ausführungen sind meistens Varianten der hier beschriebenen Grundtypen. Hierzu ein Beispiel: Bekanntlich ist die Kapazität eines Kondensators außer von den Abmessungen auch von dem zwischen den Platten befindlichen Medium abhängig. Durch vollständigen oder teilweisen Ersatz dieses Mediums durch ein solches mit anderen Eigenschaften ändert sich folglich die Kapazität des Kondensators, und zwar *auch bei gleichbleibendem Plattenabstand* (Versuch 40). Diese Tatsache liegt Versuch 42 zugrunde.

2.2.2. Kraft und dgl.

Körper, die der Einwirkung mechanischer Kräfte ausgesetzt sind, erfahren im allgemeinen Formänderungen, Längenänderungen oder ähnliches. Solange eine bestimmte Grenze nicht überschritten wird, sind diese Änderungen der einwirkenden Kraft proportional. So beobachtet man beispielsweise, daß sich ein Draht ein wenig dehnt, wenn er mit einer Gewichtskraft (ursprünglich als Gewicht bezeichnet) belastet wird. Verdoppelt man die Gewichtskraft, so verdoppelt sich die Dehnung. Ein einseitig eingespannter Stab biegt sich unter der Schwerkraft. Belastet man ihn zusätzlich, wird die Biegung größer. Einen Gummiblock (beispielsweise ein Radiergummi) kann man zwischen den Fingern zusammendrücken. Je mehr Kraft man dabei aufwendet, desto stärker wird das Gummi verformt. Man kann daher solche Kräfte durch Bestimmung der *Formänderung* messen, die sie zur Folge haben. Praktisch läuft dies auf die Wegmessung gemäß Abschnitt 2.2.1. hinaus. Ein Beispiel hierfür befindet sich in Versuch 41. Die Schaumgummistückchen werden um so stärker zusammengedrückt, je größer die aufgewandte Kraft (Gewichtskraft) ist. Die dabei entstehende Änderung des Plattenabstands entspricht einer bestimmten Kapazitätsänderung des *kapazitiven Aufnehmers*, dessen Kapazitätsänderung in eine Stromänderung umgesetzt wird. Die an einem in den Stromkreis eingefügten Widerstand abfallende elektrische Spannung ist dann ein Maß für die auf die Platte einwirkende Kraft.

Auch *Dehnungsmeßstreifen* eignen sich hervorragend für die Umsetzung von Kraft in elektrische Spannung und finden in der Praxis für diesen Zweck verbreitete Anwendung. Beispielsweise kann man einen oder mehrere Dehnungsmeßstreifen auf einen *Balken* (Stahl- oder Betonträger oder dgl.) kleben. Biegt sich der Balken unter der Belastung etwas durch, tritt in der oberen Randzone eine Stauchung, in der unteren eine Dehnung auf. Dieser Stauchung bzw. Dehnung entsprechen kleine Widerstandsänderungen. Diese können wiederum in elektrische Spannungsänderungen umgesetzt werden. In Versuch 87 werden nach diesem Prinzip die periodischen Durchbiegungen einer Blattfeder in entsprechende Spannungsänderungen umgesetzt.

Kraft kann auch mit *induktiven Aufnehmern* gemessen werden. Beispielsweise kann man es so einrichten, daß die zu messende Kraft einen Eisenkern mehr oder weniger tief in eine Spule schiebt. In diesem Fall ändert sich die Induktivität der Spule, die ihrerseits gemäß Abschnitt 2.1.3. in eine elektrische Spannung umgesetzt werden kann. Der bei Versuch 52 benutzte induktive Aufnehmer kann auch zum Wägen dienen. Entfernt man den Metallstab und belastet das Ferroxcube-Joch (I) mit einer Gewichtskraft, ist die an den Spulenklemmen auftretende Spannung ein Maß für die Größe der Gewichtskraft.

2.2.3. Schallschwingungen, mechanische Schwingungen und dgl.

Als Aufnehmer für Schallschwingungen dient bekanntlich das *Mikrofon*. Mikrofone gibt es in verschiedenen Ausführungsformen. Bei einem *Kohlemikrofon* werden infolge der vom Schall verursachten Druckunterschiede, die eine Membran in Bewegung setzen, Kohlekörner mehr oder weniger zusammengedrückt, was entsprechende Widerstandsänderungen zur Folge hat. (Etliche Kohlemikrofone enthalten Kohlegrieß anstelle von Kohlekörnern.) Schließt man ein Kohlemikrofon über einen großen Serienwiderstand an eine Gleichspannung (Batterie) an, ändert sich die Spannung an den Mikrofonklemmen im Rhythmus der Widerstandsänderungen; die Schallschwingungen rufen auf diese Weise eine Wechselspannung hervor, deren Amplitude der Widerstandsänderung proportional ist.

Ein *Kondensatormikrofon* besteht im wesentlichen aus zwei voneinander isolierten Platten. Die eine Platte ist fest, die andere leicht beweglich angeordnet. Schallschwingungen, die in Form von Druckunterschieden die bewegliche Platte treffen, veranlassen dieselbe zum Mitschwingen, was entsprechende Kapazitätsänderungen zur Folge hat. Schließt man das Mikrofon über einen großen Serienwiderstand an eine konstante Gleichspannung an, sind keine raschen Änderungen der Kondensatorladung möglich. Allerdings haben die Kapazitätsänderungen Spannungsänderungen zur Folge. Die Amplitude der entstehenden Wechselspannung ist den Kapazitätsänderungen und damit den Schallschwingungen proportional.

Die Wirkungsweise eines *Kristallmikrofons* beruht auf dem sogenannten *piezoelektrischen Effekt*. Zwischen den beiden mit einer leitenden Schicht versehenen Flächen eines in bestimmter Orientierung geschnittenen Kristallplättchens entsteht eine Spannungsdifferenz, sobald das Kristallplättchen einer Zug- oder Druckbelastung ausgesetzt wird. Dehnung und Stauchung haben dabei gegenpolige Potentialdifferenzen zur Folge. In der Praxis klebt man zwei derartige Kristallplättchen aufeinander. Biegt man das Ganze, wird dadurch die eine Platte gedehnt, die andere gestaucht, und zwischen den leitenden Belägen entsteht eine Spannung. Die Biegeschwingungen des Kristalls werden so direkt in Spannung umgesetzt. Man benötigt also beim Kristallmikrofon im Gegensatz zum Kohle- und Kondensatormikrofon keine Hilfsspannung.

Bewegt man einen Leiter in einem Magnetfeld, und zwar in der Weise, daß er Kraftlinien schneidet, wird in ihm eine Spannung erzeugt, die sogenannte

Induktions-EMK. Hierauf beruht die Wirkungsweise des *elektrodynamischen Mikrofons*, auch *Tauchspulenmikrofon* genannt. Häufig besteht der Leiter eines solchen Mikrofons aus einer Spule, die mit einer Membran gekuppelt ist. Besteht der Leiter aus einem gespannten Metallbändchen, das zugleich als Membran fungiert, dann spricht man von einem *Bändchenmikrofon*. Das allgemeine Prinzip eines solchen Mikrofons wird in Versuch 86 demonstriert. Der gespannte Draht (hier durch einen Schwingungserreger in Schwingungen versetzt) bewegt sich in einem Magnetfeld (hier nur über einen Teil seiner Länge). An den Drahtenden kann die erzeugte EMK abgegriffen werden. Übrigens kann man auch einen Lautsprecher als elektrodynamisches Mikrofon benutzen. Fängt die Membran eine Schallschwingung auf, wird infolgedessen die Schwingspule in einem Magnetfeld hin- und herbewegt, wobei eine Induktionsspannung entsteht.

Mechanische Schwingungen, wie sie an Maschinenteilen und dgl. auftreten, nimmt man mit speziell für diesen Zweck entwickelten *induktiven Schwingungsaufnehmern* auf. Aufnehmer dieser Art, die am schwingenden Objekt befestigt werden, beruhen auf der in Versuch 8 demonstrierten Induktionserscheinung; die entstehende Induktionsspannung ist der Schwinggeschwindigkeit des Objekts proportional. Bei diesen Aufnehmern gibt man folglich als Kenngröße die *Schwinggeschwindigkeits-Empfindlichkeit* an. Dies ist die je Geschwindigkeitseinheit erzeugte Induktionsspannung. Mit Hilfe eines *differenzierenden* RC-Glieds kann man aus dieser geschwindigkeitsproportionalen Spannung eine Spannung gewinnen, die der *Schwingbeschleunigung* proportional ist. Die letztgenannte Größe ist von Bedeutung, wenn man die Kräfte ermitteln will, denen das schwingende Objekt ausgesetzt ist. Eine andere Größe von praktischer Bedeutung ist der *Schwingweg* (d. h. die maximale Auslenkung) eines Objekts. Der Schwingweg läßt sich mit Hilfe eines *integrierenden* RC-Glieds aus der Aufnehmerspannung bestimmen. In Versuch 85 werden diese Schwingungsgrößen gemessen.

In Versuch 87 werden Schwingungen mit Hilfe eines Dehnungsmeßstreifens aufgenommen. Hierbei sind die durch Umsetzung entstehenden elektrischen Spannungsänderungen der Auslenkung des schwingenden Körpers proportional. Auch hier kann man mit Hilfe differenzierender RC-Glieder die übrigen Schwingungsgrößen bestimmen.

2.2.4. Lichtstrom, Beleuchtungsstärke und dgl.

Es gibt verschiedene Möglichkeiten, Licht in elektrische Spannung umzusetzen. Man bedient sich dabei lichtempfindlicher Elemente. Ein in der Elektronik häufig vorkommendes lichtempfindliches Element ist der *Fotowiderstand*. Seine Wirkungsweise beruht auf der *Fotoleitung*. Eine Schicht Kadmiumsulfid, die sich im Dunkeln fast wie ein Isolator verhält, wird bei Lichteinfall elektrisch leitend, d. h. der Widerstand hängt von der Beleuchtungsstärke ab. Unterteilt man die Schicht, indem man darauf zwei ineinandergreifende Kammelektroden aus elektrisch leitender Farbe anbringt, erhält man eine Parallelschaltung mehrerer Fotowiderstände, wodurch der Widerstand der gesamten Anordnung im belichteten Zustand besonders klein ist. Wegen seiner Ansprechträgheit ist der Fotowiderstand für die Umwandlung schneller Lichtänderungen weniger gut geeignet (siehe Versuch 57).

Halbleiterdioden leiten den elektrischen Strom vorzugsweise in einer Richtung (Versuch 27). Der Diodenstrom hängt außer von der angelegten Spannung auch in gewissem Ausmaß von der Energiezufuhr in der Form von Wärme oder Licht ab. Schaltet man die Diode in Sperrichtung (die Anode ist dann negativ gegen die Katode), läßt sie nur einen kleinen Strom (*Sperrstrom*) durch. In diesem Zustand tritt eine durch Licht- oder Wärmeeinwirkung hervorgerufene Stromänderung besonders deutlich in Erscheinung. Hierauf beruht die Wirkungsweise der *Fotodiode*. Der gewölbte Teil des Glaskolbens, in dem die Diode untergebracht ist, dient gleichzeitig als Linse. Das einfallende Licht wird dadurch gebündelt und besser ausgenutzt. Fotodioden dieser Art besitzen eine weitaus geringere Trägheit als Fotowiderstände. Fotodioden werden bei den Versuchen 63, 64, 98 und 103 benutzt.

Ein weiteres lichtempfindliches Element ist die *Fotozelle*. Ihre Wirkungsweise beruht auf der Fotoemission. Die Innenseite des *evakuierten* Glaskolbens einer Fotozelle ist teilweise mit Katodenmaterial, beispielsweise Cäsiumoxid, bedeckt. Fällt Licht auf diese Schicht, treten Elektronen aus der Katodenoberfläche. Eine positiv vorgespannte Anode „saugt" die Elektronen auf; es fließt ein elektrischer Strom, der von den auf fotoelektrischem Weg freigemachten Elektronen unterhalten wird. Die Stromstärke (einige Mikroampere) hängt von der Beleuchtungsstärke ab. Mit einer *gasgefüllten* Fotozelle erzielt man bei gleicher Beleuchtungsstärke einen 5- bis 10mal höheren Fotostrom. Die durch Fotoemission aus der Katode austretenden Elektronen, die bei genügend hoher Spannung eine hohe Geschwindigkeit annehmen, ionisieren in diesem Fall Gasmoleküle. Dadurch werden zusätzliche Stromträger gebildet, so daß der elektrische Strom viel größer als in einer Vakuumröhre ist.

Ein lichtempfindliches Element anderer Art ist die *Sperrschichtfotozelle*. Auf einem Kupferplättchen ist eine Schicht Kupferoxid angebracht, das seinerseits mit einem Metallhäutchen bedeckt ist. Einfallendes Licht durchdringt dieses Häutchen und löst aus der Oxidschicht Elektronen, die zum Metallhäutchen fließen. Zwischen dem Metallhäutchen und der Kupferplatte entsteht dann eine Potentialdifferenz, die der einfallenden Lichtmenge proportional ist. Auf diese Weise wird die Beleuchtungsstärke ohne Zuhilfenahme einer Hilfsspannung direkt in eine Signalspannung umgesetzt.

2.2.5. Temperatur

Obgleich schnell verlaufende Temperaturveränderungen in der Praxis nur selten vorkommen, so daß man bei der Messung von Temperaturen meistens nicht auf ein Oszilloskop angewiesen ist, sei abschließend dennoch kurz auf die Umsetzung von Temperaturwerten in elektrische Spannungswerte eingegangen. Der Widerstand eines Leiters hängt von seiner Temperatur ab. Bei bestimmten Leitern (Metallen) erhöht sich der Widerstand mit zunehmender Temperatur. Man erklärt dies durch die Annahme, daß die im Metall freiwerdenden Elektronen mit zunehmender Temperatur durch die stärkere Vibration der „Teilchenstruktur" mehr und mehr in ihrer Bewegung behindert werden. Solche Leiter haben einen *positiven Temperaturkoeffizienten*. Man spricht in diesem Fall von *PTC-Widerständen*. Führt man einem solchen Widerstand einen konstanten Strom zu, ist die an ihm abfallende Spannung von der Umgebungstemperatur abhängig.

Auch in einem Halbleiter ist die Anzahl *freier Elektronen* temperaturabhängig, jedoch erhöht sich in diesem Fall die Menge der an der Stromleitung beteiligten Elektronen mit zunehmender Temperatur. Aus diesem Grund verringert sich der Widerstand eines Halbleiters mit steigender Temperatur. Hierauf beruht die Wirkungsweise eines *NTC-Widerstands*, d. h. eines Widerstands mit negativem Temperaturkoeffizienten. Speist man einen NTC-Widerstand mit konstantem Strom, kann man ihn ebenfalls zur Umsetzung von Temperaturwerten in elektrische Spannungswerte benutzen.

Temperaturdifferenzen lassen sich mit Thermopaaren messen. Wird die Lötstelle zweier verschiedener Metalle (Drähte) einer Temperatur ausgesetzt, die sich von der Temperatur der freien Enden unterscheidet, entsteht zwischen den freien Enden eine sogenannte *Thermo-EMK*. Somit lassen sich Temperaturwerte ohne Verwendung einer Hilfsspannung direkt in elektrische Spannungswerte umsetzen.

3. 125 Versuche mit dem Oszilloskop

Um einen großen Leserkreis anzusprechen, wurden vorwiegend solche Versuche ausgewählt, die wenig Hilfsgeräte erfordern. Bereits etwa 25 % der Versuche lassen sich ausführen, sofern nichts weiter als je eine variable Gleich- und Wechselspannung zur Verfügung stehen. In jedem physikalischen Praktikum befinden sich zumindest ein NF-Generator und ein NF-Verstärker; hiermit ist bereits die Hälfte der Versuche ausführbar. Verfügt man außerdem noch über einen Rechteckgenerator, so werden weitere 25 Versuche möglich. Für den restlichen Teil der Versuche werden einige leicht zu beschaffende Hilfseinrichtungen benötigt.

Zu jedem Versuch wird neben einem Schaltschema für den Meßaufbau und einer stichwortartigen Versuchsanleitung eine kurze Erklärung der Zusammenhänge gegeben. In einigen Fällen wird diese Erklärung genügen; in den meisten Fällen soll sie jedoch dem ernsthaften Leser eine Anregung sein, die Zusammenhänge und Hintergründe des betreffenden Versuchs selbst zu durchdenken und näher kennenzulernen.

3.1. Versuch 1: Kalibrierung des Y-Kanals in elektrischen Spannungswerten

Versuchsaufbau

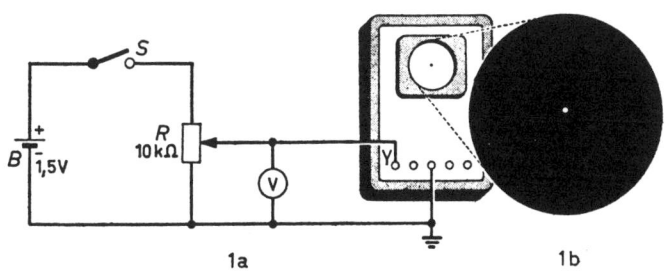

1a   1b

Anleitung

a. Schalter S öffnen und Schleifkontakt von R zum masseseitigen Anschluß drehen
b. X-Kanal des Oszilloskops auf „EXT", Y-Kanal auf „$=$" bzw. „DC" schalten; X- und Y-Verschiebung sowie Schärfe und Helligkeit so einstellen, daß in der Mitte des Leuchtschirms ein scharfer, gerade wahrnehmbarer Leuchtfleck erscheint (Achtung, zu große Helligkeit hat *Einbrennen* des Schirms zur Folge!)
c. Schalter S schließen und Schleifkontakt von R unter Beachtung des Voltmeters V stufenweise vom masseseitigen Anschluß weg bewegen; die jeweilige Verschiebung des Leuchtflecks und den zugehörigen Ausschlag des Voltmeters V notieren
d. Schleifkontakt von R wieder zum masseseitigen Anschluß drehen, Batterie B und Voltmeter V umpolen und Punkt c wiederholen
e. Punkte c und d bei anderen Stellungen des Y-Abschwächers wiederholen

Erklärung

Die Y-Ablenkplatten der Elektronenstrahlröhre sind so angeschlossen, daß der Elektronenstrahl nach *oben* abgelenkt wird, wenn an die Eingangsbuchsen eine Spannung gelegt wird, die *positiv* gegen den Masseanschluß ist. Bringt man den Schleifkontakt von R in eine von Masse weiter entfernte Stellung, verschiebt sich demzufolge der Leuchtfleck nach *oben*. Ist die Spannung an den Eingangsbuchsen dagegen *negativ* in bezug auf Masse, wird der Leuchtfleck nach *unten* verschoben. Dieses ist nach Umpolung der Batterie B (vgl. Punkt d) der Fall. Man kann nun bei verschiedenen Stellungen des Schleifkontakts von R den Ausschlag von V mit der Verschiebung des Leuchtflecks vergleichen und die gefundenen Werte in einer Tabelle oder einem Diagramm nach Bild 1c festhalten. Entsprechende Diagramme kann man für andere Stellungen des Y-Abschwächers aufnehmen.

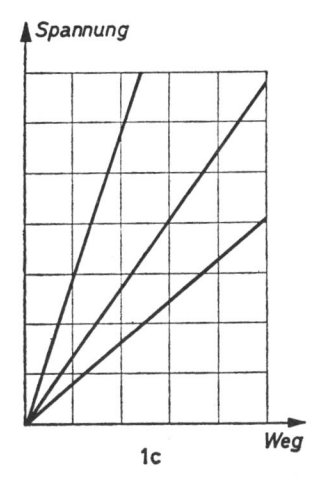

Normalerweise sind moderne Oszilloskope bereits vom Hersteller kalibriert, so daß dieser Versuch als unnötig erachtet werden könnte. Will der Benutzer eines Oszilloskops allerdings nach längerer Betriebszeit die Kalibrierung überprüfen oder für spezielle Meßaufgaben eine exakte Charakteristik zugrundelegen, wird er stets nach der hier gegebenen Anleitung verfahren.

3.2. Versuch 2: Messung von Gleichstrom

Versuchsaufbau

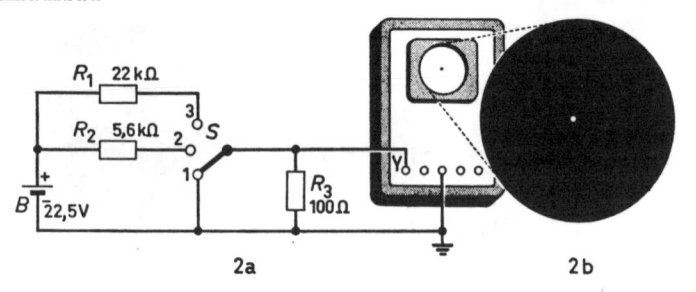

Anleitung

a. Schalter S in Stellung 1 bringen (der Y-Kanal liegt damit an Masse)
b. X-Kanal des Oszilloskops auf „EXT", Y-Kanal auf „=" bzw. „DC" schalten; X- und Y-Verschiebung sowie Schärfe und Helligkeit so einstellen, daß in der Schirmmitte ein scharfer, gerade wahrnehmbarer Leuchtfleck erscheint (*Einbrennen* des Schirms durch zu große Helligkeit *vermeiden!*)
c. Schalter S in Stellung 2 bringen und die Verschiebung des Leuchtflecks messen; Resultat anhand des Diagramms nach Versuch 1 in einen entsprechenden Gleichspannungswert umwandeln und daraus den Strom durch R_2 berechnen
d. Schalter S in Stellung 3 bringen und in gleicher Weise wie unter Punkt c den Strom durch R_1 ermitteln
e. Batterie B umpolen und die Punkte c und d wiederholen

Erklärung

Befindet sich Schalter S in Stellung 2, fließt unter dem Einfluß der Batterie B ein Gleichstrom im Stromkreis B-R_2-R_3-B. Der Gesamtwiderstand dieses Kreises besteht aus der Summe von R_2 und R_3. Da R_3 sehr klein im Vergleich zu R_2 ist, ist der Gesamtwiderstand dieses Kreises fast identisch mit R_2. An R_3 bewirkt der Strom einen (kleinen) Spannungsabfall, der den Leuchtfleck auf dem Schirm nach oben verschiebt. Diese Verschiebung entspricht einer Spannung, deren Größe mit Hilfe des Diagramms aus Versuch 1 bestimmt werden kann. Die Stromstärke innerhalb des Kreises ist nach dem Ohmschen Gesetz gleich dem Quotienten aus der gefundenen Spannung und dem Wert von R_3. Bringt man Schalter S in Stellung 3, bleibt R_3 klein im Vergleich zum Kreiswiderstand. Auch in diesem Fall läßt sich die Stromstärke in gleicher Weise bestimmen. Vertauscht man die Batterieanschlüsse, fließt der Strom in entgegengesetzter Richtung. Dadurch hat der Spannungsabfall an R_3 die entgegengesetzte Polarität. Der Leuchtfleck verschiebt sich dann nach unten. Man kann also außer dem Stromwert auch die Stromrichtung feststellen.

3.3. Versuch 3: Amplitude Spitze—Spitze einer Rechteckspannung

Versuchsaufbau

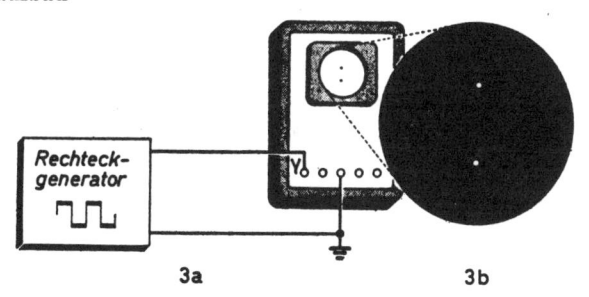

3a   3b

Anleitung

a. Rechteckgenerator auf eine Ausgangsspannung von etwa 1 V, eine Wiederholungsfrequenz von etwa 1 kHz und ein Tastverhältnis von 1:1 einstellen
b. X-Kanal des Oszilloskops auf „INT" schalten, Y-Verstärkung und Zeitmaßstab so einstellen, daß ein Rechteckimpuls sichtbar wird; Oszillogramm studieren
c. X-Kanal auf „EXT" schalten, Helligkeit sowie X- und Y-Verschiebung so einstellen, daß ein gerade wahrnehmbares Oszillogramm gemäß Bild 3b entsteht
d. Abstand zwischen beiden Leuchtflecken messen und Resultat anhand eines Diagramms nach Versuch 1 in eine entsprechende Spannungsdifferenz umwandeln
e. Rechteckspannung asymmetrisch machen (anderes Tastverhältnis einstellen) und Punkte b, c und d wiederholen; Helligkeitsunterschied zwischen beiden Leuchtflecken beachten!

Erklärung

Eine Rechteckspannung ist eine Gleichspannung, die abwechselnd einen niedrigen und einen höheren Wert annimmt. Unter Punkt b erscheint daher ein Bild, das diese beiden Niveaus wiedergibt. Häufig interessiert lediglich die Differenz zwischen den beiden Spannungsniveaus und nicht der Absolutwert der Spannungsamplituden. Man spricht dann von der Amplitude Spitze—Spitze der Rechteckspannung. Ist die Zeitspanne, in der das eine Spannungsniveau auftritt, ebensolang wie die Dauer des zweiten, nennt man die Rechteckspannung symmetrisch. Sind diese Zeiten ungleich, spricht man von einer asymmetrischen Rechteckspannung. Die Leuchtflecke haben dann nicht die gleiche Helligkeit (Punkt e), weil der Leuchtschirm beim Auftreten des einen Spannungsniveaus weniger lange Gelegenheit zum Aufleuchten erhält als während des anderen Niveaus. Die Helligkeitsdifferenz der beiden Leuchtflecke ist also um so größer, je größer das Tastverhältnis (Verhältnis der Impulsbreiten zueinander) wird. Der Abstand der Leuchtflecke hängt bei einer bestimmten Einstellung des Y-Verstärkers ausschließlich von der Amplitude Spitze—Spitze der Rechteckspannung ab (Punkt d).

3.4. Versuch 4: Mittelwert einer Rechteckspannung

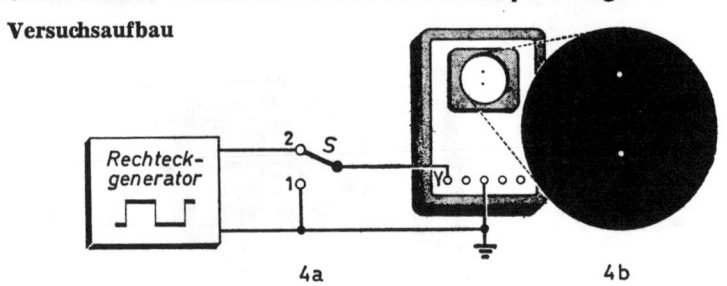

Versuchsaufbau

4a   4b

Anleitung

a. Rechteckgenerator auf eine Ausgangsspannung von etwa 1 V, eine Wiederholungsfrequenz von etwa 1 kHz und ein Tastverhältnis von 1:1 einstellen; Schalter S in Stellung 1 bringen

b. X-Kanal des Oszilloskops auf „EXT", Y-Kanal auf „$=$" bzw. „DC" schalten; X- und Y-Verschiebung so einstellen, daß der Leuchtfleck in Schirmmitte liegt

c. Schalter S in Stellung 2 bringen; Y-Verstärkung so einstellen, daß der Abstand zwischen den beiden Leuchtflecken etwa dem halben Schirmdurchmesser entspricht und diese Leuchtflecklage markieren

d. Y-Kanal auf „$\sim$" bzw. „AC" schalten; Vertikalverschiebung des Oszillogramms messen und Resultat anhand eines Diagramms nach Versuch 1 in eine entsprechende Spannung umwandeln

e. Tastverhältnis größer bzw. kleiner machen und Punkt d wiederholen

f. Punkte c und d bei anderen Werten der Generatorspannung wiederholen

Erklärung

Die Ausgangsspannung eines Rechteckgenerators enthält gewöhnlich eine Gleichspannungskomponente; demzufolge ist der Mittelwert der Ausgangsspannung nicht gleich Null. Zum Nachweis wird Schalter S in Stellung 1 gebracht; die Y-Spannung ist dann Null. Die Höhe, in der sich der Leuchtfleck jetzt befindet, entspricht dem Nullniveau (diese Höhe läßt sich mit dem Y-Verschiebungsknopf beliebig einstellen). Bringt man Schalter S in Stellung 2 (Punkt c), wird in der Stellung „$=$" des Y-Kanals die Generatorspannung einschließlich einer etwaigen Gleichspannungskomponente verstärkt und an die Ablenkplatten geleitet. Die beiden Leuchtflecke (höchstes und niedrigstes Niveau der Generatorspannung) liegen *nicht* gleichweit vom Nullniveau entfernt. Enthielte die (symmetrische) Generatorspannung keine Gleichspannungskomponente, würde das obere Niveau (oberer Leuchtfleck) ebensoweit *über* dem Nullniveau liegen, wie das untere (unterer Leuchtfleck) *darunter* liegt. Schaltet man den Y-Kanal auf „$\sim$" (Punkt d), wird die Gleichspannungskomponente im Y-Verstärker gesperrt. Die Leuchtflecke verschieben sich dann um eine Strecke, die der Gleichspannungskomponente entspricht. Unter Punkt e und f wird untersucht, welchen Einfluß das Tastverhältnis und die Größe der Ausgangsspannung auf die Gleichspannungskomponente haben.

3.5. Versuch 5: Amplitude Spitze–Spitze einer Sinusspannung

Versuchsaufbau

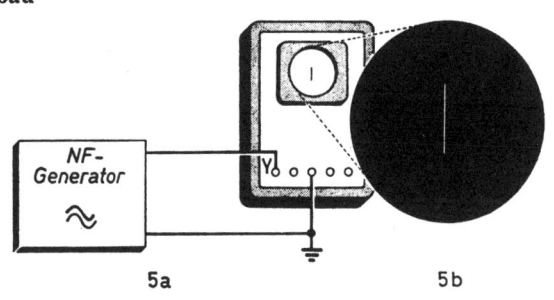

5a   5b

Anleitung

a. Ausgangsspannung des NF-Generators auf etwa 1 V, Frequenz auf etwa 1 kHz einstellen

b. X-Kanal des Oszilloskops auf „INT" schalten, Y-Verstärkung und den Zeitmaßstab so einstellen, daß ein einzelner *Sinus* sichtbar wird; Oszillogramm studieren; Y-Kanal abwechselnd auf „=" bzw. „DC" und „~" bzw. „AC" schalten und beachten, daß sich das Bild nicht verschiebt

c. X-Kanal auf „EXT" schalten, Helligkeit sowie X- und Y-Verschiebung so einstellen, daß ein gerade wahrnehmbares Oszillogramm gemäß Bild 5b entsteht

d. Länge der vertikalen Linie messen und Resultat anhand eines Diagramms nach Versuch 1 in eine entsprechende Spannungsdifferenz umwandeln. Man beachte, daß die Helligkeit in der Linienmitte am geringsten ist!

Erklärung

Der NF-Generator liefert eine Sinusspannung, deren Mittelwert 0 V beträgt. Dieses wird unter Punkt b geprüft. Die Spannung wird also abwechselnd positiv und negativ. Jedoch geschieht dieses nicht sprungartig, sondern in einem allmählichen Übergang vom einen zum anderen Maximum (Scheitel). Den Maximalwert nennt man Amplitude. Die Zahl der vollständigen Kurvenzüge (Perioden) je Sekunde heißt Frequenz. Die Zeit, in der ein einziger vollständiger Kurvenzug auftritt, heißt Periodendauer. Die Spannung ändert ihren Wert am schnellsten in denjenigen Zeitpunkten, in denen sie am kleinsten ist (d. h. während der Nulldurchgänge). In den Zeitpunkten, in denen die Spannung annähernd maximal ist, ändert sie ihren Wert nur langsam. Dies sind die typischen Merkmale einer Sinusspannung. Im oberen und unteren Teil des Oszillogramms hält sich der Elektronenstrahl also länger auf als in der Schirmmitte. Aus diesem Grund ist die Helligkeit in der Linienmitte am geringsten (Punkt d). Die Länge der Linie entspricht der Amplitude Spitze–Spitze der Wechselspannung; dies ist der doppelte Scheitelwert.

3.6. Versuch 6: Effektivwert einer Sinusspannung

Versuchsaufbau

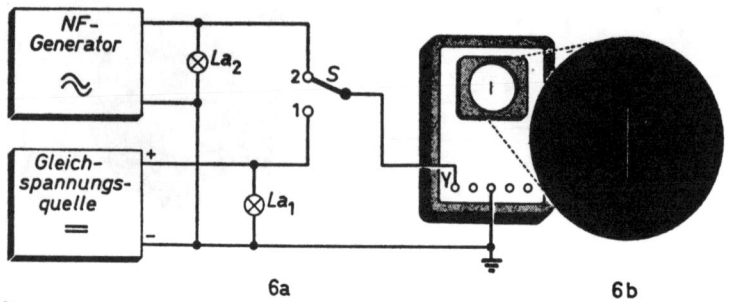

6a 6b

Anleitung

a. Beide Spannungen auf 0 V einstellen; La_1 und La_2 sind zwei *gleiche* Fahrrad-Rücklichtlampen; Schalter S in Stellung *1* bringen
b. X-Kanal des Oszilloskops auf „EXT", Y-Kanal auf „$=$" bzw. „DC" schalten; X- und Y-Verschiebung so einstellen, daß sich der Leuchtfleck in Schirmmitte befindet
c. Gleichspannung so weit erhöhen, bis Lampe La_1 gerade aufleuchtet; Verschiebung des Leuchtflecks messen und in einen Spannungswert umwandeln (nötigenfalls Y-Verstärkung nachstellen)
d. Schalter S in Stellung *2* bringen; Spannung des NF-Generators (1 kHz) erhöhen, bis Lampe La_2 ebensohell leuchtet wie Lampe La_1; Bildhöhe messen und die ihr entsprechende Spannung bestimmen; Effektivwert der Sinusspannung in ihrem Scheitelwert ausdrücken (siehe Erklärung)
e. Punkt d bei einer anderen, nicht zu niedrigen Frequenz der Wechselspannung wiederholen

Erklärung

Durchfließt ein elektrischer Strom einen Leiter, entwickelt er darin Wärme. Ist die entwickelte Wärme groß genug, beginnt der Leiter unter Lichtaussendung zu glühen. Die in beiden Glühlampen entwickelte Wärme (also die Lichtmenge) hängt vom Wert des Stroms und damit von der Klemmenspannung an den Lampen ab. Unter Punkt d brennen beide Lampen gleichhell. Die vom Gleichstrom in Lampe La_1 entwickelte Wärme ist dann gleich der mittleren Wärme, die in Lampe La_2 vom Wechselstrom entwickelt wird. Die Wechselspannung an La_2 nimmt nur periodisch ihren Maximalwert an, die Gleichspannung an La_1 bleibt dagegen konstant. Zur Erzielung der gleichen Wärmeentwicklung muß folglich die Wechselspannungsamplitude größer sein als die Gleichspannung. Genauer: Das Quadrat der Gleichspannung entfaltet die gleiche Wirkung wie das halbe Quadrat der Wechselspannungsamplitude. Der Scheitelwert der Wechselspannung (halbe Länge der vertikalen Linie) ist folglich um den Faktor $\sqrt{2}$ größer als die Gleichspannung (Verschiebung des Leuchtflecks unter Punkt c). Man sagt, der Effektivwert einer Sinusspannung beträgt das $\sqrt{2}$fache ihres Scheitelwerts. Unter Punkt e zeigt sich, daß der Effektivwert frequenzunabhängig ist.

3.7. Versuch 7: Mittelwert einer Sinus-Halbwelle

Versuchsaufbau

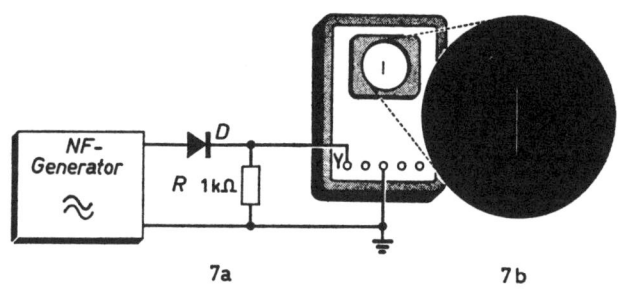

7a 7b

Anleitung

a. NF-Generator auf 10 V, Frequenz beispielsweise auf 1 kHz einstellen. Als Diode D ist ein Typ zu wählen, dessen Durchlaßspannung im Vergleich zu 10 V vernachlässigbar gering ist; maximaler Diodenstrom 15 mA
b. X-Kanal des Oszilloskops auf „INT", Y-Kanal auf „$\sim$" bzw. „AC" schalten; Y-Verstärkung und Zeitmaßstab so einstellen, daß einige Sinus-Halbwellen sichtbar sind
c. X-Kanal auf „EXT" schalten; X- und Y-Verschiebung so einstellen, daß die vertikale Linie in Schirmmitte liegt; Länge der Linie messen
d. Y-Kanal auf „$=$" bzw. „DC" schalten und die entstehende Bildverschiebung messen; aus diesem und dem vorigen Resultat den Mittelwert der Y-Spannung bestimmen
e. Punkt c und d bei einigen anderen Frequenzen wiederholen

Erklärung

Manchmal wünscht man, den Mittelwert des *positiven* oder *negativen* Teils einer Wechselspannung zu kennen, d. h. die „Gleichstromkomponente" einer Halbwelle. An R liegt während der halben Periodendauer die Spannung einer Halbwelle. Man kontrolliert dieses unter Punkt b. Was die Wirkungsweise der Schaltung anbelangt, wird auf die Versuche 27 und 72 verwiesen. Angesichts der gekrümmten Form einer Halbwelle kann man von vornherein sagen, daß ihr Mittelwert größer als ihr halber Scheitelwert, jedoch kleiner als ihr ganzer Scheitelwert sein muß. Die Gleichspannungskomponente einer Sinus-Halbwelle muß also zwischen dem halben und dem ganzen Scheitelwert liegen. Genauer: Der Mittelwert einer Sinus-Halbwelle ist gleich dem doppelten Scheitelwert geteilt durch π. Während der Hälfte der Zeit ist an R keine Spannung vorhanden. Die Gleichspannungskomponente der Y-Spannung beträgt also die Hälfte derjenigen einer Halbwelle. Wird der Y-Kanal von „$\sim$" auf „$=$" geschaltet (Punkt d), kann die (in der erstgenannten Schaltstellung gesperrte) Gleichspannungskomponente an die Ablenkplatten gelangen. Das Bild verschiebt sich dann genau um eine Strecke, die der Gleichspannungskomponente der Y-Spannung entspricht. Der Mittelwert hängt nicht von der Frequenz ab (Punkt e).

3.8. Versuch 8: Faradaysches Induktionsgesetz

Versuchsaufbau

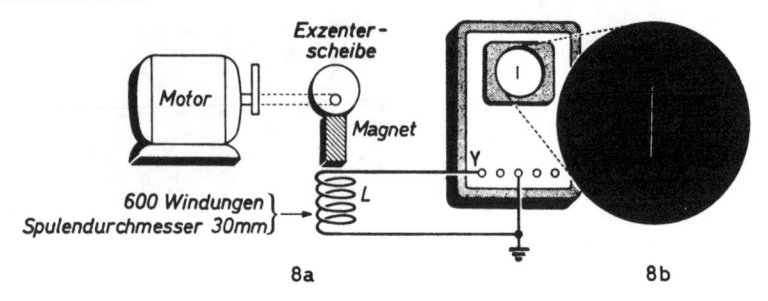

8a 8b

Anleitung

a. Auf der rotierenden Achse eines Motors befindet sich eine Exzenterscheibe, mit deren Hilfe ein Magnet in einer Spule L hin- und herbewegt wird
b. X-Kanal des Oszilloskops auf „EXT" schalten; Y-Verstärkung und X- und Y-Verschiebung so einstellen, daß ein Oszillogramm gemäß Bild 8b entsteht
c. Länge der vertikalen Linie messen und das Meßresultat anhand eines Diagramms nach Versuch 1 in eine entsprechende Spannungsdifferenz umwandeln
d. Motor schneller laufenlassen und Messung nach Punkt c wiederholen; gleiche Messung auch bei geringerer Drehzahl ausführen
e. Motor etwas weiter von L entfernt anordnen, so daß der Magnet nur teilweise in die Spule taucht und Messung nach Punkt c wiederholen

Erklärung

Einen Raum, in dem magnetische Einflüsse in Erscheinung treten, nennt man *Magnetfeld*. Wenn sich ein Magnetfeld in bezug auf einen Leiter (Draht, Spule oder dgl.) in seiner Lage oder Stärke ändert, entsteht im Leiter eine Spannung, eine sog. Induktions-EMK (elektromotorische Kraft). Das *Faradaysche Induktionsgesetz* beschreibt diese Erscheinung und lehrt, daß die Größe der EMK dem Feldänderungsgrad proportional ist und daß sie der Zeit, in der diese Änderung auftritt, umgekehrt proportional ist. Die Feldänderung kann außer in einer Änderung der Feldstärke auch in einer Verlagerung des Magneten oder des Leiters bestehen. Im obigen Versuch wird der Magnet verlagert. Die erzeugte Spannung (d. h. die Länge der auf dem Schirm erscheinenden Linie) vergrößert sich mit der Motordrehzahl, weil in diesem Fall die Zeitspanne, innerhalb der eine Verlagerung auftritt, kürzer wird. Unter Punkt e wird der Magnet mit der gleichen Geschwindigkeit und über die gleiche Strecke hin- und herbewegt, doch ist in diesem Fall die erzeugte Spannung niedriger, weil die Feldstärke in der Spule um so kleiner wird, je weiter die Spule vom Magneten entfernt ist.

3.9. Versuch 9: Prüfung von Materialien zur Abschirmung magnetischer Felder

Versuchsaufbau

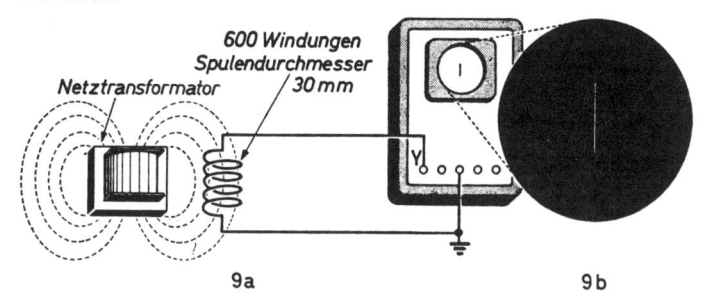

9a 9b

Anleitung

a. X-Kanal des Oszilloskops auf „EXT" schalten, Y-Verstärkung maximal; zwischen Y-Kanal und Masse eine Spule anschließen (siehe Bild 9a)
b. Spule in die Nähe des magnetischen Streufelds eines Netztransformators oder Elektromotors bringen; Spule so drehen, daß die auf dem Leuchtschirm erscheinende vertikale Linie ihre größte Länge erreicht; Y-Verstärkung so einstellen, daß das Oszillogramm gut meßbar ist (siehe Bild 9b)
c. Höhe des Oszillogramms messen und Meßergebnis anhand eines Diagramms nach Versuch 1 in eine entsprechende Spannung umwandeln
d. Spule nacheinander mit einem Mantel aus Kupfer, Eisen bzw. weichmagnetischem Werkstoff, beispielsweise Mu-Metall, umgeben und Messung nach Punkt c wiederholen; Resultate miteinander vergleichen

Erklärung

Außer Dauermagneten gibt es Elektromagnete; diese entfalten ihre Kraft unter dem Einfluß eines sog. Erregerstroms. Das Magnetfeld eines Netztransformators ist auf den zugeführten Wechselstrom zurückzuführen. Auch außerhalb des Transformators ist ein (wenn auch schwaches) Magnetfeld vorhanden, das ständig seine Stärke ändert, weil es von einem Wechselstrom erzeugt wird. Gemäß Versuch 8 wird in einer benachbarten Spule eine EMK erzeugt. Magnetfelder symbolisiert man durch Kraftlinien; diese geben die Richtung der magnetischen Kraft an. In Bild 9a sind einige der Kraftlinien angedeutet, die gewissermaßen den Transformator mit der Spule koppeln. Die erzeugte EMK ist um so größer, je stärker diese (induktive) Kopplung ist, d. h. je mehr Kraftlinien des Transformators die Spule schneiden. Verschiedene Eisensorten haben die Eigenschaft, den Magnetismus zu „bündeln". Umgibt man die Spule mit einem Eisenmantel, nehmen die meisten Kraftlinien ihren Weg durch diesen Mantel und gelangen nicht an die Spule. Dadurch ist die induktive Kopplung — und folglich die erzeugte EMK — kleiner. Auf diese Weise läßt sich ein Leiter gegen ein störendes Magnetfeld abschirmen.

3.10. Versuch 10: Wellenlänge eines Schallsignals

Versuchsaufbau

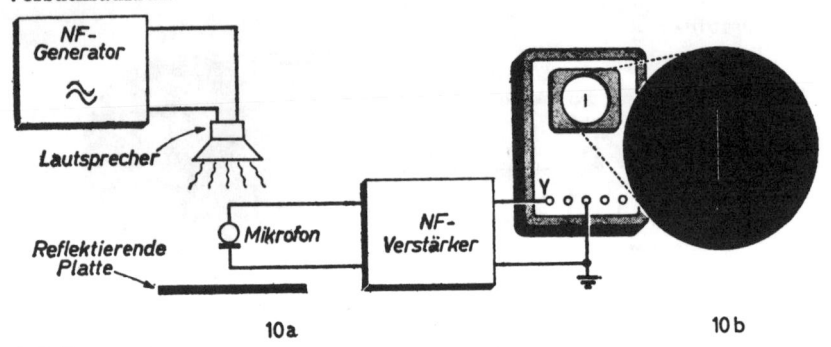

10a   10b

Anleitung

a. Ausgangsspannung des NF-Generators so einstellen, daß der Lautsprecher einen deutlich hörbaren Ton abgibt; Frequenz etwa 1 kHz
b. Lautsprecher in etwa 1 m Entfernung vor einer reflektierenden Platte (glatte Oberfläche) anordnen und das Mikrofon ungefähr in der Mitte zwischen diesen beiden Elementen anordnen (siehe Bild 10a)
c. X-Kanal des Oszilloskops auf „EXT" schalten; Y-Verstärkung sowie X- und Y-Verschiebung so einstellen, daß sich eine Darstellung gemäß Bild 10b ergibt
d. Mikrofon entlang einer gedachten Verbindungslinie zwischen dem Lautsprecher und der reflektierenden Platte bewegen und die Entfernung zwischen denjenigen Punkten messen, bei denen das Oszillogramm seine größte bzw. kleinste Höhe annimmt; aus diesen Daten die Wellenlänge des Schallsignals berechnen

Erklärung

Der Lautsprecher versetzt die Luftteilchen in longitudinale Schwingungen, d. h. die Schwingungsrichtung liegt in der Fortpflanzungsrichtung. Das Mikrofon empfängt sowohl Schwingungen aus der Richtung der reflektierenden Platte wie auch aus der Richtung des Lautsprechers. Unter dem Einfluß beider Schwingungen entsteht auf der gedachten Verbindungslinie eine sogenannte Welle. Dabei bleiben an bestimmten Punkten die Luftteilchen nahezu in Ruhe (*Schwingungsknoten*), während sie an anderen Punkten besonders große Verlagerungen erfahren (*Schwingungsbäuche*). Ein Schwingungsknoten entsteht dadurch, daß auf die Luftteilchen zwei entgegengesetzt gerichtete Kräfte ausgeübt werden. Die eine Schwingung versucht, die Teilchen in der einen Richtung zu bewegen, die andere versucht, sie in der Gegenrichtung zu bewegen. An den Schwingungsbäuchen unterstützen die Kräfte einander, so daß hier große Verlagerungen entstehen. Bringt man das Mikrofon in einen Schwingungsknoten, ist das Oszillogramm klein, während es in einem Schwingungsbauch dagegen groß ist. Der Abstand zwischen zwei aufeinanderfolgenden Knoten bzw. Bäuchen ist gleich der halben Wellenlänge. Man findet die Wellenlänge also dadurch, daß man beispielsweise den Abstand zwischen zwei aufeinanderfolgenden Knoten mit dem Faktor 2 multipliziert.

3.11. Versuch 11: Kalibrierung des Zeitmaßstabs

Versuchsaufbau

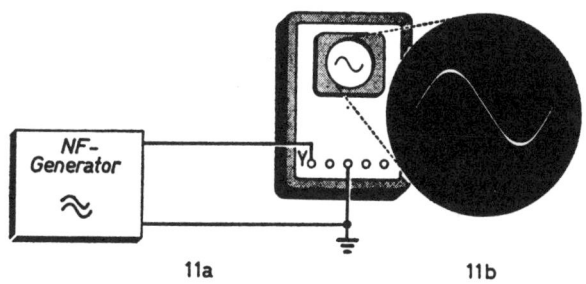

11a   11b

Anleitung
a. Ausgangsspannung des NF-Generators auf 1 V, Frequenz auf 20 Hz einstellen
b. X-Kanal des Oszilloskops auf „INT" schalten; Y-Verstärkung und Zeitmaßstab so einstellen, daß eine einzelne Sinusperiode gemäß Bild 11b sichtbar wird
c. Breite des Oszillogramms messen; am NF-Generator die eingestellte Frequenz ablesen und hieraus die Periodendauer bestimmen
d. Frequenz so weit erhöhen, bis etwa 5 oder 6 Perioden auf dem Leuchtschirm erscheinen; Periodenbreite in Höhe der Nulldurchgänge messen
e. Messungen nach Punkt c und d bei anderen Einstellungen des Zeitmaßstabs und entsprechend angepaßten Frequenzen des NF-Generators wiederholen

Erklärung

Angenommen, der Zeitmaßstab beträgt 0,01 s/cm und das Oszillogramm ist 5 cm breit. Der Leuchtfleck bewegt sich dann in 0,05 s entlang der Zeitlinie von links nach rechts. Führt man nun dem Y-Kanal eine Wechselspannung zu, deren Periodendauer 0,05 s beträgt (d. h. eine Frequenz von 20 Hz) und die in demjenigen Zeitpunkt beginnt, in dem sich der Leuchtfleck am linken Ende der Zeitlinie befindet, bewegt sich der Leuchtfleck innerhalb dieser einen Periode nicht nur von links nach rechts, sondern auch entsprechend dem Kurvenverlauf in vertikaler Richtung. Dadurch ergibt sich auf dem Bildschirm ein vollständiger Kurvenzug (Punkt c). Erhöht man nun die Frequenz so weit, bis beispielsweise 5 vollständige Kurvenzüge erscheinen (Punkt d), beträgt die Periodendauer jeder einzelnen Welle 0,01 s. Die Breite einer Periode in Höhe der Nulldurchgänge dann 1 cm, was immer noch einem Zeitmaßstab von 0,01 s/cm (10 ms/cm) entspricht. Werden mit anderen Einstellungen des Zeitmaßstabs und entsprechend angepaßten Frequenzen des NF-Generators weitere Messungen vorgenommen, ergibt sich die Grundlage für ein Diagramm gemäß Bild 11 c.

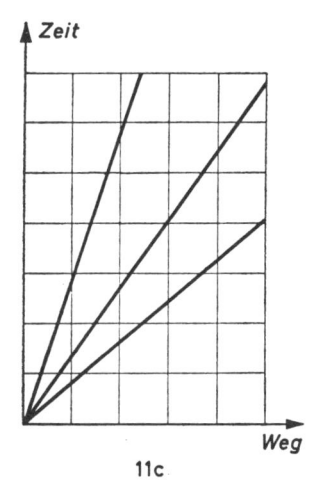

Normalerweise sind moderne Oszilloskope bereits vom Hersteller kalibriert, so daß dieser Versuch als unnötig erachtet werden könnte. Will der Benutzer eines Oszilloskops allerdings nach längerer Betriebszeit die Kalibrierung überprüfen oder für spezielle Meßaufgaben eine exakte Charakteristik zugrundelegen, wird er stets nach der hier gegebenen Anleitung verfahren.

11c

3.12. Versuch 12: Prüfung des Hörbereichs

Versuchsaufbau

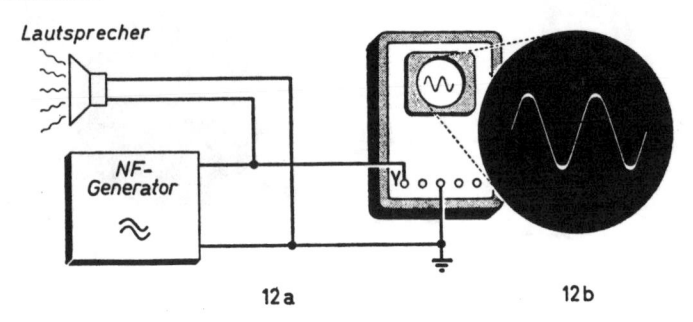

12a 12b

Anleitung

a. Frequenz des NF-Generators auf 1 kHz und mit einer Amplitude einstellen, daß der Lautsprecher einen deutlich hörbaren Ton abgibt
b. X-Kanal des Oszilloskops auf „INT" schalten, Y-Verstärkung und Zeitmaßstab so einstellen, daß sich ein Oszillogramm gemäß Bild 12b ergibt
c. Frequenz der Generatorspannung so weit erhöhen bzw. erniedrigen, bis kein Ton mehr wahrnehmbar ist; in beiden Fällen die Periodendauer anhand des Diagramms aus Versuch 11 messen
d. Ausgangsspannung des NF-Generators zunächst erhöhen und dann verringern; resultierende Oszillogramme studieren und Lautstärkeeindruck beachten
e. Punkt d bei anderen Frequenzen des Hörbereichs wiederholen

Erklärung

Damit Schwingungen im menschlichen Ohr einen Schalleindruck hervorrufen, müssen sie innerhalb eines bestimmten Frequenzbereichs liegen. Dieser Bereich läßt sich durch die Messung nach Punkt c bestimmen; er erstreckt sich — abhängig von der Versuchsperson und dem Lebensalter — von etwa 20 Hz bis etwa 20 kHz. Je weiter man die Frequenz erhöht, um so höher wird der wahrgenommene Ton und um so mehr Kurvenzüge erscheinen auf dem Leuchtschirm. Die Tonhöhe wird also von der Anzahl Schwingungen je Sekunde bestimmt und hängt *nicht* etwa von der Lautstärke des Signals ab; letzteres wird in Punkt d demonstriert. Hier erkennt man, daß sich die Höhe des Oszillogramms vergrößert, ohne daß eine Änderung der Tonhöhe auftritt. Allerdings nimmt man bei vergrößerter Schwingungsamplitude den Ton mit größerer Lautstärke wahr.

Schlußfolgerung: Der Lautstärkeeindruck hängt von der Schwingungsamplitude ab. Ist die Amplitude zu klein, bleibt das Signal unter der *Hörschwelle*, und es entsteht kein Schalleindruck. Ist die Amplitude zu groß, wird die *Schmerzgrenze* überschritten; es entsteht also eine *Schmerzempfindung*. Die Hörschwelle ist im Gegensatz zur Schmerzgrenze stark frequenzabhängig.

3.13. Versuch 13: Eigenfrequenz einer Stimmgabel

Versuchsaufbau

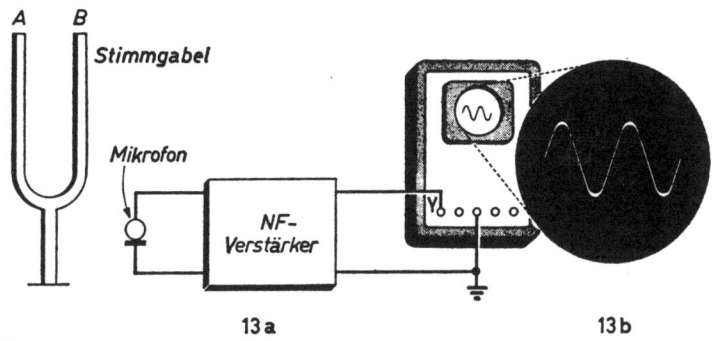

13a   13b

Anleitung

a. Stimmgabel durch Anschlagen eines Schenkels A oder B in Schwingungen versetzen
b. X-Kanal des Oszilloskops auf „INT" schalten; Y-Verstärkung und Zeitmaßstab so einstellen, daß sich ein Oszillogramm gemäß Bild 13b ergibt
c. Schwingungsdauer messen (vgl. Bild 11c) und hieraus die Frequenz bestimmen; Form des Oszillogramms studieren und das langsame Abklingen der Amplitude beachten
d. Stimmgabel nochmals anschlagen und eine zweite, auf denselben Ton abgestimmte Stimmgabel in die Nähe der ersten bringen, dann erste Stimmgabel dämpfen (Schenkel A und B mit zwei Fingern festhalten)
e. Mikrofon in die Nähe der zweiten Stimmgabel bringen und Messung nach Punkt c wiederholen; nötigenfalls Y-Verstärkung erhöhen

Erklärung

Man kann einen Körper zwingen, mit einer bestimmten Frequenz zu schwingen. Allerdings muß in diesem Fall zur Aufrechterhaltung des Schwingungszustands relativ viel Energie zugeführt werden. Daneben besitzen viele Körper (Platten, Stäbe, Saiten usw.) die Eigenschaft, vorzugsweise mit einer ganz bestimmten Frequenz (sog. Eigenfrequenz) zu schwingen. In diesem Fall braucht man in der Regel nur wenig Energie zuzuführen. Überläßt man den Körper nach einmaliger Energiezufuhr sich selbst, schwingt er mit seiner Eigenfrequenz aus. Ist nach einer bestimmten Zeit die Amplitude auf die Hälfte zurückgegangen, sinkt sie jeweils nach Verstreichen der gleichen Zeitspanne auf ein Viertel, ein Achtel usw. ab. Die von der Stimmgabel ausgehende Schwingung gelangt an das Mikrofon, wobei auf dem Leuchtschirm ein praktisch sinusförmiges Oszillogramm entsteht. Die Höhe des Oszillogramms verringert sich aufgrund des obenerwähnten natürlichen Abklingprozesses (Punkt c). Unter Punkt d wird die sogenannte Resonanz demonstriert. Die zweite Stimmgabel hat dieselbe Eigenfrequenz wie die erste und wird durch die von der ersten Stimmgabel ausgehenden Luftdruckschwankungen (Verdichtungen und Verdünnungen) in Schwingungen versetzt.

3.14. Versuch 14: Schwingungsformen einer gespannten Saite

Versuchsaufbau

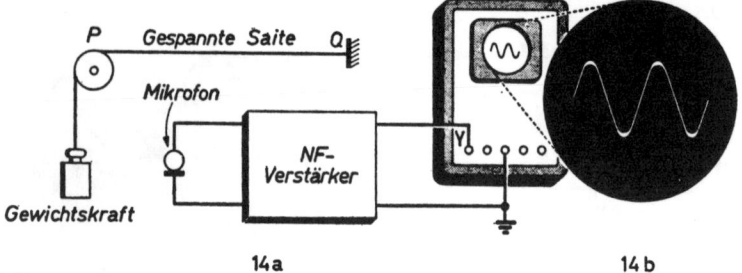

14a   14b

Anleitung

a. Im Punkt Q ist eine Saite befestigt, die durch ein Gewicht gespannt wird; Saite durch Anschlagen oder Zupfen in der Mitte in Schwingungen versetzen
b. X-Kanal des Oszilloskops auf „INT" schalten; Y-Verstärkung und Zeitmaßstab so einstellen, daß sich ein Oszillogramm gemäß Bild 14b ergibt
c. Schwingungsdauer anhand eines Diagramms nach Versuch 11 messen; Form des Oszillogramms studieren und beachten, daß die Amplitude allmählich kleiner wird
d. Saite in der Mitte festhalten und dann bei einem Viertel ihrer Länge anschlagen; Resultat mit dem Oszillogramm gemäß Punkt c vergleichen
e. Gewichtskraft am freien Ende der Saite verdoppeln und Punkte a und c wiederholen
f. Wirksame Länge der Saite durch Verschiebung der Rolle P oder der Einspannung Q auf die Hälfte kürzen und Punkte a und c wiederholen

Erklärung

Schlägt man die Saite an, pflanzen sich auf ihr transversale Laufwellen fort; sie werden an den Endpunkten P und Q reflektiert und bilden in ihrer Gesamtheit ein Schwingungsmuster, das man als *Stehwelle* bezeichnet. Stehwellen sind dadurch gekennzeichnet, daß auf der Saite bestimmte Punkte ständig in Ruhe bleiben (Knoten), während andere Punkte heftige Bewegungen um ihre Mittellage ausführen (Bäuche). Der Abstand zwischen zwei benachbarten Knoten ist gleich der halben Wellenlänge der Laufwellen, die ihrerseits die Stehwellen verursachen. Im einfachsten Fall (Punkt a) entstehen Knoten bei P und Q, wobei sich in der Mitte der Saite ein Bauch bildet. Die Saitenlänge PQ entspricht in diesem Fall der halben Wellenlänge. Unter Punkt d entsteht außer bei P und Q ein weiterer Knoten in der Mitte der Saite. Die Wellenlänge entspricht dann der gesamten Saitenlänge. Unter Punkt e zeigt sich, daß die Schwingungsdauer der Wurzel aus der Saitenspannung umgekehrt proportional ist. Dies hat seine Ursache darin, daß sich die Fortpflanzungsgeschwindigkeit im gleichen Verhältnis erhöht, während die Wellenlänge unverändert bleibt (die Wellenlänge ist das Produkt aus Fortpflanzungsgeschwindigkeit und Schwingungsdauer). Halbiert man die Saite (Punkt f), werden damit Wellenlänge und Schwingungsdauer halbiert, und folglich ist auch die Frequenz des wahrgenommenen Tons verdoppelt.

3.15. Versuch 15: Optische und akustische Beobachtung eines Rechtecksignals

Versuchsaufbau

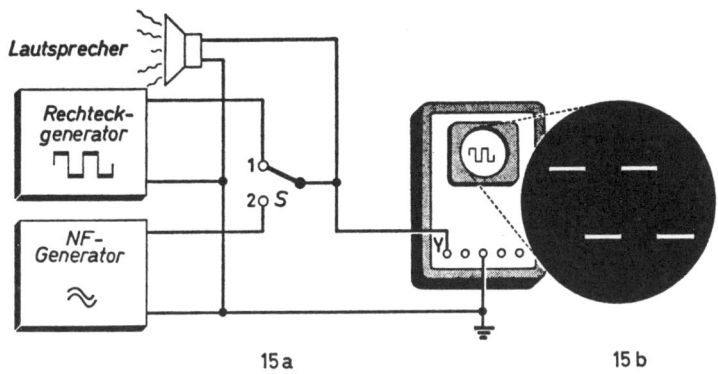

15a 15b

Anleitung
a. Frequenz der beiden Generatoren auf 1 kHz einstellen, Schalter S in Stellung *1* bringen und Spannung des Rechteckgenerators so einstellen, daß der Lautsprecher einen deutlich hörbaren Ton abgibt (Tastverhältnis 1:1)
b. X-Kanal des Oszilloskops auf „INT" schalten; Y-Verstärkung und Zeitmaßstab so einstellen, daß sich ein Oszillogramm gemäß Bild 15b ergibt
c. Höhe des Oszillogramms messen, Klangfarbe des vom Lautsprecher abgestrahlten Tons beobachten
d. Schalter S in Stellung *2* bringen und Ausgangsspannung des NF-Generators so einstellen, daß die gleiche Bildhöhe entsteht wie unter Punkt c; Klangfarbe des Tons beobachten
e. Punkte *a*, *c* und *d* bei einer niedrigeren bzw. höheren Frequenz wiederholen

Erklärung

Unter Punkt *c* und *d* bleiben Schwingungsamplitude und Schwingungsdauer unverändert; trotzdem haben die beiden Signale einen völlig verschiedenen Klangcharakter. Auf dem Leuchtschirm zeigen sich zwei verschiedene Kurvenformen. Die Klangfarbe muß also von diesen Formunterschieden abhängen. Die Kurvenform gibt den Verlauf wieder, in dem ein Körper (hier der Lautsprecherkonus) schwingt. Man kann eine beliebige Schwingung aufbauen, indem man einer Sinusschwingung gleicher Frequenz (Grundton) eine Reihe von Harmonischen oder Obertönen hinzufügt. Dies sind sinusförmige Schwingungen mit Frequenzen, die ein Vielfaches des Grundtons betragen. Diese Obertöne sind für die Klangfarbenunterschiede zwischen einer sinusförmigen und einer nicht-sinusförmigen Schwingung verantwortlich. Ist das Signal fast sinusförmig, enthält es nur sehr wenig Obertöne. Je stärker die Schwingung von der Sinusform abweicht, um so größer ist der Gehalt an Harmonischen. Man kann nachweisen, daß die Rechteckspannung aus einer Grundschwingung (Grundton) sowie je einer dritten, fünften, siebten usw. Harmonischen besteht. Geradzahlige Harmonischen kommen in der symmetrische Rechteckspannung nicht vor (vgl. Versuch 62).

3.16. Versuch 16: Ausgangssignal eines Rundfunkempfängers

Versuchsaufbau

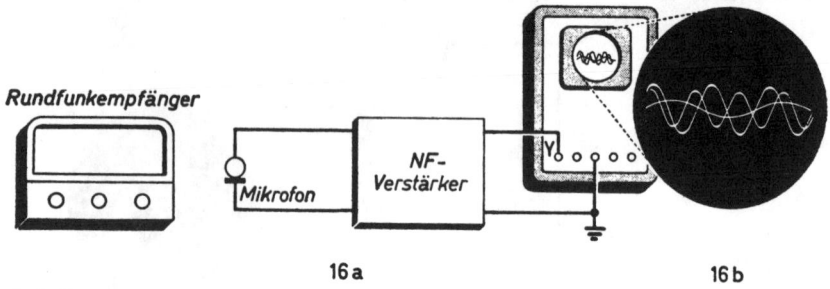

16 a
16 b

Anleitung

a. Mikrofon in der Nähe eines Rundfunkempfängers anordnen, der auf ein Musikprogramm abgestimmt ist
b. X-Kanal des Oszilloskops auf „INT" schalten; Y-Verstärkung und Zeitmaßstab so einstellen, daß sich etwa ein Oszillogramm gemäß Bild 16b ergibt
c. Oszillogramm studieren und beachten, daß es aus einer großen Anzahl Schwingungen zusammengesetzt ist, die sich sowohl in der Amplitude wie auch in der Frequenz laufend ändern
d. Lautstärkeeinsteller des Empfängers betätigen und das Resultat studieren; man beachte, daß die Höhe des Oszillogramms größer bzw. kleiner wird
e. Klangfarbeneinsteller des Empfängers betätigen und das Resultat auf dem Leuchtschirm beobachten; man beachte, daß das Oszillogramm jetzt weniger langsame bzw. weniger schnelle Schwingungen enthält
f. Empfänger auf eine Sprachsendung einstellen und Oszillogramm studieren

Erklärung

Ein guter Empfänger soll die Musik, die im Studio erklingt, möglichst naturgetreu wiedergeben. Entsprechend dem Geschmack des Hörers muß die mittlere Lautstärke einstellbar sein. Hierzu dient der Lautstärkeeinsteller (Punkt d). Wünscht man, daß nach dieser Einstellung das richtige Lautstärkeverhältnis der verschiedenen Frequenzen zueinander erhalten bleibt, muß dieses Verhältnis auch korrigiert werden können. Allgemein gesprochen: Es müssen bei geringerer Gesamtlautstärke die Höhen stärker geschwächt werden als die Bässe. Diese Korrektur erfolgt mit Hilfe des Klangfarbeneinstellers (Punkt e). Außerdem spielt der persönliche Geschmack des Hörers eine Rolle; der eine bevorzugt viel Bässe, der andere viel Höhen. Ferner sind zahlreiche Empfänger mit einem Sprache/Musik-Schalter ausgerüstet. Geht es vor allem um die Verständlichkeit eines Sprechers und weniger um die Erkennbarkeit der Stimme, empfiehlt es sich, ausschließlich Schwingungen im Bereich von etwa 300 bis 3500 Hz wiederzugeben. Die restlichen, im Sprachsignal eventuell vorhandenen Schwingungen werden dann im Empfänger unterdrückt.

3.17. Versuch 17: Schwingungen einer Klaviersaite

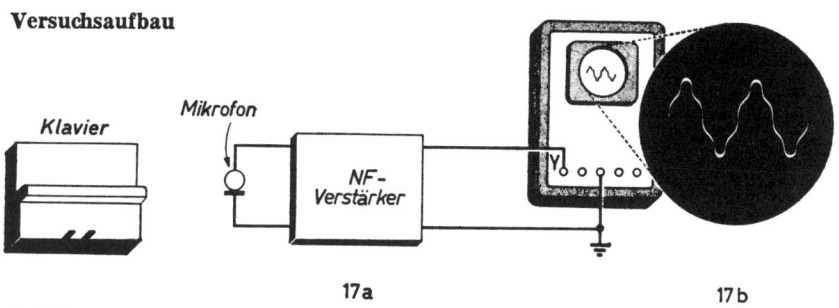

Versuchsaufbau

17a   17b

Anleitung

a. Taste c' eines Klaviers anschlagen und den Schall mit einem Mikrofon auffangen
b. X-Kanal des Oszilloskops auf „INT" schalten; Y-Verstärkung und Zeitmaßstab so einstellen, daß sich ein Oszillogramm gemäß Bild 17b ergibt
c. Periodendauer anhand eines Diagramms gemäß Versuch 11 messen; Schwingungsform studieren und beachten, daß die Amplitude allmählich kleiner wird
d. Tonleiter von c' bis c'' spielen und Messung gemäß Punkt c bei jedem Ton wiederholen
e. Gleichzeitig jeweils zwei Töne anschlagen, und zwar c'-c'' (Oktave), c'-g' (Quinte), c'-f' (Quarte), c'-e' (Terz) und die einzelnen Oszillogramme studieren
f. Punkt a wiederholen und dabei das Dämpfungs- bzw. Entdämpfungspedal betätigen; prüfen, welchen Einfluß dies auf die Form des Oszillogramms hat

Erklärung

Man hat das Tonsystem in eine Reihe von Oktaven unterteilt. Jede Oktave umfaßt 8 Ganz- oder Stammtöne, die beim Klavier durch die weißen Tasten verkörpert werden. Man gibt sie durch die Buchstaben c, d, e, f, g, a, h und c an. Die einzelnen Oktaven unterscheidet man durch Groß- oder Kleinschreibung der Buchstaben und fügt durchweg einen Index oder hochgestellte Striche an: Subkontra-Oktave C_2 bis C_1, Kontra-Oktave C_1 bis C, große Oktave C bis c, kleine Oktave c bis c', eingestrichene Oktave c' bis c'' usw. bis zur fünfgestrichenen Oktave c'''' bis c'''''. Das Klavier umfaßt die Töne von A_2 bis a'''. Die Frequenzen der Stammtöne einer Oktave verhalten sich wie die Zahlenreihe 24 : 27 : 30 : 36 : 40 : 45 : 48. Die Frequenz des Tons a' hat man international auf 440 Hz festgelegt. Die Frequenz von c' ist dann gleich 24 : 40 x 440 = 264 Hz (Punkt a). Die Frequenz von c'' ergibt sich demnach zu 528 Hz (Punkt d). Ein Zweiklang ist harmonisch, wenn man die Frequenzen der Einzeltöne wie die Verhältnisse kleiner Zahlen schreiben kann. So sind unter Punkt e die Frequenzverhältnisse der einzelnen Zweiklänge in der angegebenen Reihenfolge wie folgt: 1 : 2, 2 : 3, 3 : 4 und 4 : 5.

3.18. Versuch 18: Akustische Schwebungen

Versuchsaufbau

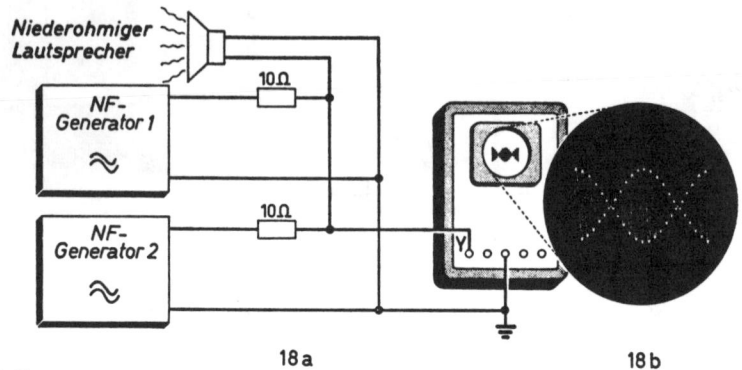

18a 18b

Anleitung

a. Beide NF-Generatoren auf gleiche Frequenz einstellen (z. B. 1 kHz); Generator 1 abklemmen und Spannung von Generator 2 so einstellen, daß der Lautsprecher einen gut hörbaren Ton abgibt, wobei die auftretende Höhe des Oszillogramms zu notieren ist; jetzt Generator 2 abklemmen und Generator 1 anschließen, dessen Ausgangsspannung so einzustellen ist, daß die gleiche Bildhöhe entsteht; verbindet man beide Generatoren gemäß Bild 18a, hört man einen Ton, dessen Lautstärke schwankt
b. X-Kanal auf „INT" schalten; Y-Verstärkung und Zeitmaßstab so einstellen, daß ein Oszillogramm gemäß Bild 18b entsteht
c. Ausgangsspannung und Frequenz des einen Generators variieren; Resultat optisch (am Leuchtschirm) und akustisch (über Lautsprecher) beobachten

Erklärung

Angenommen, die Amplituden beider Signale hätten in einem bestimmten Zeitpunkt gleichzeitig ihr positives Maximum. Der durch den Lautsprecher fließende Strom wäre dann ebenfalls maximal, weil sich beide Signale verstärken. In diesem Fall hört man einen lautstarken Ton, während das Oszillogramm seine größte Höhe besitzt. Beträgt die Frequenzdifferenz der beiden Signale beispielsweise 1 Hz, sind diese nach einer halben Sekunde gerade in Gegenphase, um sich gegenseitig zu schwächen. Der Lautsprecherstrom hat dann seinen Minimalwert; der Ton klingt leiser. Das Oszillogramm hat in diesem Moment seine geringste Höhe. Ein vollständiger Zyklus, nämlich Verstärkung-Abschwächung-Verstärkung, dauert also *eine* Sekunde, so daß man je Sekunde eine *Schwebung* wahrnimmt. Beträgt die Frequenzdifferenz der Schwingungen n Hz, treten n Schwebungen je Sekunde auf. Unter Punkt c wird man also bei Vergrößerung der Frequenzdifferenz mehr Schwebungen wahrnehmen, d. h. ein häufigeres An- und Abschwellen der Lautstärke. Verkleinert man die Amplitude des einen Signals, werden die Minima größer, die Maxima kleiner, weil in diesem Fall das gesamte Signal vollständig vom größeren Signal gebildet wird. Die Schwebungen werden dann schwächer, man hört also einen Ton, der weniger stark an- und abschwillt.

3.19. Versuch 19: Fortpflanzungsgeschwindigkeit des Schalls in Luft

Versuchsaufbau

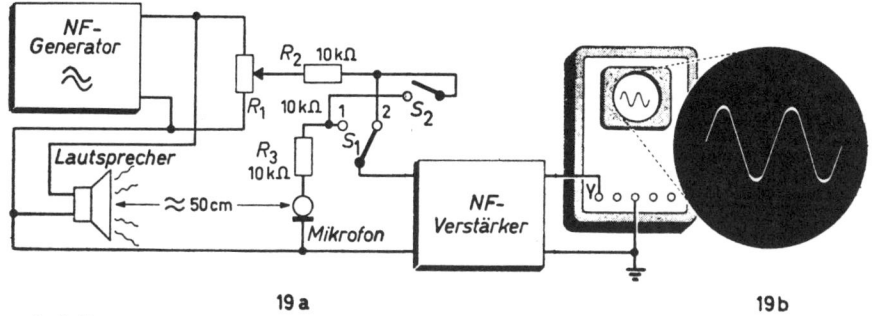

19 a   19 b

Anleitung

a. Schalter S_1 in Stellung 1 bringen (Schalter S_2 bleibt zunächst geöffnet) und Ausgangsspannung des NF-Generators so einstellen, daß das Mikrofon genügend Lautsprecherschall aufnimmt, damit auf dem Leuchtschirm eine gut meßbare Bildhöhe entsteht; Frequenz auf etwa 1 kHz einstellen
b. Schalter S_1 in Stellung 2 bringen und R_1 so einstellen, daß sich die gleiche Bildhöhe wie unter Punkt a ergibt
c. X-Kanal des Oszilloskops auf „INT" schalten, Y-Verstärkung und Zeitmaßstab so einstellen, daß sich ein Oszillogramm gemäß Bild 19b ergibt
d. Anhand eines Diagramms gemäß Versuch 11 die Schwingungsdauer bestimmen
e. Schalter S_2 schließen, Mikrofon in horizontaler Richtung verschieben und Entfernung zwischen denjenigen Punkten messen, in denen die kleinste Bildhöhe auftritt; Fortpflanzungsgeschwindigkeit des Schalls berechnen

Erklärung

Die Strecke, die eine Schwingung innerhalb einer Periodendauer zurücklegt, nennt man Wellenlänge. Demzufolge ist die Wellenlänge das Produkt aus Fortpflanzungsgeschwindigkeit und Periodendauer. Bewegt sich in einem bestimmten Zeitpunkt die Lautsprechermembran nach vorn, entsteht an ihrer Vorderseite eine Luftverdichtung (Druckerhöhung), die sich in Richtung des Mikrofons fortpflanzt. Während einer Periode hat diese Druckwelle definitionsgemäß eine Strecke zurückgelegt, die der Wellenlänge entspricht. Für eine halbe Periode entspricht die zurückgelegte Strecke der halben Wellenlänge. Bringt man nun das Mikrofon in einem Abstand vor dem Lautsprecher an, der der halben Wellenlänge entspricht, bewegt sich die Lautsprechermembran gerade in dem Moment nach hinten, in dem die Druckwelle das Mikrofon erreicht; Lautsprecher- und Mikrofonsignal sind dann in Gegenphase, so daß sie — gemeinsam auf dem Schirm abgebildet — die kleinste Bildhöhe ergeben. Letzteres ist auch dann der Fall, wenn der Abstand zwischen Mikrofon und Lautsprecher ein ungerades Vielfaches der halben Wellenlänge ist (Punkt e). Der Abstand zwischen zwei aufeinanderfolgenden Minima ist somit gleich der Wellenlänge. Da die Schwingungsdauer bekannt ist (Punkt d), läßt sich die Fortpflanzungsgeschwindigkeit berechnen.

3.20. Versuch 20: Dopplereffekt
Versuchsaufbau

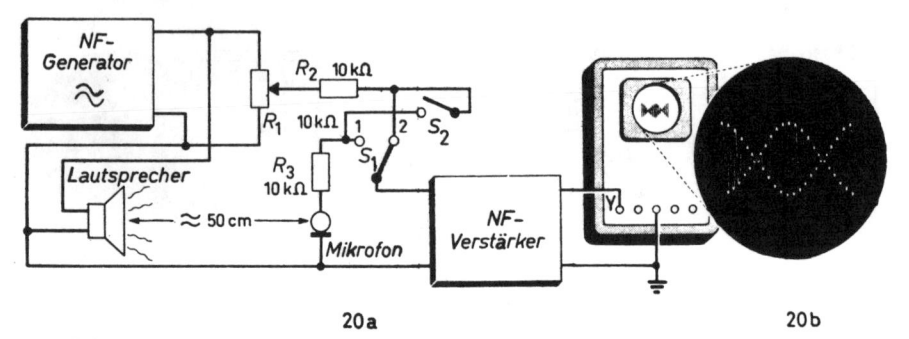

20a 20b

Anleitung
a. Schalter S_1 in Stellung 1 bringen (Schalter S_2 bleibt zunächst geöffnet), Ausgangsspannung des NF-Generators (Frequenz 6 kHz) so einstellen, daß das Mikrofon genügend Lautsprecherschall aufnimmt, damit sich auf dem Leuchtschirm eine gut meßbare Bildhöhe ergibt
b. Schalter S_1 in Stellung 2 bringen und R_1 so einstellen, daß sich die gleiche Bildhöhe ergibt wie unter Punkt a
c. X-Kanal des Oszilloskops auf „INT" schalten; Zeitmaßstab auf den niedrigsten Wert einstellen, bei dem noch ein zusammenhängendes, nicht flimmerndes Oszillogramm entsteht
d. Schalter S_2 schließen; Mikrofon in horizontaler Richtung schnell hin- und herbewegen, und zwar derart, daß ein Oszillogramm gemäß Bild 20b entsteht
e. Punkt d wiederholen, jetzt aber anstelle des Mikrofons den Lautsprecher bewegen. Wie ist die auf dem Leuchtschirm wahrgenommene Beobachtung zu erklären?

Erklärung
Beträgt die Fortpflanzungsgeschwindigkeit bei einer Frequenz von 6000 Hz beispielsweise 300 m/s, ist die Wellenlänge 5 cm. Bewegt man das Mikrofon mit gleichförmiger Geschwindigkeit von 0,5 m/s in Richtung des Lautsprechers, fängt es je Sekunde 10 zusätzliche Wellen auf. Die Frequenz des Mikrofonsignals wird daher 6010 Hz statt 6000 Hz. Bewegt man das Mikrofon mit gleichförmiger Geschwindigkeit von beispielsweise 5 m/s nach rechts, empfängt es je Sekunde 100 Wellen weniger. Die Frequenz des Mikrofonsignals beträgt dann 5900 Hz statt 6000 Hz. Ähnliches tritt auf, wenn man den Lautsprecher bewegt. Die Erscheinung, daß bei Bewegung einer Schallquelle und/oder des Beobachters ein Ansteigen bzw. Absinken der Tonhöhe wahrgenommen wird, nennt man *Dopplereffekt*. Der Grad der Tonhöhenänderung hängt dabei von der Geschwindigkeit ab, mit der sich Schallquelle und/oder Beobachter bewegen. Da dem Oszilloskop sowohl das Lautsprechersignal wie auch das Mikrofonsignal zugeführt werden, erhält man bei Bewegung des Mikrofons (Punkt d) oder des Lautsprechers (Punkt e) ein Oszillogramm, das Maxima und Minima aufweist. Die beiden Signale ergeben nämlich Schwebungen gemäß Versuch 18.

Bei der Ausführung dieses Versuchs können sich einige Probleme hervortun. Einerseits wird es mit einfachen Mitteln schwerfallen, Mikrofon oder Lautsprecher mit den genannten Geschwindigkeiten gleichförmig und dazu während vielleicht einiger Sekunden zu bewegen. Andererseits sind geringe Frequenzänderungen innerhalb relativ kurzer Zeit (Sekundenbruchteile) nicht ohne weiteres erfaßbar. Das braucht jedoch nicht von der Ausführung des Versuchs abzuhalten, denn das Wesen des Dopplereffekts wird genügend erhellt. Im übrigen sollte beachtet werden, daß Reflexionen in geschlossenen Räumen in ungünstigen Fällen den Versuch beeinträchtigen könnten. Gegebenenfalls ist dann der Standort zu verändern, was durch geringe Änderung der Schallrichtung leicht bewerkstelligt werden kann.

3.21. Versuch 21: Kalibrierung des X-Kanals in elektrischen Spannungswerten

Versuchsaufbau

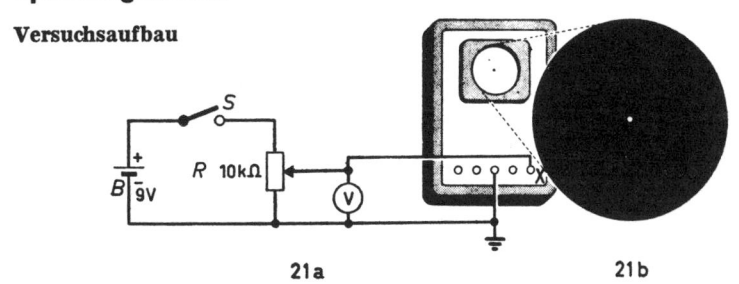

21a   21b

Anleitung
a. Schalter S öffnen und Schleifkontakt von R zum masseseitigen Anschluß drehen
b. X-Kanal des Oszilloskops auf „EXT" und „$=$" bzw. „DC" schalten; X- und Y-Verschiebung sowie Schärfe und Helligkeit so einstellen, daß in der Mitte des Leuchtschirms ein scharfer, gerade wahrnehmbarer Leuchtfleck erscheint (Achtung, zu große Helligkeit hat *Einbrennen* des Schirms zur Folge!)
c. Schalter S schließen und Schleifkontakt von R unter Beachtung des Voltmeters V stufenweise von masseseitigen Anschluß weg bewegen; die jeweilige Verschiebung des Leuchtflecks und den dazugehörigen Ausschlag des Voltmeters V notieren
d. Schleifkontakt von R wieder zum masseseitigen Anschluß drehen, Batterie B und Voltmeter V umpolen und Punkt c wiederholen
e. Punkte c und d bei anderen Stellungen des X-Abschwächers wiederholen

Erklärung
Die X-Ablenkplatten der Elektronenstrahlröhre sind so angeschlossen, daß der Elektronenstrahl nach *rechts* abgelenkt wird, wenn an die Eingangsbuchsen eine Spannung gelegt wird, die *positiv* gegen den Masseanschluß ist. Bringt man den Schleifkontakt von R in eine von Masse weiter entfernte Stellung, verschiebt sich demzufolge der Leuchtfleck nach *rechts* (Punkt c). Ist die Spannung an den Eingangsbuchsen dagegen *negativ* in bezug auf Masse, wird der Leuchtfleck nach *unten* verschoben. Dieses ist nach Umpolung der Batterie B (vgl. Punkt d) der Fall. Man kann nun bei verschiedenen Stellungen des Schleifkontakts von R den Ausschlag des Voltmeters V mit der Verschiebung des Leuchtflecks vergleichen und die gefundenen Werte in einer Tabelle oder einem Diagramm nach Bild 21c festhalten. Entsprechende Diagramme kann man für andere Stellungen des X-Abschwächers aufnehmen.

Normalerweise sind moderne Oszilloskope bereits vom Hersteller kalibriert, so daß dieser Versuch als unnötig erachtet werden könnte. Will der Benutzer eines Oszilloskops allerdings nach längerer Betriebszeit die Kalibrierung überprüfen oder für spezielle Meßaufgaben eine exakte Charakteristik zugrundelegen, wird er stets nach der hier gegebenen Anleitung verfahren.

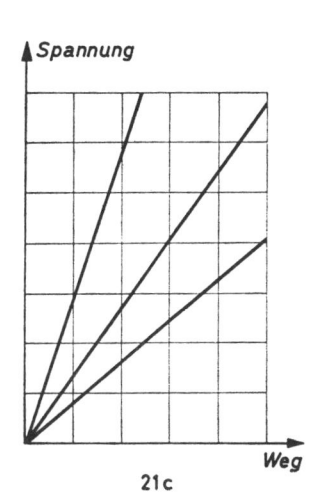

21c

3.22. Versuch 22: X- und Y-Ablenkung mit Gleichspannungen
Versuchsaufbau

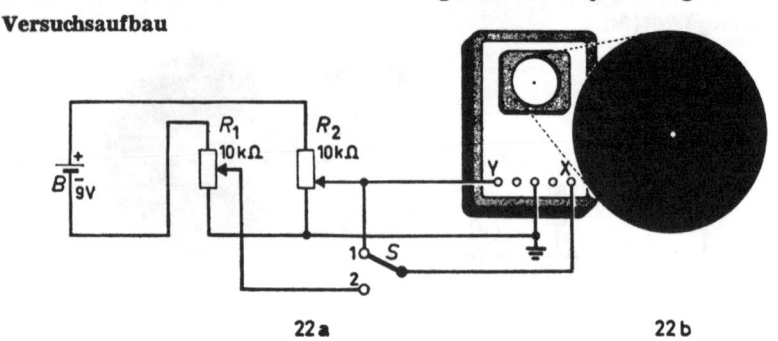

22a   22b

Anleitung
a. Schalter S in Stellung 1 bringen und Schleifkontakt von R_2 zum masseseitigen Anschluß drehen
b. X-Ablenkung auf „EXT", X- und Y-Kanal auf „$=$" bzw. „DC" schalten, X- und Y-Verschiebung sowie Schärfe und Helligkeit so einstellen, daß ein scharfer, gerade wahrnehmbarer Leuchtfleck in Schirmmitte erscheint
c. Schleifkontakt von R_2 in die obere (von Masse entfernte) Stellung bringen und X- und Y-Verstärkung so einstellen, daß der Leuchtfleck rechts oben auf dem Schirm erscheint
d. Schleifkontakt von R_2 langsam nach unten (zum masseseitigen Anschluß) drehen und den Weg des Leuchtflecks verfolgen
e. Batterie B umpolen und R_2 in die obere (von Masse entfernte) Stellung drehen; Resultat am Leuchtschirm beobachten
f. Batterie B wieder gemäß Bild 22a anschließen und Schalter S in Stellung 2 bringen; Schleifkontakte von R_1 und R_2 gleichzeitig von oben nach unten und (nach Umpolung von B) wieder nach oben drehen

Erklärung
Legt man an den X- und Y-Kanal Spannungen, bewegt sich der Leuchtfleck in X- und Y-Richtung eines rechtwinkligen Achsenkreuzes (Versuch 1 und 21). Nach den Einstellungen a bis c befindet sich der Leuchtfleck also in der rechten oberen Ecke des Schirms. Dreht man nun den Schleifkontakt von R_2 nach unten (Punkt d), ändern sich X-und Y-Spannung gemeinsam. Der Leuchtfleck bewegt sich also auf einer Geraden von rechts oben zur Schirmmitte. Polt man die Batterie B um und dreht den Schleifkontakt von R_2 wieder nach oben (Punkt e), bewegt sich der Leuchtfleck von der Schirmmitte in die linke untere Ecke. Es werden Potentiometer des gleichen Typs verwendet, so daß R_1 für die eine Hälfte der Batteriespannung in gleicher Weise als Spannungsteiler wirkt, wie R_2 für die andere Hälfte. Befindet sich der Schalter S in Stellung 2 (Punkt f), ist die Batterie gemäß Bild 22a angeschlossen und befinden sich die Schleifkontakte von R_1 und R_2 in der oberen Stellung, steht der Leuchtfleck links oben. Dreht man die Schleifkontakte von R_1 und R_2 gemeinsam nach unten, polt die Batterie um und dreht die Schleifkontakte wieder nach oben, sind X- und Y-Spannung in jeder Stellung der Potentiometer gleichgroß, haben aber entgegengesetzte Polarität. Der Leuchtfleck bewegt sich folglich auf einer Geraden von links oben über die Schirmmitte nach rechts unten.

3.23: Versuch 23: X- und Y-Ablenkung mit Sinusspannungen

Versuchsaufbau

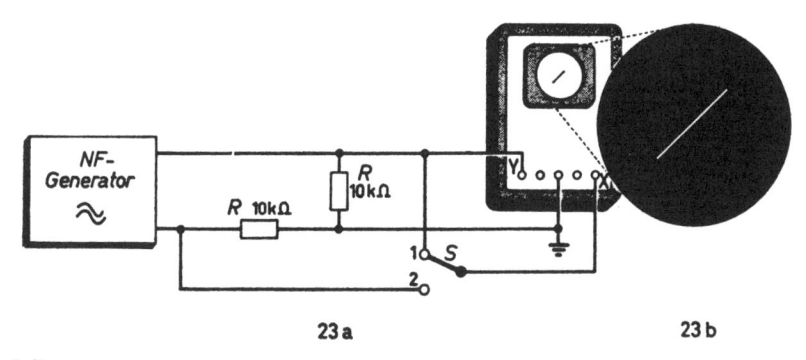

23a 23b

Anleitung

a. Schalter S in Stellung *1* bringen, Ausgangsspannung des NF-Generators auf 10 V, Frequenz auf 1 kHz einstellen
b. X-Kanal des Oszilloskops auf „EXT" schalten; X- und Y-Verstärkung so einstellen, daß ein Oszillogramm gemäß Bild 23b sichtbar wird
c. Schalter S in Stellung *2* bringen und Resultat mit dem Oszillogramm nach Punkt b vergleichen
d. Niedrigste Frequenz des NF-Generators einstellen, Schalter S nacheinander in Stellung *1* und *2* bringen und resultierende Oszillogramme studieren
e. X- und Y-Verstärkung zunächst vergrößern, dann verringern und anschließend wieder auf den ursprünglichen Wert bringen; Resultate beobachten und erklären

Erklärung

Bei Versuch 22 wurden Höhe und Polarität der Spannungen an X- und Y-Kanal von Hand (auf *statische* Weise) variiert. Im vorliegenden Fall geschieht dies automatisch (auf *dynamische* Weise). Befindet sich Schalter S in Stellung *1* (Punkt *a*), werden die an X- und Y-Kanal gelegten Spannungen *gleichzeitig* positiv, *gleichzeitig* Null, *gleichzeitig* negativ usw.; sie stellen dann ein und dieselbe Generatorspannung dar, die sich in Höhe und Polarität ändert. Befindet sich Schalter S in Stellung *2* (Punkt *c*), ist in jedem Zeitpunkt die am X-Kanal liegende Spannung ebenso positiv, wie die am Y-Kanal liegende Spannung negativ ist, und umgekehrt. Ist die Frequenz sehr niedrig (Punkt *d*), kann man die Verschiebung des Leuchtflecks noch wahrnehmen. Es entsteht dann das gleiche Bild, als würden die Manipulationen in Versuch 22 sehr rasch hintereinander vorgenommen. Ist die Frequenz höher, ist kein einzelner Lichtpunkt mehr wahrnehmbar, sondern eine zusammenhängende gerade Linie, die von rechts oben über die Schirmmitte nach links unten (S in Stellung *1*) oder von links oben über die Schirmmitte nach rechts unten verläuft (S in Stellung *2*). Im allgemeinen besteht das Bild aus einer Geraden, sofern die dem X- und Y-Kanal zugeführten Spannungen einander in jedem Zeitpunkt proportional sind. Die Neigung dieser Geraden wird durch das Verhältnis zwischen X-Spannung und Y-Spannung bestimmt (Punkt *e*).

3.24. Versuch 24: Strom-Spannungs-Kennlinie eines Widerstands

Versuchsaufbau

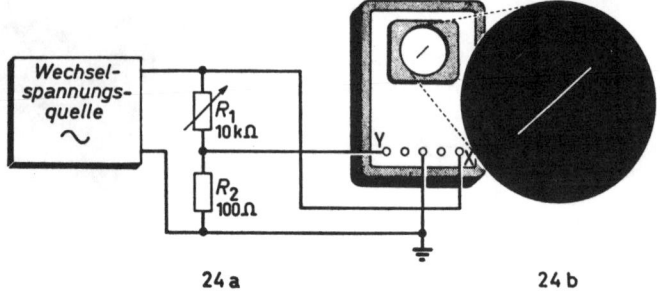

24a   24b

Anleitung

a. Einstellbaren Widerstand R_1, dessen Strom-Spannungs-Kennlinie dargestellt werden soll, auf Maximalwert einstellen
b. Ausgangsspannung der Wechselspannungsquelle (Stelltrenntransformator oder NF-Generator) auf 10 V einstellen, Frequenz 50 Hz
c. X-Kanal des Oszilloskops auf „EXT" schalten; X- und Y-Verstärkung so einstellen, daß ein Oszillogramm gemäß Bild 24b entsteht
d. Quotienten aus Y- und X-Ablenkspannung berechnen
e. R_1 auf die Hälfte seines Werts einstellen und Punkt d wiederholen
f. R_1 (ausgehend von der Mittelstellung) größer und kleiner machen und Resultat mit dem Oszillogramm nach Punkt c vergleichen (hierbei die X- und Y-Verstärkung unverändert lassen)

Erklärung

Die Amplitude des Stroms durch R_2 ist bei konstanter Amplitude der zugeführten Wechselspannung fast ausschließlich vom Widerstand R_1 abhängig, dessen Wert wesentlich größer als der von R_2 ist. Aus dem gleichen Grund ist die an R_1 abfallende Spannung praktisch gleich der zugeführten Spannung. Auf dem Leuchtschirm erscheint eine gerade Linie, die von rechts oben über die Schirmmitte nach links unten verläuft. Gemäß Versuch 23 besagt dies, daß die an X- und Y-Kanal liegenden Spannungen einander proportional sind. Am X-Kanal liegt die zugeführte Spannung, d. h. die an R_1 abfallende Spannung, am Y-Kanal die an R_2 abfallende Spannung. Da R_2 ein ohmscher Widerstand ist, fällt an ihm eine Spannung ab, die dem Strom durch R_1 proportional ist. Kurzum: Die Y-Ablenkung ist dem Strom durch R_1 proportional, während die X-Ablenkung der an R_1 abfallenden Spannung proportional ist. Man bezeichnet das Oszillogramm daher als Strom-Spannungs-Kennlinie des Widerstands R_1. Halbiert man den Wert von R_1 (Punkt e), bleibt die Spannung an R_1 (zugeführte Spannung) und damit die X-Ablenkung unverändert. Die Y-Ablenkung (diese ist dem Strom durch R_1 proportional) wird jedoch verdoppelt, so daß sich der Neigungswinkel des Oszillogramms (Quotient aus Y- und X-Ablenkung) ebenfalls verdoppelt.

3.25. Versuch 25: Strom-Spannungs-Kennlinie eines spannungsabhängigen Widerstands (VDR)

Versuchsaufbau

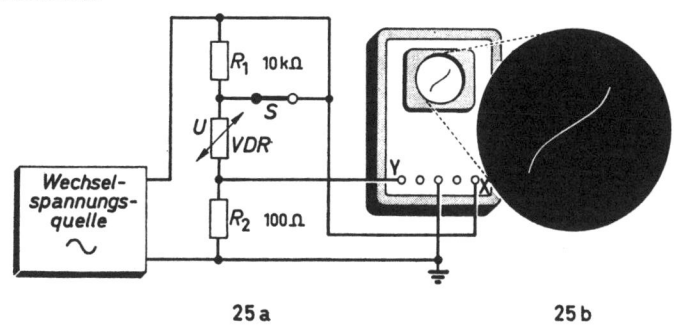

25a 25b

Anleitung

a. Schalter S schließen, als spannungsabhängigen Widerstand (voltage dependent resistance, abgekürzt VDR) einen Typ einfügen, der bei 10 V einen Widerstandswert von etwa 10 kΩ aufweist
b. Ausgangsspannung der Spannungsquelle (Stelltrenntransformator oder NF-Generator) auf 10 V einstellen, Frequenz 50 Hz
c. X-Kanal des Oszilloskops auf „EXT" schalten; X- und Y-Verstärkung so einstellen, daß sich ein Oszillogramm gemäß Bild 25b ergibt
d. Oszillogramm studieren und die spannungsstabilisierende Wirkung beachten
e. Ausgangsspannung der Spannungsquelle auf einige niedrigere Werte einstellen und Resultate mit dem Oszillogramm nach Punkt c vergleichen
f. Schalter S öffnen, Punkt b wiederholen und Resultat mit dem Oszillogramm von Punkt c vergleichen

Erklärung

Der Widerstandswert von R_2 ist im Vergleich zu dem des VDR klein. Folglich kann R_2 den Strom durch den VDR nicht nennenswert beeinflussen. Ferner ist (bei geschlossenem Schalter) die am VDR liegende Spannung fast gleich der zugeführten Wechselspannung. Die X-Ablenkung wird also von der am VDR abfallenden Spannung verursacht, die Y-Ablenkung durch eine Spannung, die dem Strom proportional ist, der den VDR durchfließt. Man beobachtet eine gekrümmte Linie. Strom und Spannung des VDR sind einander offensichtlich nicht proportional. Zu den Zeitpunkten, in denen die Spannung maximal ist (Leuchtflecklage ganz links oder ganz rechts), ist die Y-Ablenkung unverhältnismäßig groß. Der Quotient aus Spannung und Strom wird um so kleiner, je mehr die Spannung steigt. Dies ist das typische Kennzeichen eines VDR. Setzt man die zugeführte Spannung herab (Punkt e), erreicht sie nicht mehr den Wert, bei dem der Strom unverhältnismäßig stark zunimmt. Die charakteristische VDR-Eigenschaft setzt offenbar erst dann ein, wenn die Spannung einen bestimmten Schwellwert erreicht bzw. übersteigt. Bei geöffnetem Schalter S (Punkt f) bezieht sich das Oszillogramm auf die Serienschaltung von VDR und R_1. Ein Teil des Stromkreises ist rein ohmsch, so daß die dargestellte Kurve weniger stark gekrümmt ist.

3.26. Versuch 26: Übertragungskennlinie eines Optokopplers

Versuchsaufbau

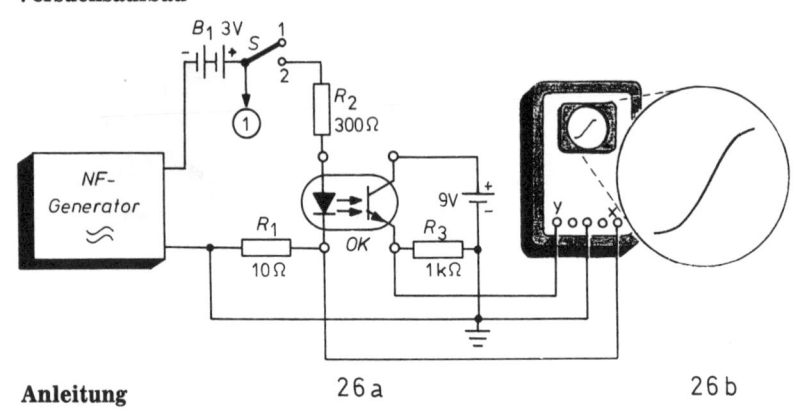

Anleitung 26 a 26 b

a. Der Optokoppler ist ein gängiger Industrietyp. Schalter S_1 auf Stellung 1. NF-Generator auf 100 Hz, Ausgangsspannung auf 0 V einstellen.
b. X-Kanal des Oszilloskops auf „INT", Zeitablenkung auf 1 ms/Teil und auf positiver Flanke triggern.
Y-Eingang auf „GND", Empfindlichkeit auf 1 V/Teil stellen und Strich auf die zweite Rasterlinie von unten justieren. Danach auf „DC" umschalten.
c. Signal an Punkt ① messen. Die Sinus-Spannung des NF-Generators in der Amplitude so lange verändern, bis der untere Teil der Sinus-Schwingung die „GND-Linie" (zweite Rasterlinie von unten) berührt.
d. X-Kanal des Oszilloskops auf „EXT" (X-Y-Betrieb) schalten. Schalter S_1 auf Stellung 2. X- und Y-Verstärkung so einstellen, daß sich ein Oszillogramm gemäß Bild 26 b ergibt.
e. X- und Y-Eingang nacheinander kurzzeitig auf „GND" schalten und dabei entstehende Linien (X- und Y-Achse) auf dem Bildschirm markieren.
f. Maßstäbe in X- und Y-Richtung (mA/cm) bestimmen.

Erklärung

Die Spannung an Meßpunkt ① setzt sich aus einer positiven Gleichspannung (B_1 = 3 V) und der Wechselspannung des NF-Generators (U_{ss} = 6 V) zusammen. Die Spannung ändert sich periodisch etwa zwischen 0 und 6 V. Den gleichen Effekt könnte man natürlich auch mit einem NF-Generator erzielen, der eine eingebaute DC-Offset-Spannung (Gleichspannung) besitzt. Schließt man nun den Schalter S_1 (Stellung 2) fließt ein Strom über den Widerstand R_2, die Luminezenz-Diode des Optokopplers und über den Widerstand R_1. Der Widerstand R_3 dient hierbei der Strombegrenzung durch die Luminezenz-Diode. Der Spannungsabfall am Widerstand R_1 (X-Spannung) ist dem Strom durch die Fotodiode (Luminezenz-Diode) proportional. Der Kurvenverlauf des Dioden-Stromes ist nicht sinusförmig. Die Erklärung hierfür ist die Schwellspannung der Fotodiode. Unterhalb der Spannung von etwa 0,7 V (Schwellspannung der Fotodiode) ist der Durchlaßstrom nahezu 0 A. Erst wenn die angelegte Spannung den Wert von etwa 0,7 V überschreitet, beginnt der Durchlaßstrom zu fließen. Dies ist übrigens auch auf dem Oszillogramm (Bild 26 b) zu erkennen. Im linken unterem Eck (Beginn der Kennlinie) ist ein heller Punkt sichtbar. An dieser Stelle des Oszillogramms verweilt der Elektronenstrahl länger als an jedem anderen Punkt der Kennlinie. Die Y-Spannung (Spannung an R_3) ist ein Maß für den Kollektorstrom (Strom durch Fototransistoren T). Das Oszillogramm (Bild 26 b) zeigt die Übertragungskennlinie (Abhängigkeit des Kollektorstromes I_C vom Diodenstrom I_F) eines Optokopplers. Man erkennt, daß die Kennlinie keinen linearen Verlauf hat. Zur Übertragung digitaler Signale spielt die Krümmung in der Übertragungskennlinie keine Rolle; anders bei der Übertragung analoger Signale. Bei analogen Signalen ist ein möglichst kleiner Klirrgrad erwünscht. Durch geeignete Wahl des Diodenstromes läßt sich ein günstiger Arbeitspunkt einstellen und dadurch ein geringer Klirrgrad erreichen.

3.27. Versuch 27: Strom-Spannungs-Kennlinie einer Halbleiterdiode
Versuchsaufbau

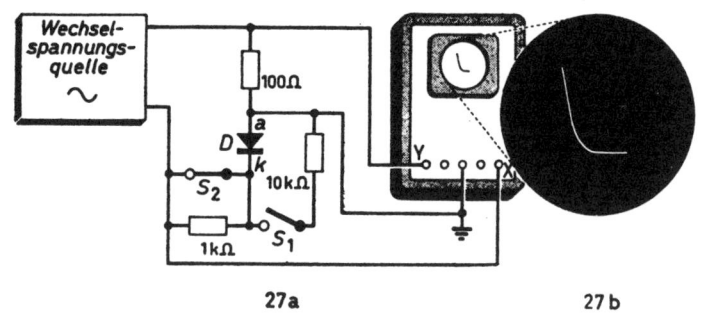

27a 27b

Anleitung
a. Schalter S_1 öffnen, Schalter S_2 schließen, Spannung der Wechselspannungsquelle (Stelltrenntransformator oder NF-Generator) auf 0 V einstellen; Frequenz 50 Hz
b. X-Ablenkung auf „EXT", X- und Y-Kanal auf „=" bzw. „DC" schalten; Leuchtfleck mit Hilfe der X- und Y-Verschiebung etwa 2 cm unter die Mitte des Leuchtschirms bringen, dann Wechselspannungsquelle sowie X- und Y-Verstärkung so einstellen, daß sich ein Oszillogramm gemäß Bild 27b ergibt
c. Im Oszillogramm Durchlaß- und Sperrgebiet der Diode D angeben
d. Schalter S_1 schließen und Sperrgebiet mit dem gemäß Punkt c vergleichen
e. Schalter S_1 und S_2 öffnen; jetzt Durchlaßgebiet mit dem gemäß Punkt c vergleichen
f. Schalter S_1 schließen und Schalter S_2 öffnen; jetzt sowohl Durchlaß- wie auch Sperrgebiet beachten

Erklärung

Unter Punkt c beobachtet man eine große Y-Auslenkung in den negativen Phasen der X-Spannung und eine äußerst geringe in den positiven Phasen. Dies bedeutet, daß die Halbleiterdiode D einen relativ großen Strom von der Anode a zur Katode k (Durchlaßrichtung) passieren läßt und daß in der Gegenrichtung (Sperrichtung) nur ein vernachlässigbar geringer Strom fließt (unter Zugrundelegung der *klassischen* Stromrichtung von Plus nach Minus). Man kann daher die Halbleiterdiode D ebenso wie die Vakuumdiode aus Versuch 26 mit einem Ventil vergleichen. Unter Punkt d fließt durch den Parallelwiderstand von 10 kΩ ein Strom, der im Vergleich zum Sperrstrom groß und im Vergleich zum Durchlaßstrom klein ist. Rechts vom Nullpunkt ändert sich das Oszillogramm daher relativ stark, links vom Nullpunkt relativ wenig. Unter Punkt e fällt am 1-kΩ-Widerstand R_1 eine Spannung ab. Wird die Diode D vom Sperrstrom durchflossen, ist dieser Spannungsabfall äußerst gering. Wird sie vom Durchlaßstrom durchflossen, ist er viel größer. Rechts vom Nullpunkt ändert sich daher das Oszillogramm kaum nennenswert, links vom Nullpunkt dagegen in bedeutendem Ausmaß (geringere Steilheit). Das Oszillogramm gemäß Punkt f unterscheidet sich rechts und links vom Nullpunkt vom Oszillogramm nach Punkt c.

3.28. Versuch 28: Verstärkungsfaktor eines Operationsverstärkers

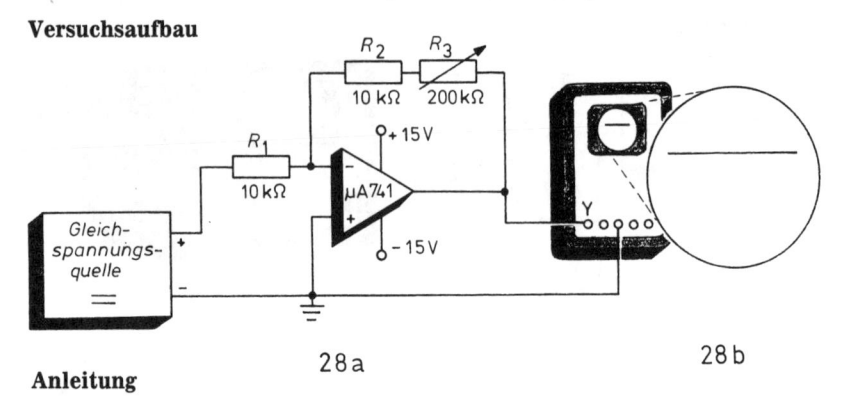

Versuchsaufbau

28a 28b

Anleitung

a. Ausgangsspannung der Gleichspannungsquelle auf 1 V einstellen. Potentiometer R_3 auf 0 Ohm drehen.
b. X-Kanal des Oszilloskops auf „INT", Y-Eingang zunächst auf „GND" und die Empfindlichkeit auf 2 V/Teil stellen. Danach Strahl auf den oberen Schirmbildrand justieren und auf „DC" umschalten.
c. R_3 variieren und Spannung auf dem Schirmbild beobachten. Verstärkungsfaktor bestimmen.
d. Versuch wiederholen mit 0,1 V Ausgangsspannung der Gleichspannungsquelle. Potentiometer R_3 auf 1 MOhm erhöhen. Versuch c wiederholen.
e. Potentiometer R_3 auf höchsten Wert stellen (200 kΩ). Gleichspannungsquelle von 0–0,2 V variieren und Spannung auf dem Schirmbild beobachten.
f. Strahl auf den unteren Schirmbildrand justieren. Gleichspannungsquelle umpolen und Versuch e wiederholen.

Erklärung

Dieser relativ einfache Versuch dient in erster Linie dazu, das Bauelement „Operationsverstärker" näher kennenzulernen. Ein Operationsverstärker dient dazu Spannungen bzw. Leistungen zu verstärken. Seine Wirkungsweise wird überwiegend durch seine äußere Beschaltung bestimmt. Legt man an den mit „–" bezeichneten, invertierten Eingang eine positive Spannung an, dann ist die Spannung am Ausgang negativ. Der Verstärker wirkt als Umkehrverstärker (Inverter). Man spricht auch von Vorzeichen-Umkehr oder Phasendrehung um 180°. Wird die Spannung am nichtinvertierenden „+" Eingang positiv, dann wird der Ausgang ebenfalls positiv. Bild 28a stellt die invertierende Schaltung dar. Es handelt sich hierbei um eine Spannungs-Parallel-Gegenkopplung. Diese Schaltungsart wird in der Analogtechnik am häufigsten verwendet. Die Ausgangsspannung des Operationsverstärkers (Bild 28b) ist im Bereich zwischen 0 und U_{max} bzw. U_{min} näherungsweise linear von der angelegten Gleichspannung abhängig. Man nennt diesen Bereich die Aussteuerbarkeit eines Operationsverstärkers. Nach Erreichen der Grenzen U_{max} bzw. U_{min} steigt die Ausgangsspannung nicht weiter an, auch nicht, wenn man die Gleichspannung am Eingang weiter erhöht, d. h. der Verstärker wird übersteuert. Bei dem verwendeten Operationsverstärker liegt die Aussteuerbarkeit bei etwa ± 13 V.

Die Leerlaufverstärkung beim idealen Verstärker ist $V_0 \to \infty$. Es ergibt sich:

$$\frac{U_E}{R_1} = -\frac{U_A}{R_2 + R_3}$$

$$V = \frac{U_A}{U_E} = -\frac{R_2 + R_3}{R_1}$$

Das heißt: Der Verstärkungsfaktor V entspricht dem Quotienten der Gegenkopplungswiderstände. Das negative Vorzeichen drückt die Phasenumkehr zwischen Eingang und Ausgang aus.

3.29. Versuch 29: Strom-Spannungs-Kennlinie eines Diac

Versuchsaufbau

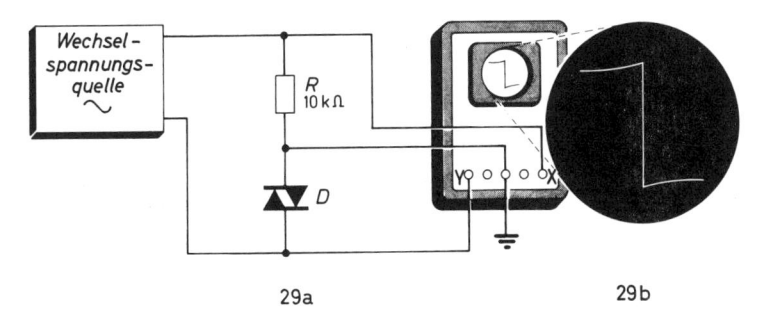

29a   29b

Anleitung

a. Das Element D ist ein sogenannter *Diac* (bidirektionale Diode); die Wechselspannungsquelle besteht aus einem Stelltrenntransformator, der zunächst auf 0 V eingestellt wird
b. X-Kanal des Oszilloskops auf „EXT" sowie X- und Y-Kanal auf „=" bzw. „DC" schalten; Leuchtfleck mit Hilfe der X- und Y-Verschiebung in die Mitte des Bildschirms bringen; dann die Wechselspannungsquelle auf einen derartigen Spannungswert sowie erforderlichenfalls X- und Y-Verstärkung so einstellen, daß sich ein Oszillogramm gemäß Bild 29b ergibt
c. Im Oszillogramm sind Strom- und Spannungsachse anzugeben
d. Es sind die Durchschlagspannungen des *Diac* zu bestimmen. Verhält sich der *Diac* symmetrisch? Bei diesem Versuch ist die angelegte Wechselspannung so einzustellen, daß der *Diac* in der einen Richtung gerade durchschlägt

Erklärung

Der *Diac* (bidirektionale Diode) ist eine Halbleiterdiode, die ausschließlich dann Strom leitet, wenn die angelegte Spannung einen bestimmten Wert überschreitet. Man erkennt im Oszillogramm auch erst dann einen gut horizontalen Verlauf, nachdem die angelegte Wechselspannung genügend hoch ist. Im *Diac* tritt hierbei eine Art Durchschlag-Effekt auf; eine spontane Stromleitung bei einem gut definierten Wert der Diac-(Durchschlag-)spannung. Angesichts der Tatsache, daß der *Diac* einerseits praktisch gesperrt und andererseits spontan leitend ist, kann man an einen Schalter denken. Die Buchstaben *ac* in *Diac* stehen für „alternating current" (Wechselstrom) und deuten darauf hin, daß die Stromleitung in *zwei* Richtungen erfolgen kann. Dies steht im Gegensatz zum Versuch 27. Inwieweit die Stromleitung in der einen Richtung jener in der anderen gleicht, wird entsprechend Punkt c und d untersucht. Aufgrund der Tatsache, daß der Durchschlag des *Diac* gut definiert ist, wird dieses Element vielfach als elektronischer Schalter eingesetzt. Er fungiert dabei als Triggerelement; das bedeutet, daß er andere Bauelemente gewissermaßen „zwingt", zu genau festgelegten Zeitpunkten in Aktion zu treten. Hierfür sind Versuch 67 und 68 Beispiele.

3.30. Versuch 30: Betriebsbereich einer Z-Diode

Versuchsaufbau

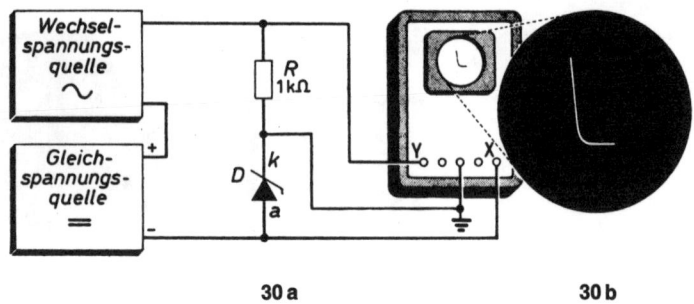

30 a   30 b

Anleitung

a. Als Z-Diode D dient ein Typ mit einer Durchbruchspannung von etwa 10 V; Gleich- und Wechselspannung auf 0 V einstellen; als Spannungsquellen werden ein einstellbares Gleichspannungsspeisegerät und ein Stelltrenntransformator bzw. NF-Generator verwendet

b. X-Ablenkung auf „EXT", X- und Y-Kanal auf „$=$" bzw. „DC" schalten; Leuchtfleck mit Hilfe der X- und Y-Verschiebung in den rechten unteren Teil des Leuchtschirms bringen

c. Gleichspannung auf 20 V, Wechselspannung sowie X- und Y-Verstärkung so einstellen, daß ein Oszillogramm gemäß Bild 30b sichtbar wird

d. Oszillogramm studieren und hierin den Betriebsbereich der Z-Diode D angeben

e. Gleich- und Wechselspannung variieren und die dabei entstehenden Oszillogramme erklären

Erklärung

Macht man die Amplitude der Wechselspannung ebensogroß wie die Gleichspannung, ist die X-Spannung immer negativ. Der am weitesten rechts gelegene Punkt des Oszillogramms fällt mit dem unter b festgelegten Nullpunkt zusammen; es wird also die Diodenkennlinie nur für diejenigen Werte der Diodenspannung sichtbar gemacht, bei denen die Anode a negativ gegen die Katode k ist. Es zeigt sich, daß das Oszillogramm in der Nähe des Nullpunkts flach verläuft, um bei einem verhältnismäßig ausgeprägten Wert der X-Spannung (Durchbruchspannung) plötzlich stark abzubiegen. Der Betriebsbereich (Punkt d) ist also dadurch gekennzeichnet, daß die Diodenspannung nur sehr gering vom Diodenstrom abhängt. Ist die zugeführte Spannung (Gleich- und Wechselspannung gemeinsam) höher als die Durchbruchspannung (Punkt e), ändert sich bei Erhöhung des Gleichspannungsanteils die X-Ablenkung fast nicht mehr, während eine Erhöhung des Wechselspannungsanteils lediglich eine vergrößerte X-Auslenkung nach rechts zur Folge hat. Die zugeführte Gesamtspannung unterliegt einem Begrenzereffekt an der Diodenkennlinie, so daß eine gewisse Spannungsstabilisierung auftritt. Daher werden Z-Dioden hierfür häufig benutzt.

3.31. Versuch 31: Der Operationsverstärker als Integrator

Versuchsaufbau

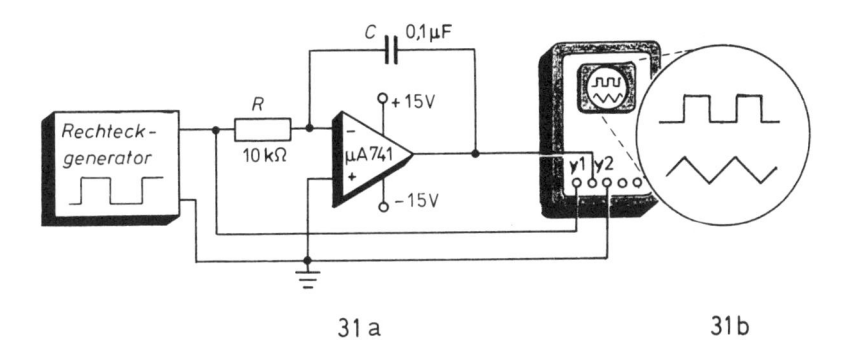

31a   31b

Anleitung

a. Ausgangsspannung des Rechteckgenerators auf $U_{ss} = 12$ V einstellen. Die Frequenz des Generators soll 100 Hz betragen.
b. X-Kanal des Oszilloskops auf „INT", Zeitablenkung auf 2 ms/Teil und intern triggern.
   Y_1-Kanal zunächst auf „GND", Empfindlichkeit auf 5 V/Teil stellen und Strich auf die zweite Rasterlinie von oben justieren. Danach auf „DC" umschalten.
   Y_2-Kanal auf „GND", Empfindlichkeit auf 10 V/Teil stellen und Strich auf die zweite Rasterlinie von unten justieren. Danach auf „DC" umschalten.
c. Im Oszillogramm sind Spannungs- und Zeitachse anzugeben.
d. Frequenz des Rechteckgenerators auf 50 Hz reduzieren und Änderung auf dem Schirmbild beobachten.

Erklärung

Mit Hilfe des Integrators (Bild 31 a) ist es möglich, aus einer rechteckförmigen Eingangsspannung, deren Mittelwert 0 ist, eine dreieckförmige Ausgangsspannung zu erzeugen. Bei symmetrischer Eingangsspannung erhält man auch eine symmetrische Dreieckspannung. Der Integrator unterscheidet sich vom Umkehrverstärker (Bild 28 a) dadurch, daß der Gegenkopplungswiderstand ($R_2 + R_3$) durch einen Kondensator C ersetzt wird. Mit dem Kondensator wird die Verstärkung frequenzabhängig. Bei höheren Frequenzen wird der Wechselstromwiderstand $X_C = 1/\omega \cdot C$ niedriger und damit der Verstärkungsfaktor der Schaltung geringer. Die Amplitude der Ausgangswechselspannung ist also umgekehrt proportional zur Kreisfrequenz ω.

Geht man davon aus, daß die Eingangsrechteckspannung (Y_1-Kanal) von ihrem maximalen positiven Wert in den maximalen negativen Wert umschaltet, dann ändert sich die Ausgangsspannung des Operationsverstärkers (Y_2-Kanal) nicht sprunghaft, sondern folgt der Eingangsspannung mit umgekehrtem Vorzeichen (Inverterschaltung) mit der Integrationszeitkonstanten $\tau = R \cdot C$.

Wird die Frequenz der Rechteckspannung von 100 Hz auf 50 Hz reduziert, vergrößert sich der Wechselstromwiderstand des Kondensators. Dadurch wiederum erhöht sich der Verstärkungsfaktor der Schaltung (Bild 31 a). Auf dem Schirmbild ist jetzt zu beobachten, daß die Spitzen der Dreieckspannung „abgeschnitten" werden. Der Verstärker ist in diesem Bereich übersteuert. Erst durch Verringern der Eingangsrechteckspannung kann man den alten Zustand (symmetrische Dreieckspannung) wieder herstellen.

3.32. Versuch 32: Eigenschaften eines Unijunctionstransistors

Versuchsaufbau

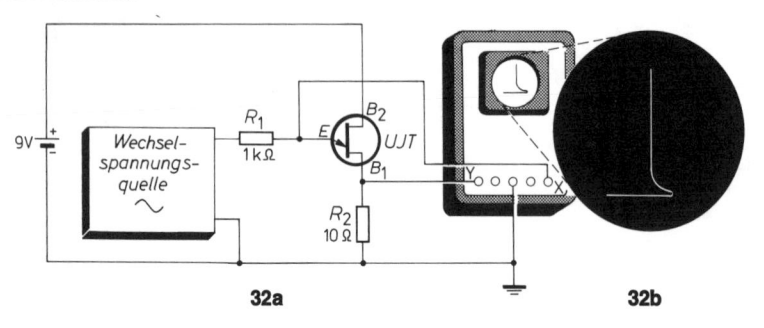

32a   32b

Anleitung

a. Der Unijunctiontransistor (UJT) ist ein N-Typ; als Wechselspannungsquelle dient ein Stelltrenntransformator; Wechselspannung auf 0 V einstellen; Verbindungen von der Batterie und der Wechselspannungsquelle zum Unijunctiontransistor unterbrechen
b. X-Ablenkung auf „EXT", X- und Y-Kanal auf „=" bzw. „DC" schalten; Leuchtfleck mit Hilfe der X- und Y-Verschiebung in die Mitte des unteren Bildschirmteils bringen
c. Batterie mit B_2 des Unijunctiontransistors verbinden; aus der Verschiebung des Leuchtflecks den Strom bestimmen, der von B_2 nach B_1 durch den Unijunctiontransistor fließt
d. Wechselspannungsquelle mit dem Emitter E des Unijunctiontransistors verbinden; darauf achten, daß sich der Leuchtfleck nicht verschiebt
e. Wechselspannung so einstellen, daß ein Oszillogramm gemäß Bild 32 b sichtbar wird (X- und Y-Verstärkung eventuell nachstellen); das Oszillogramm erklären

Erklärung

Ein Unijunctiontransistor ist ein Halbleiter-Bauelement mit einem einzigen PN-Übergang. Man unterscheidet N-Typen und P-Typen. Ein N-Typ besteht im Prinzip aus einem N-dotierten Siliziumstäbchen mit den Basisanschlüssen B_1 und B_2 und einem in der Nähe von B_1 einlegierten Emitter (Anschluß E) aus P-Material. Ebenso wie bei einer Diode (Versuch 27) ist der PN-Übergang leitend, wenn das P-Material hinreichend positiv in bezug auf das N-Material ist; sonst sperrt der Übergang. Unter Punkt c liefert die Batterie einen Gleichstrom, der durch die hochohmige Basis von B_2 nach B_1 (unter Zugrundelegung der *klassischen* Stromrichtung von Plus nach Minus) und den Meßwiderstand R_2 fließt. Der Emitter ist stromlos, da der PN-Übergang sperrt; das gilt auch für Punkt d. Unter Punkt e machen die positiven Spitzen der Wechselspannung den PN-Übergang jedesmal leitend. R_1 begrenzt dann den Emitterstrom. Durch die große Anzahl von Ladungsträgern, die bei leitendem PN-Übergang vom Emitter in das Siliziumstäbchen injiziert werden, sinkt der Widerstand vor allem im unteren Teil des Siliziumstäbchens. Hierdurch ist bei leitendem PN-Übergang die Spannung zwischen Emitter E und Basis B_1 kleiner und der Strom durch den unteren Teil des Siliziumstäbchens größer als bei gesperrtem PN-Übergang.

3.33. Versuch 33: Kondensator im Gleichstromkreis

Versuchsaufbau

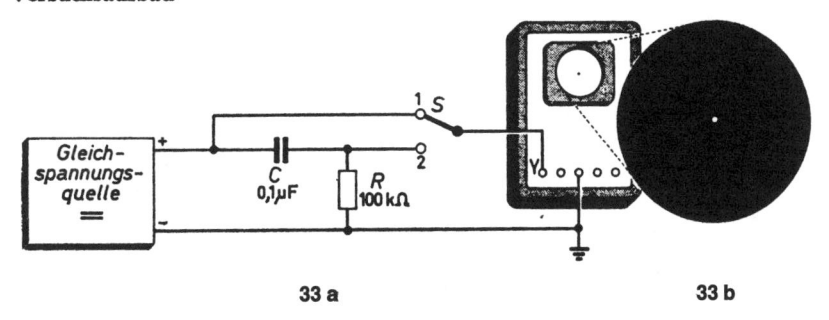

33 a   33 b

Anleitung

a. Gleichspannung auf 0 V einstellen, Schalter S in Stellung 1 bringen
b. X-Kanal des Oszilloskops auf „EXT", Y-Kanal auf „=" bzw. „DC" schalten, X- und Y-Verschiebung sowie Schärfe und Helligkeit so einstellen, daß ein scharfer, gerade wahrnehmbarer Leuchtfleck in Schirmmitte entsteht
c. Gleichspannung auf etwa 1 V einstellen, vertikale Auslenkung des Leuchtflecks messen und Resultat in einen entsprechenden Spannungswert umwandeln (vgl. Bild 1c)
d. Schalter S in Stellung 2 bringen und Messung nach Punkt c wiederholen
e. Gleichspannung zunächst langsam und dann schnell variieren; eine sehr schnelle Spannungsänderung entsteht, wenn man den Pluspol der Spannungsquelle abklemmt und Punkt 1 des Schalters S an Masse legt; Bewegung des Leuchtflecks studieren

Erklärung

Fließt in der Kondensatorzuleitung ein Strom, sammelt sich die zugeführte Elektrizitätsmenge (Ladung) auf den beiden gegeneinander isolierten Belägen. Diese Ladung tritt als Spannungsdifferenz zwischen den Belägen in Erscheinung. Praktisch bedeutet dies, daß in einem Kondensatorkreis nur während einer begrenzten Zeit ein Strom in *einer* Richtung fließen kann. Die Kondensatorspannung nimmt verhältnismäßig rasch den Wert der ladenden Spannungsquelle an. Verhältnismäßig schnell stellt sich auch ein Gleichgewichtszustand ein, wobei die mittlere Kondensatorspannung gleich der mittleren Quellenspannung ist; am Widerstand R (Punkt d) fällt dann keine Spannung ab, weil kein Strom mehr fließt. Erhöht oder erniedrigt man die angelegte Spannung (Punkt e), fließt kurzzeitig ein Strom, der dazu dient, die Kondensatorspannung an die neue Ladespannung anzupassen. Ein stets gleichbleibender Strom (Gleichstrom) ist daher in einer Kondensatorschaltung unmöglich; dies würde nämlich den Anstieg der Kondensatorspannung auf einen unendlich großen Wert bedeuten. Aufgrund dieser Zusammenhänge *sperrt* ein Kondensator Gleichspannung.

3.34. Versuch 34: Spannungsverlauf an einem Kondensator während eines kurzzeitigen Stroms

Versuchsaufbau

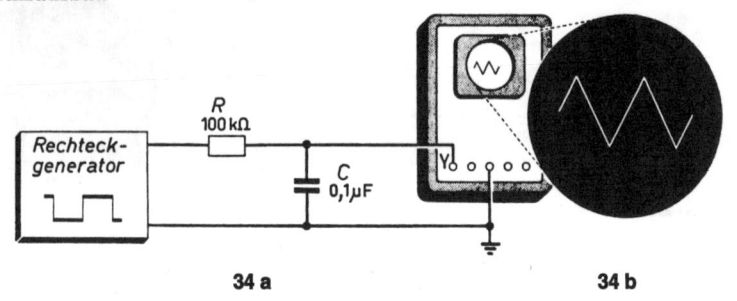

34 a   34 b

Anleitung

a. Rechteckgenerator auf maximale Ausgangsspannung; Wiederholungsfrequenz auf 1 kHz, Tastverhältnis auf 1:1 einstellen
b. Y-Kanal des Oszilloskops auf „∼" bzw. „AC" einstellen (um eine evtl. Gleichspannungskomponente fernzuhalten), X-Kanal auf „INT" schalten; Y-Verstärkung und Zeitmaßstab so einstellen, daß sich ein Oszillogramm gemäß Bild 34 b ergibt
c. Oszillogramm studieren und Bildhöhe (Spitze—Spitze) messen
d. Frequenz der Generatorspannung verdoppeln; Resultat mit dem Oszillogramm gemäß Punkt b vergleichen; Punkt c wiederholen
e. Ausgangsspannung des Generators auf die Hälfte reduzieren; Resultat mit dem Oszillogramm nach Punkt b und d vergleichen; Punkt c wiederholen

Erklärung

Im stationären Zustand sind die Mittelwerte der Generator- und Kondensatorspannung gleich. Springt die Generatorspannung plötzlich auf ihren Maximalwert, hat die Kondensatorspannung die Tendenz, sich diesem Wert anzupassen. Es muß dann eine gewisse Elektrizitätsmenge zum Kondensator transportiert werden. Dies erfordert eine gewisse Zeit. Da das obere Niveau des Rechteckimpulses nur während 0,5 ms auftritt und der Widerstand R den Strom begrenzt, ist der Anstieg der Kondensatorspannung (Höhe des Oszillogramms gemäß Punkt c) klein im Vergleich zur Amplitude Spitze—Spitze der Rechteckspannung. Am Widerstand R liegt dann eine konstante Spannung, und folglich fließt ein konstanter Ladestrom. Dabei wird innerhalb gleicher Zeitabschnitte jeweils die gleiche Ladungsmenge auf die Kondensatorbeläge gebracht, so daß die Kondensatorspannung zeitproportional ansteigt. Nach 0,5 ms springt die Rechteckspannung auf ihr unteres Niveau. Jetzt ist die Kondensatorspannung höher als die Generatorspannung, und es fließt ein Strom in Gegenrichtung. Dadurch sinkt die Kondensatorspannung. Unter Punkt d und e werden Ladezeit und Ladestrom halbiert. In beiden Fällen geht die Höhe des Oszillogramms auf die Hälfte zurück, weil die Ladungsänderung und damit die Spannungsänderung nur noch halb so groß ist.

3.35. Versuch 35: Kapazität eines Kondensators

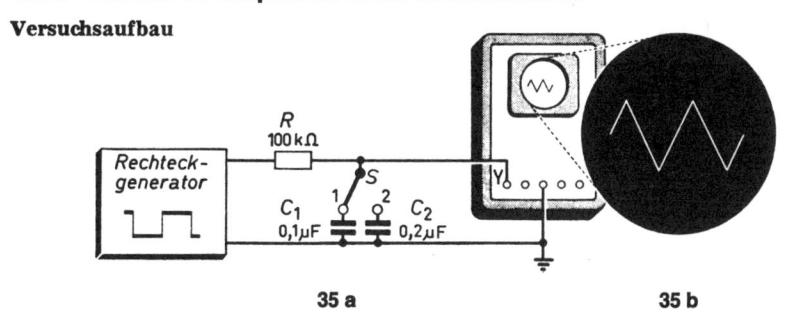

Versuchsaufbau

35 a   35 b

Anleitung

a. Rechteckgenerator auf eine Ausgangsspannung von 10 V_{ss} einstellen (hierzu das Oszilloskop verwenden); Wiederholungsfrequenz auf 1 kHz und Tastverhältnis auf 1 : 1 einstellen; Schalter S in Stellung 1 bringen
b. Y-Kanal des Oszilloskops auf „∼" bzw. „AC" einstellen (um eine evtl. Gleichspannungskomponente fernzuhalten), X-Kanal auf „INT" schalten; Y-Verstärkung und Zeitmaßstab so einstellen, daß sich ein Oszillogramm nach Bild 35b ergibt
c. Höhe des Oszillogramms (Spitze—Spitze) messen und Resultat anhand eines Diagramms nach Versuch 1 in einen entsprechenden Spannungswert umwandeln
d. Lade- und Entladezeit anhand eines Diagramms nach Versuch 11 messen
e. Schalter S in Stellung 2 bringen und Messungen nach Punkt c und d wiederholen

Erklärung

Führt man einem *großen* Kondensator eine Ladung zu, ändert sich die Kondensatorspannung in geringerem Ausmaß, als wenn die gleiche Ladung einem kleineren Kondensator zugeführt wird. Unter Ladung (Elektrizitätsmenge) versteht man das Produkt aus dem mittleren Strom und der Zeit. Die *Größe* von Kondensatoren drückt man durch die *Einheit der Kapazität* aus: *Farad* (F). Für die Praxis ist das Farad eine zu große Einheit; man benutzt statt dessen die Einheiten *Mikrofarad* (µF), *Nanofarad* (nF) oder *Pikofarad* (pF). Es gibt folgende Relation:
1 F = 1 000 000 µF = 1 000 000 000 nF = 1 000 000 000 000 pF
1 µF = 1 000 nF = 1 000 000 pF   1 nF = 1 000 pF

Ein Kondensator besitzt eine Kapazität von 1 F (Farad), wenn eine Ladung von 1 As (Amperesekunde) die Kondensatorspannung um 1 V (Volt) ändert. Die Rechteckspannung beträgt 10 V_{ss}. Die mittlere Kondensatorspannung stimmt mit der mittleren Generatorspannung überein. Am 100-kΩ-Widerstand R liegt dann je Periode eine Spannung von 5 V. Folglich beträgt der Strom 0,05 mA. Die Lade- bzw. Entladezeit (Punkt d) beträgt 0,5 ms. Hieraus ergibt sich das Produkt aus Strom und Zeit zu 0,025 µAs. Man bestimmt nun, um welchen Wert sich die Kondensatorspannung unter dem Einfluß dieser Ladung ändert (Punkt c), und findet in den Stellungen 1 bzw. 2 des Schalters S die Werte 0,25 bzw. 0,125 V. Die Kapazität ist der Quotient aus der Ladungs- und Spannungsänderung; im vorliegenden Fall 0,025 µAs dividiert durch 0,25 bzw. 0,125 V. Dies ergibt 0,1 bzw. 0,2 µF.

3.36. Versuch 36: „Natürlicher" Stromverlauf in einer Kondensatorschaltung

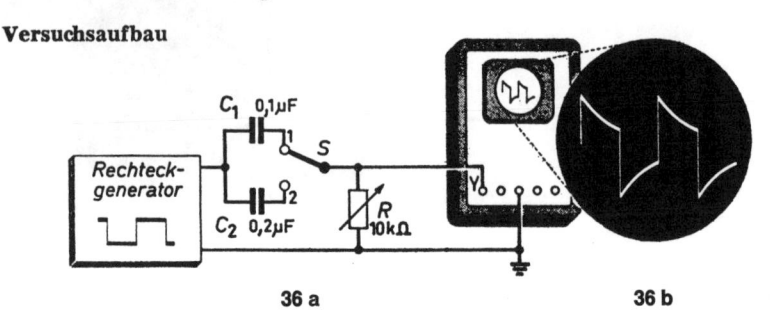

Versuchsaufbau

36 a 36 b

Anleitung

a. Ausgangsspannung des Rechteckgenerators auf etwa 1 V, Wiederholungsfrequenz auf 1 kHz, Tastverhältnis auf 1:1 einstellen
b. Schalter S in Stellung *1* bringen und Widerstand R auf seinen Maximalwert einstellen
c. X-Kanal des Oszilloskops auf „INT" schalten, Y-Verstärkung und Zeitmaßstab so einstellen, daß sich ein Oszillogramm gemäß Bild 36b ergibt
d. Oszillogramm studieren; nötigenfalls Zeitmaßstab erhöhen, damit der „natürliche" Stromverlauf gut wahrgenommen werden kann
e. Schalter S in Stellung *2* bringen; Resultat mit Oszillogramm gemäß Punkt c vergleichen
f. Widerstand R stufenweise auf einige niedrigere Werte einstellen und Resultate mit den Oszillogrammen nach Punkt c und e vergleichen

Erklärung

In Versuch 34 wurde gezeigt, wie ein Kondensator mit Hilfe eines konstanten Stroms geladen und entladen wird. Die Kondensatorspannung ändert sich in in diesem Fall wenig, weil der Widerstand R (100 kΩ) den Strom begrenzt. An diesem Widerstand fällt eine praktisch rechteckförmige Spannung mit einem Mittelwert von 0 V ab. Beim vorliegenden Versuch ist der Ladestrom größer, weil er über einen viel kleineren Widerstand R (10 kΩ) fließt. Die Kondensatorspannung steigt und sinkt demnach viel schneller, so daß der Strom (abhängig von der Differenz zwischen Generator- und Kondensatorspannung) schnell abnimmt. Diese Abnahme folgt einer „natürlich" verlaufenden Kurve. Dies besagt folgendes: Ist der Strom nach einer bestimmten Zeit auf die Hälfte zurückgegangen, dann ist er nach nochmaligem Verstreichen einer solchen Zeitspanne auf ein Viertel seines ursprünglichen Werts abgesunken, nach abermaligem Verstreichen einer solchen Zeit auf ein Achtel usw. Springt die Rechteckspannung auf ihr unteres Niveau, fließt plötzlich ein Strom in entgegengesetzter Richtung, und man kann einen gleichartigen negativen Impuls beobachten. Unter Punkt e nimmt der Strom weniger schnell ab, denn einem größeren Kondensator muß man zur Erzielung der gleichen Spannungsänderung eine größere Ladung zuführen. Unter Punkt f nimmt der Strom dagegen schneller als ursprünglich ab, weil der Widerstand R verkleinert ist.

3.37. Versuch 37: „Natürlicher" Spannungsverlauf an einem Kondensator

Versuchsaufbau

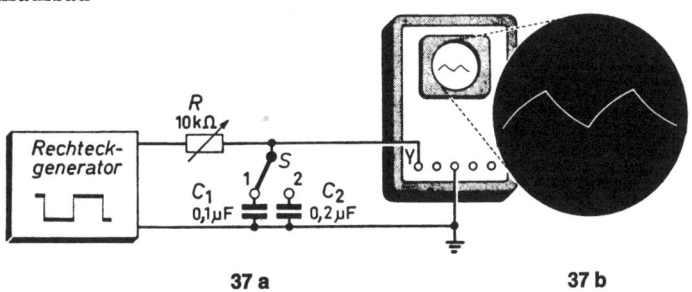

37 a 37 b

Anleitung

a. Ausgangsspannung des Rechteckgenerators auf etwa 1 V, Wiederholungsfrequenz auf 1 kHz, Tastverhältnis auf 1:1 einstellen
b. Schalter S in Stellung 1 bringen und Widerstand R auf seinen Maximalwert einstellen
c. X-Kanal des Oszilloskops auf „INT" schalten, Y-Verstärkung und Zeitmaßstab so einstellen, daß sich ein Oszillogramm gemäß Bild 37b ergibt
d. Oszillogramm studieren und nötigenfalls Zeitmaßstab erhöhen, um den „natürlichen" Verlauf der Kondensatorspannung besser beobachten zu können
e. Schalter S in Stellung 2 bringen und Resultat mit Oszillogramm gemäß Punkt c vergleichen
f. Widerstand R stufenweise auf einige niedrigere Werte einstellen und Resultate mit den Oszillogrammen nach Punkt c und e vergleichen

Erklärung

Der periodische Lade- und Entladestrom nimmt innerhalb einer Zeitspanne von 0,5 ms nach einer „natürlich" verlaufenden Kurve ab (vgl. Versuch 36). Die Kondensatorspannung nimmt bei den gewählten Werten von R und C sowie der angegebenen Lade-Entlade-Zeit annähernd den oberen und unteren Wert der Rechteckspannung an, wenn auch *verzögert*. Zu denjenigen Zeitpunkten, in denen die Rechteckspannung einen Sprung ausführt (dabei ist der Strom jeweils am größten), beobachtet man, daß die Kondensatorspannung jeweils am schnellsten steigt oder fällt. Diese Spannungsänderung wird jedoch je Zeiteinheit immer kleiner, weil der Strom abnimmt. Während der Strom in einer Kondensatorschaltung sprungartig von einem bestimmten *positiven* auf einen bestimmten *negativen* Wert übergeht (Versuch 36), sieht man hier, daß der Spannungsverlauf am Kondensator immer nur allmählich vonstattengeht. Unter Punkt e wird ein größerer Kondensator geladen. Dieser benötigt eine größere Ladung, um die gleiche Spannung anzunehmen. Das Oszillogramm beginnt folglich mit einem weniger steilen Anstieg und hat einen kürzeren horizontal auslaufenden Teil. Vergrößerung von R hat die gleiche Wirkung (hier wird der Strom kleiner). Verkleinert man R (Punkt f), wird der Stromimpuls höher und folglich der Kondensator schneller geladen. Das Oszillogramm zeigt dann eine bessere Annäherung an die Rechteckspannung.

3.38. Versuch 38: Kondensator im Wechselstromkreis

Versuchsaufbau

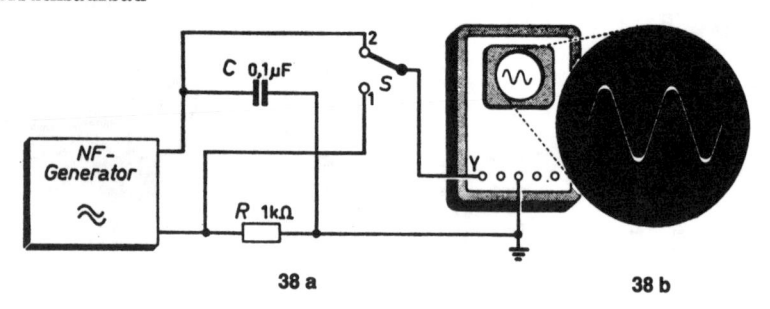

38 a   38 b

Anleitung

a. Schalter S in Stellung 1 bringen. NF-Generator auf 1 kHz einstellen und Ausgangsspannung so einpegeln, daß die Amplitude am Widerstand R 1 V beträgt (Einstellung mit Hilfe des Oszilloskops anhand eines Diagramms gemäß Versuch 1 vornehmen)
b. X-Kanal des Oszilloskops auf „INT" schalten; Y-Verstärkung und Zeitmaßstab so einstellen, daß sich ein Oszillogramm gemäß Bild 38b ergibt
c. Schalter S in Stellung 2 bringen und Punkt b wiederholen; Amplitude des Oszillogramms messen und Resultat in einen entsprechenden Spannungswert umwandeln (Diagramm, Bild 1c)
d. Frequenz der Generatorspannung halbieren, Schalter S in Stellung 1 bringen und am Widerstand R abfallende Spannung wieder auf 1 V erhöhen; Messung nach Punkt c wiederholen

Erklärung

Die Kondensatorspannung (Punkt c) verläuft ebenso wie der Strom (Punkt b) sinusförmig. Es fließt abwechselnd ein Lade- und Entladestrom, wodurch die Kondensatorspannung periodisch steigt und fällt. Sie ändert sich jeweils dann am schnellsten, wenn der Strom am größten ist. Die Sinuskurve hat ihre größte Steilheit in den Nulldurchgängen, so daß die Kondensatorspannung bei maximalem Strom Null ist und von hier aus ansteigt. Die am tiefsten gelegenen Punkte des Stromoszillogramms (maximaler Entladestrom) fallen mit einer Kondensatorspannung zusammen, die Null ist und sinkend. Die Kondensatorspannung ist folglich um eine Viertelperiode verzögert, sie *eilt* in bezug auf den Strom *nach* (Versuch 39).
1 mA (Punkt a). Der mittlere Ladestrom ist kleiner; er beträgt $2/\pi \approx 0{,}637$ mA (siehe Versuch 7). Die Ladezeit beträgt 0,5 ms. Die gespeicherte Ladung (Strom × Zeit) ergibt sich dann zu $1/\pi \approx 0{,}32$ µAs. Da die Kapazität 0,1 µF beträgt, steigt die Kondensatorspannung auf 3,2 V. Der Scheitelwert der Kondensatorwechselspannung ist folglich 1,6 V. Den Quotienten aus dieser Spannung und der Stromamplitude nennt man Impedanz oder Scheinwiderstand des Kondensators. Diese Größe ist der Frequenz und der Kapazität umgekehrt proportional. Unter Punkt d wird demzufolge die Amplitude der am Kondensator liegenden Spannung verdoppelt.

3.39. Versuch 39: Phasenverschiebung zwischen Strom und Spannung bei einem Kondensator

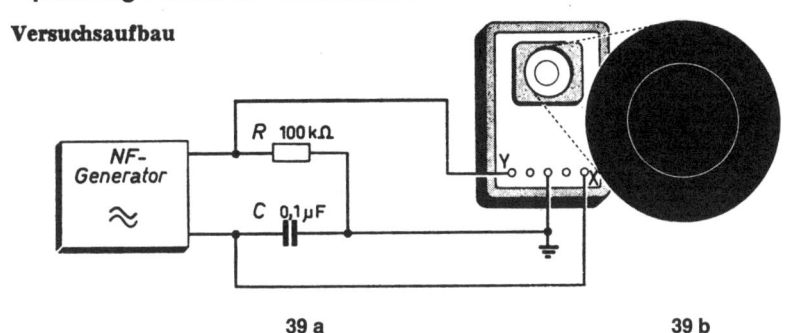

Versuchsaufbau

39 a   39 b

Anleitung

a. Ausgangsspannung des NF-Generators auf Maximalwert, Frequenz auf 1 kHz einstellen
b. X-Kanal des Oszilloskops auf „EXT" schalten, X- und Y-Verstärkung sowie X- und Y-Verschiebung so einstellen, daß ein kreisförmiges Bild in Schirmmitte gemäß Bild 39b sichtbar wird
c. X- und Y-Verstärkung vergrößern bzw. verkleinern; Resultate beobachten
d. Amplitude der Generatorspannung vergrößern (X- und Y-Verstärkung unverändert lassen) und prüfen, ob sich die Form des Oszillogramms ändert
e. Frequenz der Generatorspannung herabsetzen (X- und Y-Verstärkung unverändert lassen) und Formänderung des Oszillogramms erklären

Erklärung

Der Strom (Spannung am Widerstand R) und die Kondensatorwechselspannung sind sinusförmig; die Kondensatorwechselspannung eilt dem Strom um eine Viertelperiode nach (Versuch 38); die Phasendifferenz beträgt eine Viertelperiode. Zu einem bestimmten Zeitpunkt ist der Strom maximal. Die Kondensatorwechselspannung (X-Spannung) ist dann Null, während die Y-Spannung ihr negatives Maximum hat. Der Leuchtfleck befindet sich dann senkrecht unter dem Mittelpunkt des Bildschirms. 0,25 ms später ist der Strom (Y-Spannung) Null. Die X-Spannung steigt nicht weiter; sie hat ihr positives Maximum erreicht. Der Leuchtfleck liegt dann rechts vom Mittelpunkt. Nach weiteren 0,25 ms fließt der maximale Entladestrom, so daß die Y-Spannung positiv und die X-Spannung Null ist. Der Leuchtfleck liegt jetzt ebensoweit über dem Mittelpunkt des Bildschirms wie anfangs darunter. Schließlich gelangt er wieder an den Ausgangspunkt zurück und hat damit eine geschlossene Kurve — Kreis (Punkt b) oder Ellipse (Punkt c) — beschrieben, wobei die Punkte maximaler Auslenkung auf der X- und Y-Achse liegen. Vergrößert man den periodischen Ladestrom, vergrößern sich die X- und Y-Spannung im gleichen Ausmaß (Punkt d). Das Bild behält also seine ursprüngliche Form bei. Vergrößert man die Ladezeit (bei gleicher Stromamplitude), nimmt ausschließlich die X-Auslenkung zu (Punkt e).

Für das Gelingen dieses Versuchs ist ein *erdfreier* Ausgang des NF-Generators Voraussetzung. Anderenfalls würde über die Schutzerdung von NF-Generator und Oszilloskop der X-Eingang des Oszilloskops kurzgeschlossen. Bei Verwendung eines NF-Generators, dessen Ausgang *nicht* erdfrei ist, empfiehlt sich die Verwendung eines Trenntransformators zur Netzspeisung. Allerdings muß mit Störungen durch Brummspannungen gerechnet werden. *Auf jeden Fall wird vor einer einfachen Aufhebung vorhandener Schutzmaßnahmen dringend gewarnt, wenn dadurch die einschlägigen Sicherheitsvorschriften verletzt werden!*

3.40. Versuch 40: Kapazitätsbestimmende Größen eines Kondensators

Versuchsaufbau

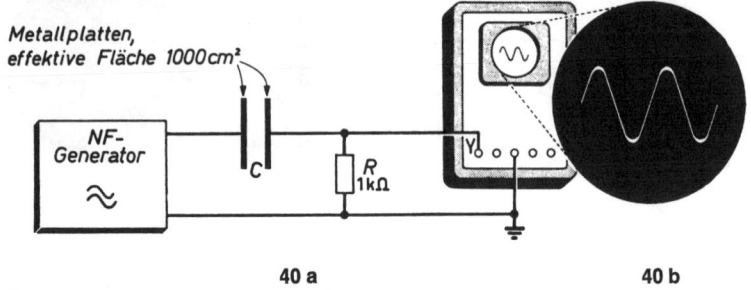

40 a   40 b

Anleitung

a. Ausgangsspannung des NF-Generators auf Maximalwert, Frequenz auf 10 kHz einstellen; Platten des Kondensators C in einem Abstand von 2 mm anordnen
b. X-Kanal des Oszilloskops auf „INT" schalten, Y-Verstärkung und Zeitmaßstab so einstellen, daß sich ein Oszillogramm gemäß Bild 40b ergibt
c. Höhe des Oszillogramms messen und Resultat in einen entsprechenden Spannungswert umwandeln (Diagramm, Bild 1c)
d. Plattenabstand auf 1 bzw. 4 mm einstellen; Punkt c wiederholen
e. Eine Platte gegen die andere verschieben, so daß die einander gegenüberliegenden Flächen kleiner werden (Platten*abstand* unverändert) und Punkt c wiederholen
f. Punkt c nochmals wiederholen, indem nacheinander diverse Isolierstoffe (z. B. Papier, Glimmer, Keramik, Polyester oder Teflon) zwischen die Platten gebracht werden

Erklärung

Die Kondensatorspannung ist nahezu gleich der Generatorspannung; der Widerstand R verursacht nur einen geringen Spannungsabfall, der dem Strom proportional ist. Die Höhe des Oszillogramms (periodischer Ladestrom) ist folglich proportional der Kapazität der gegeneinander isolierten Platten. Diese bilden gewissermaßen einen *Speicher* für die zugeführte Elektrizität. Die auf den Platten gespeicherten Ladungen ziehen sich gegenseitig an und werden auf diese Weise annähernd gleichmäßig über die einander zugewandten Flächen verteilt. Die Kapazität (Speichervermögen) ist demzufolge um so größer, je größer die *wirksame* Plattenoberfläche ist (Punkt e). Ferner ist die Kapazität dem Plattenabstand umgekehrt proportional (Punkt d). Die genannte Anziehungskraft wird um so größer, je kleiner der Plattenabstand ist; die Ladungen werden dann wechselseitig besser gebunden, so daß bei gleicher Spannung eine größere Ladung Platz findet. Zwischen den Platten herrscht eine „gespannte Atmosphäre", das sogenannte elektrische Feld. Bringt man in dieses Feld einen Isolator, tritt in ihm eine Polarisation der elektrischen Dipole auf. Aufgrund dieses Effekts ist die Ladung der Platten bei gleicher Spannung größer; folglich vergrößert sich unter Punkt f die Höhe des Oszillogramms.

3.41. Versuch 41: Wägen mit einem kapazitiven Aufnehmer

Versuchsaufbau

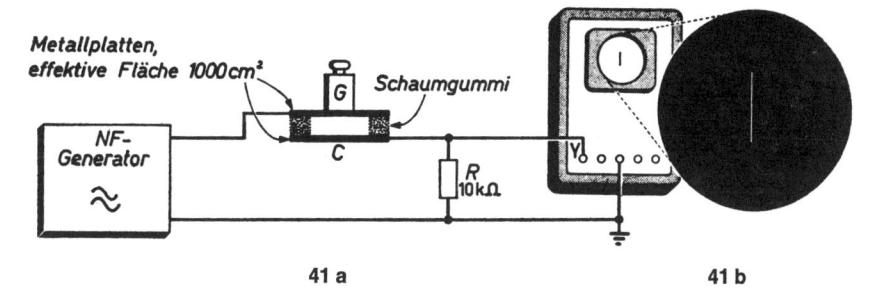

41 a 41 b

Anleitung

a. Ausgangsspannung des NF-Generators auf Maximalwert, Frequenz auf 10 kHz einstellen; Gewichtsstück G (Masse) entfernen und Abstand zwischen Kondensatorplatten auf 1 cm bringen
b. X-Kanal des Oszilloskops auf „EXT" schalten, Y-Verstärkung sowie X- und Y-Verschiebung so einstellen, daß in Schirmmitte eine vertikale Linie von geringer Länge sichtbar wird, die jedoch noch gut meßbar ist
c. Höhe des Oszillogramms messen und Wert notieren
d. Nacheinander einige unterschiedliche Gewichtsstücke bekannter Masse auf den kapazitiven Aufnehmer C legen und dabei jeweils Punkt c wiederholen; Resultate in Diagrammform festhalten
e. Einige Objekte auf den kapazitiven Aufnehmer legen und ihre Masse anhand des unter Punkt d aufgenommenen Diagramms bestimmen

Erklärung

Der Spannungsabfall am Widerstand R ist der Amplitude des ihn durchfließenden Wechselstroms proportional. Dieser Strom wird bei konstanter Frequenz und Amplitude der Generatorspannung durch die Kapazität zwischen den beiden Platten bestimmt. Aus Versuch 40 ist bekannt, daß die Kapazität zweier parallel und in geringem Abstand voneinander angeordneter ebener Platten (sogenannter Plattenkondensator) dem Plattenabstand umgekehrt proportional ist. Die Platten lassen sich beispielsweise durch vier an den Ecken aufgeklebte gleichgroße Schaumgummistücke parallelhalten. Unter Punkt c und d wird die Wägeeinrichtung kalibriert. Belastet man sie derart, daß der Plattenabstand merklich kleiner wird, erhöht sich die Kapazität des Kondensators. Dadurch nimmt die Amplitude des Stroms zu, so daß die vertikale Linie auf dem Bildschirm länger wird; sie ist folglich ein Maß für die auf den Aufnehmer einwirkende Gewichtskraft. Es empfiehlt sich, die Gewichtsstücke (Massen) in die Mitte der oberen Kondensatorplatte zu legen, damit die Platten zueinander parallel bleiben. Will man leichte Objekte wägen (Punkt e), verwende man eine dünne (also leichte) obere Platte und relativ kleine Schaumgummistücke.

3.42. Versuch 42: Füllstandsbestimmung von Flüssigkeiten mit einem kapazitiven Aufnehmer

Versuchsaufbau

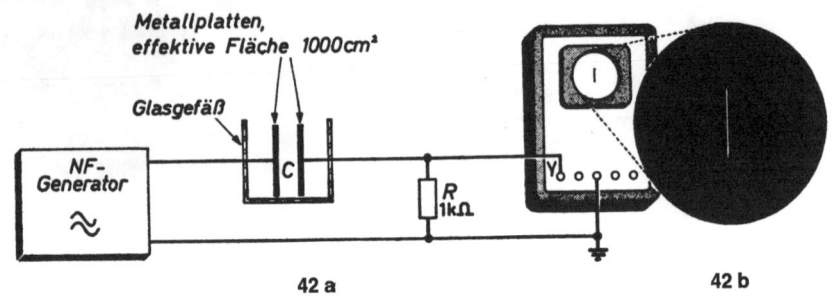

42 a   42 b

Anleitung

a. Ausgangsspannung des NF-Generators auf Maximalwert, Frequenz auf 10 kHz einstellen; Platten des kapazitiven Aufnehmers C in einem Abstand von 1 cm anordnen
b. X-Kanal des Oszilloskops auf „INT" schalten, Y-Verstärkung sowie X- und Y-Verschiebung so einstellen, daß in Schirmmitte eine vertikale Linie von geringer Länge sichtbar wird, die jedoch noch gut meßbar ist
c. Höhe des Oszillogramms messen und Wert notieren
d. Glasgefäß mit einer isolierenden Flüssigkeit (beispielsweise Azeton) bis zur Höhe von 1, 2, 3, ... cm füllen und jeweils Punkt c wiederholen; Meßergebnisse in Diagrammform festhalten
e. Einen beliebigen Teil der Flüssigkeit aus dem Gefäß entfernen und verbleibende Füllhöhe anhand des Diagramms nach Punkt d bestimmen

Erklärung

Außer von Oberfläche und Abstand der Kondensatorplatten hängt die Kapazität auch vom Medium zwischen den Platten ab (sogenanntes Dielektrikum); siehe Versuch 40. Füllt man den Raum zwischen den Platten mit einem bestimmten Stoff und steigt dadurch die Kapazität beispielsweise auf das Fünffache, sagt man, die *relative Dielektrizitätskonstante* des betreffenden Stoffs betrage 5. So besitzt Azeton eine relative Dielektrizitätskonstante von $\varepsilon_r \approx 20$. Die Kapazität eines von zwei Platten gebildeten Kondensators wird also durch Füllung des Glasgefäßes mit Azeton zwanzigfach. Demzufolge wird auch der Strom entsprechend größer, so daß die Höhe des Oszillogramms als Maß für den Füllstand gelten kann. Der Strom in der Aufnehmerschaltung besteht ausschließlich aus Lade- und Entladestrom des Kondensators; die Flüssigkeit ist ein Isolator und kann daher keinen Strom leiten. Dies läßt sich durch Änderung der Frequenz des Tongenerators überprüfen. Verwendet man dagegen eine leitende Flüssigkeit, bildet diese zusammen mit dem Widerstand R einen Spannungsteiler. In diesem Fall ist die Höhe des Oszillogramms weniger von der Frequenz und mehr von der Amplitude der Generatorspannung abhängig.

3.43. Versuch 43: Spule im Gleichstromkreis

Versuchsaufbau

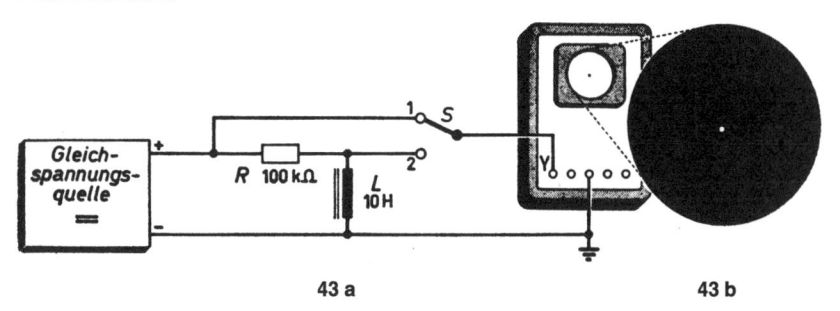

43 a 43 b

Anleitung

a. Spannungsquelle auf 0 V einstellen, Schalter S in Stellung 1 bringen
b. X-Kanal des Oszilloskops auf „EXT", Y-Kanal auf „=" bzw. „DC" schalten; X- und Y-Verschiebung sowie Schärfe und Helligkeit so einstellen, daß ein scharfer, gerade wahrnehmbarer Leuchtfleck in Schirmmitte entsteht
c. Gleichspannung auf etwa 1 V einstellen, Auslenkung in Y-Richtung messen und Resultat in einen entsprechenden Spannungswert umwandeln (Diagramm, Bild 1c)
d. Schalter S in Stellung 2 bringen und Messung gemäß Punkt c wiederholen
e. Spannung zunächst langsam und dann schnell variieren, und zwar von 0 V bis auf 1 V und zurück auf 0 V (eine schnelle Spannungsänderung entsteht beim Abklemmen des Pluspols der Spannungsquelle); Bewegungen des Leuchtflecks studieren

Erklärung

Die Spule L ist aus Kupferdraht gewickelt und hat einen Widerstand, der im Vergleich zum 100-kΩ-Widerstand R sehr klein ist, so daß unter Punkt d an der Spule L praktisch kein Spannungsabfall entsteht. Im Stromkreis (d. h. durch die Spule) fließt ein konstanter Strom, der gleich dem Quotienten aus der Quellenspannung (Punkt c) und dem Widerstand R ist. Dieser Strom ist mit einem Magnetfeld gepaart. Die Feldstärke ist der Stromstärke proportional. Ändert sich die Stromstärke (Punkt e), ändert sich auch die Stärke des Magnetfelds. In der Spule, die sich ja in ihrem eigenen veränderlichen Feld befindet, wird dann gemäß Erklärung zu Versuch 8 eine Induktionsspannung erzeugt. Ändert der Strom plötzlich seinen Wert (Unterbrechung des Stromkreises), ist die Induktionsspannung (die Spannung über der Spule) kurzzeitig relativ hoch. Der Leuchtfleck springt dann kurzzeitig nach unten. Da die Induktionsspannung nur bei einer Änderung der Feldstärke entsteht, ist die im stationären Zustand an der Spule liegende Spannung Null; der Strom erreicht nämlich schnell seinen Endwert. Eine nennenswerte Verschiebung des Leuchtflecks kann also nur dann auftreten, wenn sich der Strom schnell genug ändert.

3.44. Versuch 44: Stromverlauf in einer Spule während einer kurzzeitigen Spannung

Versuchsaufbau

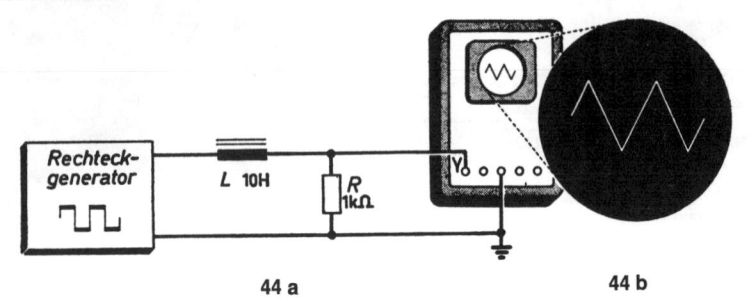

44 a   44 b

Anleitung
a. Rechteckgenerator auf maximale Ausgangsspannung, Wiederholungsfrequenz auf 1 kHz und Tastverhältnis auf 1:1 einstellen
b. Y-Kanal des Oszilloskops auf „$\sim$" bzw. „AC" (um eine evtl. Gleichspannungskomponente fernzuhalten), X-Kanal auf „INT" schalten; Y-Verstärkung und Zeitmaßstab so einstellen, daß sich ein Oszillogramm gemäß Bild 44b ergibt
c. Oszillogramm studieren und seine Höhe (Spitze—Spitze) messen
d. Generatorfrequenz verdoppeln und Resultat mit Oszillogramm gemäß Punkt b vergleichen; Punkt c wiederholen
e. Amplitude der Generatorspannung auf die Hälfte verringern und Resultat mit Oszillogrammen gemäß Punkt b und d vergleichen; Punkt c wiederholen

Erklärung

Ziemlich schnell nach dem Einschalten erreicht der durch die Spule L fließende Strom seinen Mittelwert, der außer vom Widerstand des Stromkreises von der mittleren Generatorspannung abhängt. Angenommen, die Rechteckspannung springt gerade auf ihr maximales Niveau. Der Stromfluß durch die Spule L (Stärke des Magnetfelds) nimmt dann zu, um sich dem neuen Spannungswert anzupassen. An den Klemmen der Spule entsteht dann eine Induktionsspannung, die ihrer Entstehungsursache entgegenwirkt. Sie verhindert plötzliche Stromänderungen. Der Aufbau eines Magnetfelds geht nicht plötzlich, sondern allmählich vonstatten. Springt die Rechteckspannung auf ihr oberes Niveau, kann man einen allmählichen Anstieg des Stroms beobachten. Springt sie auf ihr unteres Niveau, beobachtet man ein allmähliches Absinken (Punkt c). Da der Widerstand des Stromkreises klein ist, ist die Induktionsspannung (d. h. die an den Klemmen der Spule L entstehende Spannung) nahezu gleich der Rechteckspannung. Unter Punkt d wird die Stromänderung (Höhe des Oszillogramms) halbiert, weil die Zeit, während der das obere oder untere Niveau auftritt, halbiert wurde. Unter Punkt e ist die Induktionsspannung (Spannung über der Spule) auf die Hälfte des ursprünglichen Werts verringert; daher ist auch die Stromänderung um den Faktor 2 kleiner.

3.45. Versuch 45: Selbstinduktion einer Spule

Versuchsaufbau

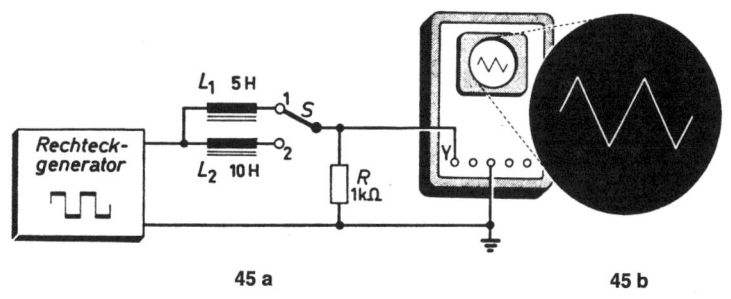

45 a   45 b

Anleitung

a. Ausgangsspannung des Rechteckgenerators (mit Hilfe des Oszilloskops) auf 10 V_{ss}, Wiederholungsfrequenz auf 1 kHz und Tastverhältnis auf 1:1 einstellen; Schalter S in Stellung 1 bringen
b. Y-Kanal des Oszilloskops auf „$\sim$" bzw. „AC" (um eine evtl. Gleichspannungskomponente fernzuhalten), X-Kanal auf „INT" schalten; Y-Verstärkung und Zeitmaßstab so einstellen, daß sich ein Oszillogramm gemäß Bild 45 b ergibt
c. Höhe des Oszillogramms (Spitze—Spitze) messen und Resultat anhand eines Diagramms nach Versuch 1 in einen entsprechenden Spannungswert umwandeln
d. Zeit der Stromzunahme oder -abnahme anhand eines Diagramms nach Versuch 11 messen
e. Schalter S in Stellung 2 bringen und Messungen gemäß Punkt c und d wiederholen

Erklärung

Der Widerstand im Stromkreis ist klein. Die Induktionsspannung ist daher fast gleich der Rechteckspannung des Generators. Verursacht wird die Induktionsspannung durch eine gewisse Stromänderung (Feldänderung). Eine große Stromänderung hat eine hohe Spannung zur Folge. Die Induktionsspannung ist um so höher, je kürzer die Zeitspanne ist, in der die Stromänderung auftritt. Die Verknüpfung zwischen Stromänderung und resultierender Induktionsspannung hängt von Abmessungen, Windungszahl und Kernmaterial der jeweiligen Spule ab. Diese Größen bestimmen nämlich den sogenannten *Selbstinduktionskoeffizienten* — kurz *Selbstinduktion* — der Spule. Die Selbstinduktion wird in Henry (H) ausgedrückt. Die Selbstinduktion einer Spule beträgt 1 H, wenn bei einer Stromänderung von 1 A/s eine Spannung von 1 V auftritt. Unter Punkt c und e findet man Spannungen von 0,5 bzw. 0,25 V. Die innerhalb von 0,5 ms auftretenden Stromänderungen (Punkt d) betragen folglich 0,5 bzw. 0,25 mA, weil $R = 1$ kΩ. Je Sekunde entspräche dies 1 bzw. 0,5 A. Die Induktionsspannung ist in beiden Fällen 5 V (Punkt a). Die Selbstinduktion (Quotient aus Induktionsspannung und Stromänderung je Sekunde) der einen Spule (Punkt c) beträgt folglich 5 H, die der anderen Spule (Punkt e) 10 H.

3.46. Versuch 46: „Natürlicher" Spannungsverlauf in einer Spule

Versuchsaufbau

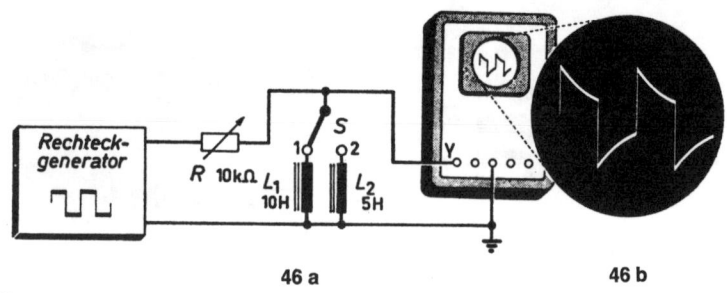

46 a   46 b

Anleitung

a. Ausgangsspannung des Rechteckgenerators auf etwa 1 V_{ss}, Wiederholungsfrequenz auf 1 kHz, Tastverhältnis auf 1:1 einstellen
b. Schalter S in Stellung 1 bringen und Widerstand R auf Maximalwert einstellen
c. X-Kanal des Oszilloskops auf „INT" schalten, Y-Verstärkung und Zeitmaßstab so einstellen, daß sich ein Oszillogramm gemäß Bild 46b ergibt
d. Oszillogramm studieren; nötigenfalls Zeitmaßstab erhöhen, um den „natürlichen" Spannungsverlauf in der Spule besser beobachten zu können
e. Schalter S in Stellung 2 bringen und Resultat mit Oszillogramm gemäß Punkt c vergleichen
f. Widerstand R stufenweise auf einige niedrigere Werte einstellen; Resultat mit Oszillogrammen gemäß Punkt c und e vergleichen

Erklärung

Wird der Widerstand R auf seinen kleinsten Wert eingestellt, gibt das Oszillogramm nahezu die volle Generatorspannung wieder. Die am Widerstand R abfallende Spannung ist niedrig und praktisch dreieckförmig (Versuch 44). Macht man den Widerstand des Stromkreises groß, fällt an ihm ein großer Teil der Generatorspannung ab (Punkt b). Dieser Spannungsabfall ist dem Strom proportional. Der Strom nimmt jeweils während 0,5 ms regelmäßig zu und anschließend während einer gleichlangen Zeitspanne regelmäßig ab. Die Spannung an R zeigt demzufolge den gleichen Verlauf. Die an der jeweiligen Spule liegende Spannung nimmt ab, wenn die am Widerstand R liegende Spannung zunimmt, und umgekehrt, denn die Summe dieser Spannungen ist gleich der in einem Zeitraum von 0,5 ms auftretenden konstanten Generatorspannung. Ändert sich die Generatorspannung sprungartig, so gilt dies auch für die an der Spule liegende Spannung, jedoch kann sich der Strom (Spannung an R) nicht plötzlich ändern. Das Oszillogramm (Punkt d) besteht folglich aus einzelnen Sprüngen, an die sich jeweils ein „natürlich" verlaufendes Kurvenstück anschließt (vgl. Erklärung zu Versuch 36). Halbiert man die Selbstinduktion (Punkt e), kann sich der Strom (die Spannung an R) schneller ändern. Die Spannung über der Spule ähnelt dann mehr der Rechteckform. Man sieht folglich eine Reihe von Sprüngen mit verkürztem „natürlichem" Verlauf.

3.47. Versuch 47: „Natürlicher" Stromverlauf in einer Spule

Versuchsaufbau

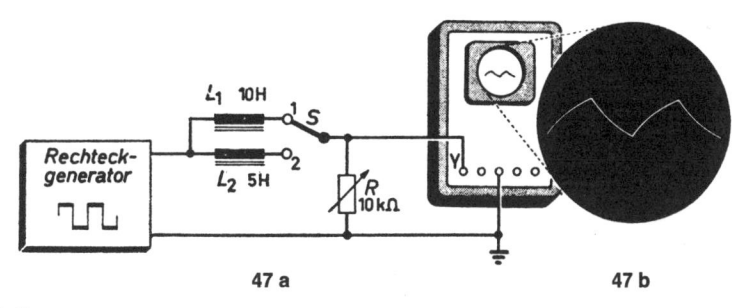

47 a   47 b

Anleitung

a. Ausgangsspannung des Rechteckgenerators auf etwa 1 V_{ss}, Wiederholungsfrequenz auf 1 kHz, Tastverhältnis auf 1:1 einstellen
b. Schalter S in Stellung 1 bringen und Widerstand R auf Maximalwert einstellen
c. X-Kanal des Oszilloskops auf „INT" schalten; Y-Verstärkung und Zeitmaßstab so einstellen, daß sich ein Diagramm gemäß Bild 47b ergibt
d. Oszillogramm studieren; nötigenfalls Zeitmaßstab erhöhen, um den „natürlichen" Stromverlauf in der Spule besser wahrnehmen zu können
e. Schalter S in Stellung 2 bringen und Resultat mit Oszillogramm gemäß Punkt c vergleichen
f. Widerstand R stufenweise auf einige niedrigere Werte einstellen und Resultat mit Oszillogrammen von Punkt c und e vergleichen

Erklärung

In den Versuchen 44 und 45 wurde gezeigt, daß der Strom innerhalb des Stromkreises einen dreieckförmigen Verlauf hat, wenn die an der Spule liegende Spannung rechteckförmig ist, vorausgesetzt, daß der Widerstand innerhalb des Stromkreises klein ist. Unter Punkt b wird der Widerstand vergrößert. Springt nun die Rechteckspannung auf ihr oberes Niveau, hat der Strom das Bestreben, sich allmählich auf den neuen, höheren Wert einzustellen. Dieser neue Stromwert ist jedoch bei großem Widerstand des Stromkreises nur wenig höher als das vorherige Stromniveau; er wird daher schneller erreicht, als bei einem kleinen Widerstand möglich ist. Demzufolge sieht man, daß das Oszillogramm nach jedem Sprung der Rechteckspannung bereits viel schneller einen horizontalen Verlauf zeigt (Punkt d). Unmittelbar nach den Sprüngen der Rechteckspannung nimmt der Strom jeweils am schnellsten zu oder ab; die Spannung an der jeweiligen Spule ist dann am höchsten (Versuch 46). Unter Punkt e erreicht der Strom seinen Endwert schneller, da die Geseninduktivität kleiner ist. Das Oszillogramm hat daher eine größere Ähnlichkeit mit der Rechteckform, obgleich die Flanken der Rechteckspannung an der Spule liegen. Das Oszillogramm nach Bild 47b ergänzt das nach Bild 46b zur Rechteckspannung des Generators.

3.48. Versuch 48: Spule im Wechselstromkreis

Versuchsaufbau

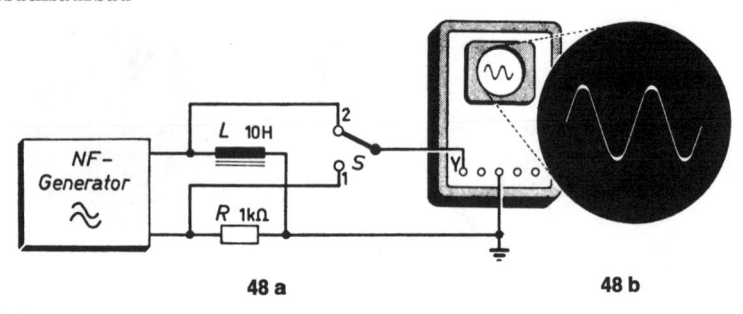

48 a   48 b

Anleitung

a. Schalter S in Stellung 1 bringen, Frequenz des NF-Generators auf 100 Hz und Ausgangsspannung so einstellen, daß die Amplitude am Widerstand R 1 V beträgt (Einstellung mit einem Oszilloskop und einem Diagramm gemäß Versuch 1 vornehmen)
b. X-Kanal des Oszilloskops auf „INT" schalten; Y-Verstärkung und Zeitmaßstab so einstellen, daß sich ein Oszillogramm gemäß Bild 48b ergibt
c. Schalter S in Stellung 2 bringen und Punkt b wiederholen; Amplitude des Oszillogramms messen und Meßergebnis in einen entsprechenden Spannungswert umwandeln (Diagramm, Bild 1c)
d. Frequenz des NF-Generators verdoppeln, Schalter S in Stellung 1 bringen und Spannung an R wieder auf 1 V einstellen; Messung gemäß Punkt c wiederholen

Erklärung

Der durch die Spule fließende Strom ändert sich sinusförmig (Punkt b). Die Induktionsspannung (ebenfalls sinusförmig, Punkt c) ist gemäß Versuch 45 der Stromänderung je Zeiteinheit proportional. Diese Spannung ist also maximal positiv (negativ), wenn der Strom am schnellsten zunimmt (abnimmt), d. h. zu den Zeitpunkten, in denen der Strom Null ist. Die Induktionsspannung ist Null, wenn auch die Stromänderung je Zeiteinheit Null ist, d. h. jeweils zu den Zeitpunkten, in denen der Strom maximal oder minimal ist. Der sinusförmige Strom *eilt* also gegenüber der an der Spule liegenden Spannung um eine Viertelperiode *nach* (Versuch 49). Innerhalb von 5 ms geht der Strom von seinem maximal negativen Wert (—1 mA) auf seinen maximal positiven Wert (+1 mA) über. Die mittlere Stromänderung je Zeiteinheit innerhalb dieser Periode beträgt also 2/5 A/s. Die mittlere Spannung an der 10-H-Spule L während dieser Zeitspanne ist also 10 x 2/5 = 4 V. Die maximale Spannung ist um den Faktor $\pi/2 \approx 1{,}57$ größer (Versuch 7) und beträgt demnach 6,28 V (Punkt c). Den Quotienten aus der Amplitude der Induktionsspannung und der Stromamplitude nennt man *Impedanz* oder *Scheinwiderstand* der Spule. Diese Impedanz beträgt also 6,28 kΩ. Verdoppelt man (bei gleicher Stromamplitude) die Frequenz, ist die Stromänderung je Zeiteinheit und damit die Spannung über der Spule ebenfalls verdoppelt (Punkt d).

3.49. Versuch 49: Phasenverschiebung zwischen Strom und Spannung bei einer Spule

Versuchsaufbau

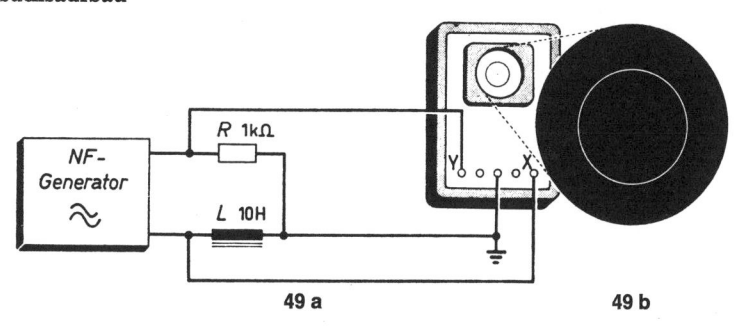

49 a   49 b

Anleitung

a. Ausgangsspannung des NF-Generators auf Maximalwert und Frequenz auf 100 Hz einstellen
b. X-Kanal des Oszilloskops auf „EXT" schalten; X- und Y-Verstärkung sowie X- und Y-Verschiebung so einstellen, daß ein kreisförmiges Oszillogramm gemäß Bild 49b in Schirmmitte sichtbar wird
c. X- und Y-Verstärkung vergrößern und verkleinern; jeweiliges Resultat beobachten
d. Amplitude der Generatorspannung vergrößern (X- und Y-Verstärkung unverändert lassen) und prüfen, ob die Form des Oszillogramms unverändert bleibt
e. Generatorfrequenz erhöhen (X- und Y-Verstärkung unverändert lassen) und Formänderung des Oszillogramms erklären

Erklärung

Der durch die Spule fließende Strom ist um eine Viertelperiode gegenüber der an der Spule entstehenden Induktionsspannung verzögert (Versuch 48). Beim Nulldurchgang des Stroms ist die Induktionsspannung jeweils maximal; bei maximalem Strom ist die Induktionsspannung Null. Dem X-Kanal wird die Spannung über der Spule zugeführt, dem Y-Kanal eine dem Strom proportionale Spannung. Ist die Horizontalablenkung Null, ist die Vertikalablenkung maximal, und umgekehrt. Das Oszillogramm muß also eine geschlossene Kurve mit stetigem Verlauf sein, deren Extremwerte auf der X- und Y-Achse liegen. Das Oszillogramm — ein Kreis (Punkt b) oder eine Ellipse (Punkt c) — wird vom Leuchtfleck innerhalb von 10 ms rechtsdrehend durchlaufen. Erhöht man die Generatorspannung (Punkt d), nehmen Strom und auch Induktionsspannung in gleichem Ausmaß zu. Das Verhältnis dieser Größen zueinander bleibt also gleich, so daß das Oszillogramm unter Beibehaltung seiner Form als Ganzes größer wird. Erhöht man die Frequenz (Punkt e), ist die Selbstinduktionsspannung bei der ursprünglichen Stromamplitude höher. Demzufolge wird die Ablenkung in X-Richtung (bei der ursprünglichen Ablenkung in Y-Richtung) größer.

3.50. Versuch 50: Größen, die die Selbstinduktion einer Spule bestimmen

Versuchsaufbau

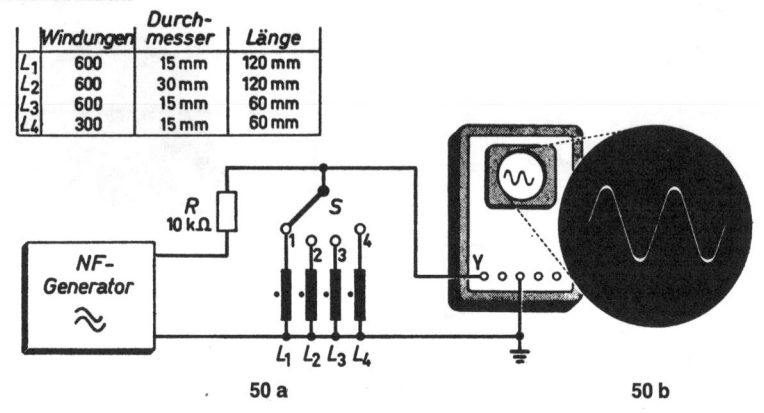

	Windungen	Durchmesser	Länge
L_1	600	15 mm	120 mm
L_2	600	30 mm	120 mm
L_3	600	15 mm	60 mm
L_4	300	15 mm	60 mm

50 a   50 b

Anleitung

a. Generatorspannung auf Maximalwert, Frequenz auf 10 kHz einstellen; Schalter S in Stellung 1 bringen; Spulen L_1 bis L_4 auf Kunststoffrohr gewickelt
b. X-Kanal des Oszilloskops auf „INT" schalten; Y-Verstärkung und Zeitmaßstab so einstellen, daß sich ein sinusförmiges Oszillogramm gemäß Bild 50b ergibt
c. Höhe des Oszillogramms messen und in einen entsprechenden Spannungswert umwandeln
d. Schalter S nacheinander in Stellung 2 und 3 bringen und jeweils Punkt c wiederholen
e. Schalter S nacheinander in Stellung 1, 2 und 3 und weichmagnetischen Werkstoff (z. B. Ferroxcube) in die jeweils benutzte Spule bringen; dabei stets Punkt c wiederholen und Meßergebnisse miteinander vergleichen
f. Schalter S in Stellung 4 bringen und Messung gemäß Punkt c wiederholen

Erklärung

Die Spulenlänge ist im Vergleich zum Spulendurchmesser groß. Das Magnetfeld innerhalb der Spule ist dann relativ stark und besteht aus einem Bündel nahezu paralleler Kraftlinien. Außerhalb der Spule verteilen sich diese Kraftlinien auf einen viel größeren Raum, so daß das Magnetfeld hier schwach ist. Unter Punkt d zeigt sich, daß die Selbstinduktion (Höhe des Oszillogramms) dem „Widerstand", dem die Kraftlinien auf ihrem Weg begegnen, umgekehrt proportional ist. Im Versuch werden nacheinander der Spulendurchmesser verdoppelt (Querschnitt vervierfacht) und die Spulenlänge halbiert. Die Selbstinduktion beträgt dabei das vier- bzw. zweifache von L_1. Bringt man einen Stab aus Material mit guten magnetischen Eigenschaften in die Spule hinein, sind die Spulenabmessungen von untergeordneter Bedeutung. Vielmehr bestimmen dann zur Hauptsache die Abmessungen des Kernmaterials und seine Permeabilität die Selbstinduktion der Spule. Die Selbstinduktionen von L_1, L_2 und L_3 sind in diesem Fall viel größer und unterscheiden sich nur noch geringfügig voneinander. Die Windungszahl von L_4 ist halbsogroß wie die von L_3; ansonsten sind die Spulenabmessungen gleich. Infolge Halbierung der Windungszahl beträgt die Selbstinduktion ein Viertel des ursprünglichen Werts; sie ist dem Quadrat der Windungszahl proportional (Punkt f).

3.51. Versuch 51: Eigenschaften gekoppelter Spulen
Versuchsaufbau

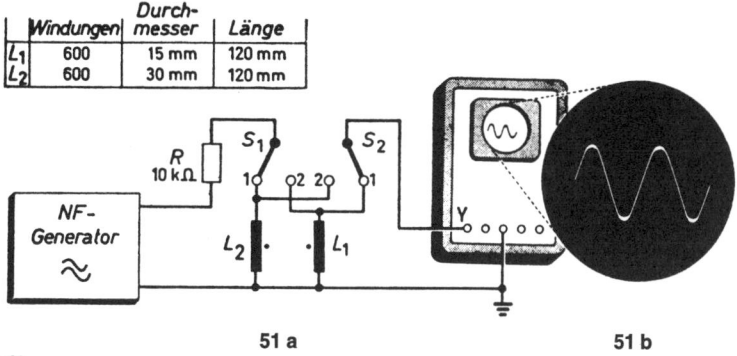

	Windungen	Durchmesser	Länge
L_1	600	15 mm	120 mm
L_2	600	30 mm	120 mm

51 a   51 b

Anleitung

a. Ausgangsspannung des NF-Generators auf maximale Amplitude, Frequenz auf 10 kHz einstellen; L_1 ganz in L_2 hineinschieben; Schalter S_1 in Stellung 1 bringen
b. X-Kanal des Oszilloskops auf „INT" schalten; Y-Verstärkung und Zeitmaßstab so einstellen, daß sich ein sinusförmiges Oszillogramm gemäß Bild 51b ergibt
c. Schalter S_2 nacheinander in Stellung 1 und 2 bringen und resultierende Bildhöhe messen; Resultate in entsprechende Spannungswerte umwandeln (Diagramm, Bild 1c)
d. Einen Ferroxcubestab in Spule L_1 einbringen und Punkt c wiederholen
e. Ferroxcubestab neben Spule L_1 in Spule L_2 einbringen und Punkt c wiederholen
f. Schalter S_1 in Stellung 2 bringen; Punkte d und e wiederholen; Resultate miteinander vergleichen
g. Spulen L_1 und L_2 auseinanderschieben und Punkt c wiederholen

Erklärung

Abgesehen von ihrem vierfachen Querschnitt ist die Spule L_2 in ihren übrigen Daten identisch mit L_1. L_1 befindet sich ganz in L_2 und erfaßt dadurch ein Viertel der Kraftlinien von L_2. Die Induktionsspannung in L_2 beträgt daher das Vierfache der Gegeninduktionsspannung in L_1 (Punkt c). Der Kopplungsgrad beträgt 1/4. Bringt man einen Stab aus Material mit guten magnetischen Eigenschaften in L_1 hinein (L_1 bleibt in L_2), befinden sich beide Spulen im selben Feld; die Kraftlinien verlaufen durch den Stab. Bei gleichem Wechselstrom werden die Spannungen über L_1 und L_2 viel höher als ohne Kernmaterial und einander praktisch gleich; der Kopplungsgrad beträgt nahezu 1 (Punkt d). Bringt man den Kern neben L_1 in L_2, wird der Kopplungsgrad sehr klein; die Kraftlinien verlaufen unter Umgehung von L_1 durch das Kernmaterial (Punkt e). Führt man den Wechselstrom der inneren Spule (L_1) zu, umfassen beide Spulen annähernd das gleiche Feld. Der Kopplungsgrad ist also — gleichgültig, ob sich ein Stab in L_1 befindet oder nicht — nahezu 1. Befindet sich der Kern neben L_1 in L_2, wird die Kopplung loser. Ein Teil der Kraftlinien von L_1, die erst außerhalb von L_2 „zurückkehrten", verläuft jetzt durch den Stab und wirkt dem ursprünglich von L_2 umfaßten Feld entgegen (Punkt f). Schiebt man die Spulen auseinander, wird die Kopplung loser (Punkt g).

3.52. Versuch 52: Der Operationsverstärker als Integrator

Versuchsaufbau

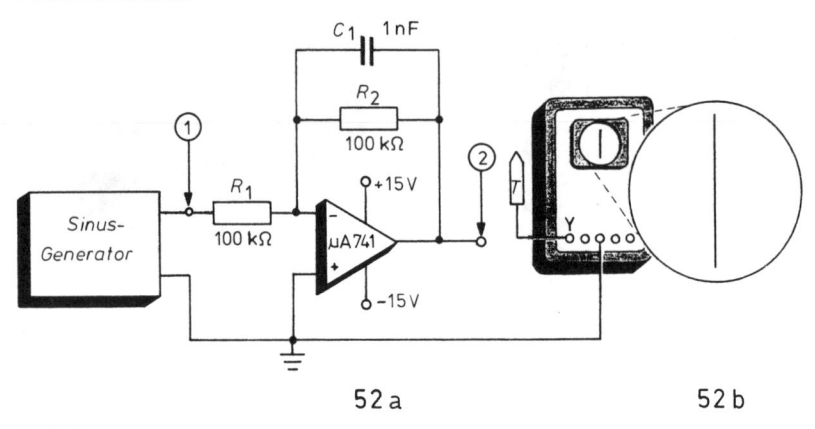

52 a 52 b

Anleitung

a. Ausgangsspannung des Sinusgenerators (Meßpunkt ①) auf U_{ss} = 8 V einstellen. Die Frequenz soll 100 Hz betragen.
b. X-Kanal des Oszilloskops auf „EXT", Y-Kanal auf „GND" schalten; Leuchtfleck mit X- und Y-Verschiebung in Schirmmitte bringen. Die Empfindlichkeit des Y-Kanals auf 1 V/Teil stellen und auf „DC" umschalten.
c. Ausgangsspannung des Operationsverstärkers (Meßpunkt ②) messen.
d. Frequenz des Sinusgenerators von 100 Hz bis 10 kHz verändern und Amplitude der Ausgangsspannung beobachten.
e. Frequenz feststellen, bei der die Ausgangsspannung (Meßpunkt ②) etwa noch ca. 70% (3 dB-Punkt) der Eingangsspannung (Meßpunkt ①) beträgt.

Erklärung

Filter haben die Aufgabe bestimmte Frequenzbereiche gegenüber den übrigen Frequenzbereichen hervorzuheben bzw. zu unterdrücken. Man unterscheidet folgende Arten von Filtern: Tiefpaßfilter, Hochpaßfilter, Bandpaßfilter und Bandsperrfilter.

Bei Tiefpaßfiltern können „tiefe" Frequenzen „passieren", hohe Frequenzen dagegen werden gesperrt. Bild 52a zeigt die einfachste Schaltungsform für einen aktiven Tiefpaß. Seine Übertragungsfunktion lautet:

$$\frac{U_A}{U_E} = -\frac{R_2}{R_1} \cdot \frac{1}{1 + j\omega R_2 \cdot C_1}$$

Das Minuszeichen kennzeichnet die Phasendrehung von 180° zwischen Eingangs- und Ausgangssignal. Da die beiden Widerstände R_1 und R_2 gleichgroß sind, ergibt sich für das Verhältnis R_2/R_1 der Wert 1. Aus der Beziehung $\omega_g = 1/R_2 \cdot C_1$ ergibt sich die Grenzfrequenz f_g des Tiefpaßfilters.

$$f_g = \frac{1}{R_2 \cdot C_1 \cdot 2\pi} = \frac{1}{100\,k\Omega \cdot 1\,nF \cdot 2\pi} \approx 1{,}6\,kHz$$

Bei der Grenzfrequenz erreicht die Ausgangsamplitude (Meßpunkt ②) nur noch den $\sqrt{2}$-Teil der Eingangsamplitude. Auf dem Schirmbild (Bild 52b) sinkt dann die Ausgangsspannung auf etwa 70% der Eingangsspannung ab. Um dies zu überprüfen, errechnet man den Betrag des Amplitudenverhältnisses aus der Formel:

$$\frac{U_A}{U_E} = \frac{1}{\sqrt{1 + (\omega_g R_2 \cdot C_1)^2}} = \frac{1}{\sqrt{1 + (2\pi f_g \cdot 100\,k\Omega \cdot 1\,nF)^2}} \approx 0{,}7$$

3.53. Versuch 53: Netzspannung

Versuchsaufbau
Ausführung dieses Versuchs ohne Trenntransformator ist lebensgefährlich!

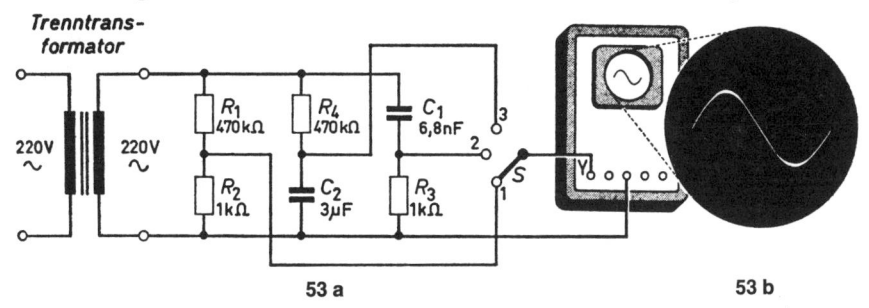

53 a 53 b

Anleitung
a. Für die Ausführung dieses Versuchs ist ein Trenntransformator zwischen Netz und Versuchsaufbau unerläßlich (Sicherheitsvorschriften). Ein Typ minderer Qualität kann zu Verzerrungen der Kurvenform führen, was bei den folgenden Handlungen berücksichtigt werden sollte. *Unter keinen Umständen — auch nicht vorübergehend — Primär- und Sekundärseite des Trenntransformators verbinden!*
b. Schalter S in Stellung 1 bringen
c. X-Kanal des Oszilloskops auf „INT" schalten; Y-Verstärkung und Zeitmaßstab so einstellen, daß die Kurvenform der Netzspannung gut erkennbar wird (Bild 53b)
d. Oszillogramm studieren. Weicht die Kurvenform von der Sinusform ab?
e. Periodendauer messen; hierzu Diagramm gemäß Versuch 11 verwenden
f. Schalter S in Stellung 2 bringen und Resultat mit Oszillogramm gemäß Punkt d vergleichen
g. Schalter S in Stellung 3 bringen; Resultat mit vorigen Oszillogrammen vergleichen. Warum ist die Kurve jetzt nahezu sinusförmig?

Erklärung
Die Kraftwerke sind bemüht, dem Verbraucher eine sinusförmige 50-Hz-Spannung zu liefern. In den meisten Fällen wird die Sinusform hinreichend genau erreicht. Die Frequenzabweichung (Punkt e) kann im allgemeinen als vernachlässigbar bezeichnet werden. Die Widerstände R_1 und R_2 bilden einen einfachen Spannungsteiler. Das Oszillogramm (Schalter S in Stellung 1) gibt daher den genauen Verlauf der Netzspannung wieder. Bei kritischer Betrachtung entdeckt man im Oszillogramm kleine Unregelmäßigkeiten. Diese werden deutlicher, wenn Schalter S in Stellung 2 gebracht wird. Da sich die Spannung am Kondensator C_1 nicht sprungartig ändern kann, treten die Unregelmäßigkeiten (Spannungssprünge, schnelle Änderungen usw.) vorwiegend an R_3 in Erscheinung. Diese Unvollkommenheiten werden also geringer als der sinusförmige Anteil der Netzspannung abgeschwächt. Wünscht man eine *saubere* Netzspannung, benutzt man ein Netzfilter, das die Unregelmäßigkeiten weitgehend beseitigt. Unter Punkt g wird die Wirkungsweise einer solchen Filterschaltung demonstriert (wegen des niedrigen Wirkungsgrads der Schaltung ist diese allerdings für praktische Zwecke nicht brauchbar). Die Spannung über C_2 kann sich nur allmählich ändern, so daß die in der Netzspannung enthaltenen Unregelmäßigkeiten an R_4 erscheinen.

3.54. Versuch 54: Kontrolle der Zündung eines Motors

Versuchsaufbau

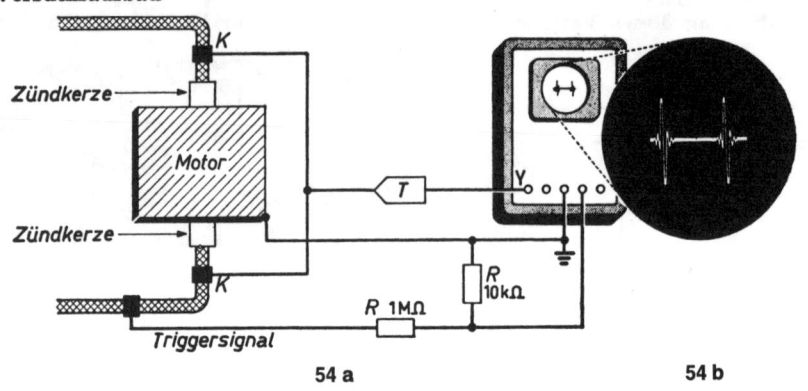

54 a   54 b

Anleitung

a. An jedem Zündkabel eine manschettenförmige Metallklemme K anbringen und diese über den Tastkopf T mit dem Y-Eingang des Oszilloskops verbinden (Bild 54a); die Klemmen müssen jeweils gleiche Abmessungen haben und in gleicher Weise montiert sein
b. Motor laufenlassen (Leerlauf); X-Kanal des Oszilloskops auf „INT" schalten und Zeitablenkung mit der Zündspannung extern triggern; Y-Verstärkung und Zeitmaßstab so einstellen, daß die Zahl der abgebildeten Zündimpulse gleich der Anzahl Zündkerzen ist (Bild 54b)
c. Klemmen K nacheinander lösen und notieren, welcher Zündimpuls auf dem Bildschirm wegfällt; auf diese Weise die Impulse den einzelnen Zündkerzen zuordnen
d. Abstände zwischen den Impulsen messen und prüfen, ob die Höhe bei allen Impulsen gleich ist
e. Motor schneller laufenlassen und Bild mit dem Oszillogramm gemäß Punkt b vergleichen

Erklärung

Die Ader des Zündkabels bildet zusammen mit jeder Klemme K einen Kondensator, dessen Kapazität u. a. von der Innenfläche der Klemme und ihrer Projektion auf das Zündkabel abhängt. Beispielsweise kann man bei der Durchführung des Versuchs die Zündkabel mit identischen Metallfolien (Zigarettenverpackung oder ähnl.) umwickeln. Die Adern der Zündkabel sind dann über jeweils gleiche Kondensatoren mit dem Tastkopf T des Oszilloskops gekoppelt. Im Tastkopf T werden die aufgenommenen Impulse zunächst abgeschwächt, weil sie eine Übersteuerung des Y-Verstärkers zur Folge hätten. Bekanntlich ist die an den Zündkerzen auftretende Spannung kurzzeitig sehr hoch. Das Oszillogramm besteht aus einer Reihe von Zündimpulsen, deren Abstand ein Maß für die Drehzahl des Motors ist. Je schneller man den Motor laufen läßt, um so mehr Impulse werden sichtbar. Ist die Zündanlage in Ordnung, sind die an den einzelnen Zündkerzen auftretenden Spannungsstöße und damit die Impulse im Oszillogramm gleichgroß. Ist beispielsweise die Zündkerze oder das Zündkabel eines Zylinders nicht in Ordnung, äußert sich dies in einer abweichenden Impulshöhe. Den gestörten Zylinder identifiziert man, indem man die Klemmen K nacheinander kurzzeitig löst.

3.55. Versuch 55: Sägezahngenerator mit Operationsverstärkern

Versuchsaufbau

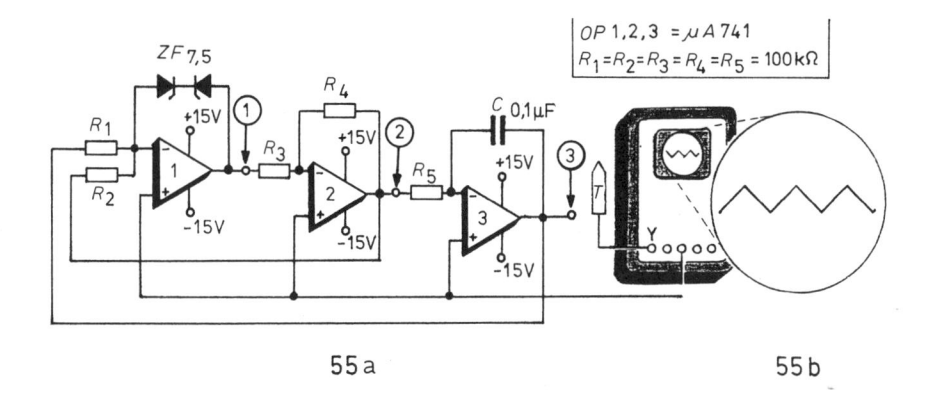

55a 55b

Anleitung

a. X-Kanal des Oszilloskops auf „INT", Zeitablenkung auf 5 ms/Teil stellen und auf intern triggern. Y-Kanal zunächst auf „GND" und die Empfindlichkeit auf 5 V/Teil stellen (Tastkopf 1:1). Danach Strahl auf die Schirmmitte justieren und auf „DC" umschalten.
b. Signale an den Meßpunkten ①, ② und ③ messen.
c. Tastkopf an Meßpunkt ③, Kondensator C auf 1 nF verkleinern, neue Frequenz ausmessen.

Erklärung

Der Sägezahngenerator Bild 55a setzt sich aus 3 Grundschaltungen zusammen. Schaltung 1 (Operationsverstärker 1) arbeitet als Schmitt-Trigger. Schaltung 2 (Operationsverstärker 2) arbeitet als invertierende Schaltung mit dem Verstärkungsfaktor 1. Bei der 3. Schaltung (Operationsverstärker 3) handelt es sich um einen Integrator.

Geht man davon aus, daß am invertierenden Eingang von Operationsverstärker 1 eine negative Spannung anliegt, dann ergibt sich am Ausgang (Meßpunkt ①) eine positive Spannung von 7,5 V. Die Zenerdioden ZF 7,5 halten die Spannung am Ausgang konstant auf 7,5 V. Die positive Spannung von 7,5 V liegt nun auch am invertierenden Eingang von Operationsverstärker 2. Da Operationsverstärker 2 als Invertierer mit dem Verstärkungsfaktor 1 arbeitet, dreht er die positive Spannung einfach um in eine negative Spannung von −7,5 V. Diese Spannung wird in Form einer Mitkopplung auf den Eingang von Operationsverstärker 1 geschaltet. Die Amplitudenhöhe der Mitkopplung bestimmt die Höhe der Sägezahnspannung. Die negative Spannung von −7,5 V (Meßpunkt ②) liegt nun auch am invertierenden Eingang von Operationsverstärker 3, der als Integrierer arbeitet. An Meßpunkt ③ kann man eine Spannung messen, die in positive Richtung integriert. Diese Spannung wird auf den Eingang von Operationsverstärker 1 zurückgeführt und wirkt in der Gesamtschaltung als Gegenkopplung.

Bei der bisherigen Betrachtung ging man davon aus, daß die Spannung an Meßpunkt ① positives Potential hatte. Das Potential wird erst dann negativ, wenn die gegengekoppelte positive Spannung von Operationsverstärker 3 die mitgekoppelte negative Spannung von Operationsverstärker 2 aufhebt und der Eingang von Operationsverstärker 1 positives Potential annimmt. An Meßpunkt ③ kann man nun eine Spannung messen, die in negativer Richtung integriert.

Da sich dieser Ablauf ständig wiederholt, ergibt sich an Meßpunkt ③ eine Sägezahnspannung. Die Werte von R_5 und C bestimmen die Frequenz der Sägezahnspannung.

3.56. Versuch 56: Prellen eines Zungenkontakts

Versuchsaufbau

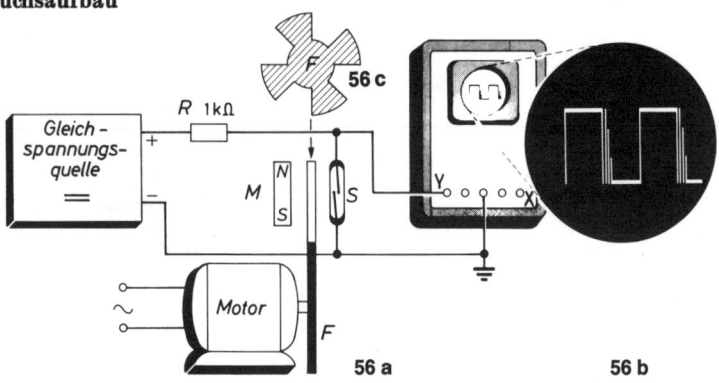

56 a 56 b 56 c

Anleitung
a. Der Motor hat eine Drehzahl von etwa 1500 U/min; seine Welle trägt ein eisernes Flügelrad F (Bild 56c). Der Magnet M ist so angebracht, daß der Zungen-(Reed-)kontakt S geschlossen ist, wenn sich zwischen M und S eine Aussparung des Flügelrads F befindet; entsprechend ist der Kontakt S geöffnet, während sich ein Flügel von F zwischen M und S befindet. Die Gleichspannungsquelle soll etwa 10 V abgeben
b. X-Kanal des Oszilloskops auf „INT" schalten sowie Y-Verstärkung und Zeitmaßstab so einstellen, daß sich ein Oszillogramm gemäß Bild 56b ergibt
c. Im Oszillogramm ist anzugeben, wann der Kontakt S geöffnet bzw. geschlossen ist
d. Magnet M in eine solche Position bringen, daß der Kontakt S nicht mehr reagiert

Erklärung

Eisenteilchen (beispielsweise Nägel) richten sich in der Nähe eines Magneten nach einem bestimmten Schema aus; sie üben aufeinander Kräfte aus und hängen aneinander. Nach diesem Prinzip arbeiten Zungen-(Reed-)kontakte. Sie bestehen aus zwei einander überlappenden Kontaktzungen. Diese sind federnd und magnetisierbar; sie berühren einander im unerregten Zustand nicht, so daß der Kontakt dann geöffnet ist. Wirkt ein genügend starkes Magnetfeld auf den Kontakt, ziehen die Zungen einander an, so daß der Kontakt dann geschlossen ist. In der obigen Darstellung befindet sich der Kontakt S in einem vom Magneten M herrührenden Feld, das durch die Flügel des Flügelrads F in seiner Wirksamkeit periodisch unterbrochen wird. Auf diese Weise wird der Y-Kanal periodisch abwechselnd mit dem Massepotential (niedrigstes Niveau im Oszillogramm) bzw. mit der Gleichspannungsquelle (höchstes Niveau im Oszillogramm) verbunden. Zungen-(Reed-)kontakte sind zuverlässige und hochwertige Bauelemente; sie sind zur Verhinderung von Abbrand der Kontaktelemente hermetisch gekapselt und in einer Schutzgasatmosphäre (Stickstoff) untergebracht. Das ist jedoch kein Grund dafür, daß solche Kontakte nicht ebenso wie andere mechanische Schalter prellen könnten. Das Prellen beruht nämlich auf dem mit dem Kontaktschluß verbundenen Aufprall, der zu unmittelbar anschließender kurzzeitiger Unterbrechung führt. Dies tritt um so mehr in Erscheinung, wenn die Dauer des Kontaktschlusses kürzer und mithin die Schaltfrequenz (hier die Drehzahl des Flügelrads F) höher ist.

3.57. Versuch 57: Trägheit eines lichtempfindlichen Widerstands

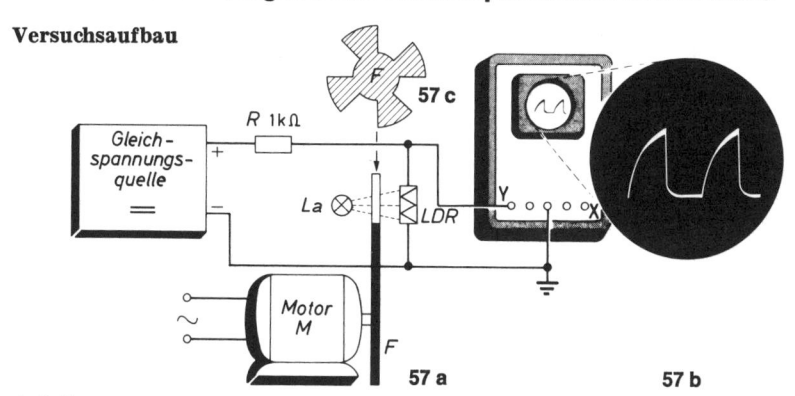

Versuchsaufbau

Anleitung

a. Der lichtempfindliche Widerstand LDR wird durch die Aussparungen des Flügelrads F hindurch von der Lampe La beleuchtet; er ist praktisch unbeleuchtet, sobald sich ein Flügel des Flügelrads F vor die Lampe La schiebt. Die Gleichspannungsquelle soll etwa 10 V abgeben
b. Nacheinander sind ein Flügel und eine Aussparung des Flügelrads F zwischen die Lampe La und den Widerstand LDR zu bringen, um auf dem Schirm des Oszilloskops Dunkel- und Hell-Niveau festlegen zu können; hierbei ist die Y-Verstärkung erforderlichenfalls nachzustellen
c. Die Drehzahl des Motors M ist auf etwa 300 U/min einzustellen; X-Kanal des Oszilloskops auf „INT" schalten und Zeitmaßstab so einstellen, daß sich ein Oszillogramm gemäß Bild 57b ergibt
d. Reagiert der Widerstand LDR bei einem Hell/Dunkel-Übergang oder bei einem Dunkel/Hell-Übergang schneller?
e. Es ist die Drehzahl des Motors M zu variieren; die sich ergebenden Oszillogramme sind miteinander zu vergleichen

Erklärung

Gute Leiter sind durch viele freie Elektronen gekennzeichnet, während Isolatoren über weniger oder überhaupt keine freien Elektronen verfügen. Bei einem LDR-Widerstand (light dependent resistor) ist der Zustand — gewissermaßen der Grad des Isolators — von der Beleuchtungsstärke abhängig. Durch das auftreffende Licht werden nämlich Elektronen freigesetzt. In der Praxis erreicht man bequem, daß der Widerstand im unbeleuchteten Zustand (Dunkelwiderstand) das Hundertfache des Werts im beleuchteten Zustand ist. Bei geeigneter Wahl des Vorwiderstands (hier $R = 1$ kΩ) ist der Unterschied der Y-Spannung (Punkt b) ein hoher Prozentsatz der angelegten Gleichspannung (beispielsweise 80 %). Man könnte nun erwarten, daß das Oszillogramm bei rotierendem Flügelrad F einem Rechtecksignal mit der Amplitude der gemessenen Y-Spannungsdifferenz entspricht. Wie sich aber zeigt, ist dies ausschließlich bei *sehr* niedrigen Drehzahlen der Fall. LDR-Widerstände zeigen nämlich eine Art „Blendungseffekt"; dieser tritt besonders im Zusammenhang mit Hell/Dunkel-Übergängen auf, so daß der Dunkelwiderstand (und das damit korrespondierende höchste Spannungsniveau) bei höheren Drehzahlen nicht mehr erreicht wird. Die erforderliche, relativ lange „Erholzeit" stellt eine wesentliche Beschränkung bei vielen praktischen Anwendungen dar. LDR-Widerstände sind ausgezeichnet für nicht zu schnelle Ein/Aus-Schaltvorgänge geeignet.

3.58. Versuch 58: Selektivität eines Schwingkreises

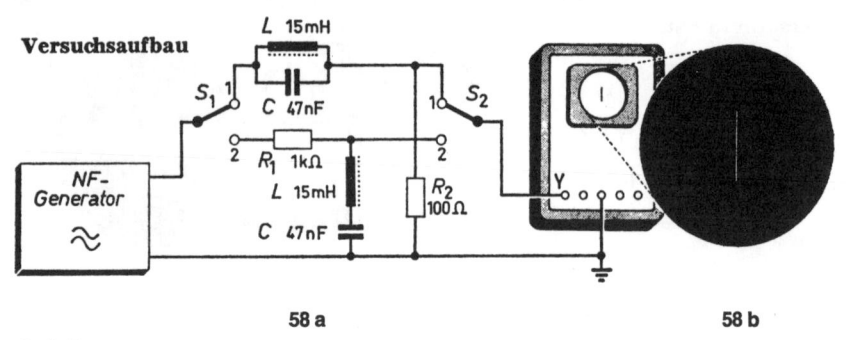

Versuchsaufbau

58 a 58 b

Anleitung

a. Ausgangsspannung des NF-Generators auf maximale Amplitude, Frequenz auf etwa 6 kHz einstellen, Schalter S_1 und S_2 in Stellung 1
b. X-Kanal des Oszilloskops auf „EXT" schalten; Y-Verstärkung sowie X- und Y-Verschiebung so einstellen, daß sich ein Oszillogramm nach Bild 58b ergibt
c. Generatorfrequenz so einstellen, daß Höhe des Oszillogramms minimal, und Frequenz notieren; Bildhöhe messen und Resultat in einen entsprechenden Spannungswert umwandeln; nötigenfalls Y-Verstärkung nachstellen
d. Frequenz auf einige höhere und einige niedrigere Werte einstellen; diese Frequenzen sowie resultierende Spannungen notieren und in Diagrammform darstellen
e. Punkt c und d wiederholen, nachdem Schalter S_1 und S_2 in Stellung 2 gebracht wurden

Erklärung

Mit zunehmender Frequenz verringert sich die Impedanz eines Kondensators (Versuch 38), während sich die Impedanz einer Spule unter den gleichen Bedingungen vergrößert (Versuch 48). Bei einer bestimmten Frequenz sind daher die Stromamplituden des Kondensator- und Spulenzweigs einander gleich; Spule und Kondensator liegen nämlich parallel an ein und derselben Spannung (beide Schalter in Stellung 1). Da aber die beiden Teilströme gegenphasig sind (Verluste unberücksichtigt), ist bei dieser einen Frequenz (*Resonanzfrequenz*) der Gesamtstrom annähernd Null. Am Widerstand R_2 fällt dann keine nennenswerte Spannung ab. Ein solcher Parallelschwingkreis (*Sperrkreis*) sperrt im Resonanzfall die Generatorspannung. Die Kreisspannung ist dann groß, der Gesamtstrom klein. Die unter Punkt c gemessene Linienhöhe ist lediglich auf Unvollkommenheiten zurückzuführen, wie beispielsweise auf den Spulenwiderstand und auf die Tatsache, daß die Generatorspannung nicht rein sinusförmig ist. Liegen Spule und Kondensator in Reihe (Punkt e), ist bei der Resonanzfrequenz die Amplitude der Kondensatorspannung gleich der Spannung an den Spulenklemmen. Da diese Spannungen gegenphasig sind (Verluste unberücksichtigt), ist ihre Summe Null. Der Serienschwingkreis (*Saug- oder Leitkreis*) verhält sich also im Resonanzfall fast wie ein Kurzschluß. Die Kreisspannung ist dann klein, der Strom groß.

3.59. Versuch 59: Ausschwingen eines Schwingkreises

Versuchsaufbau

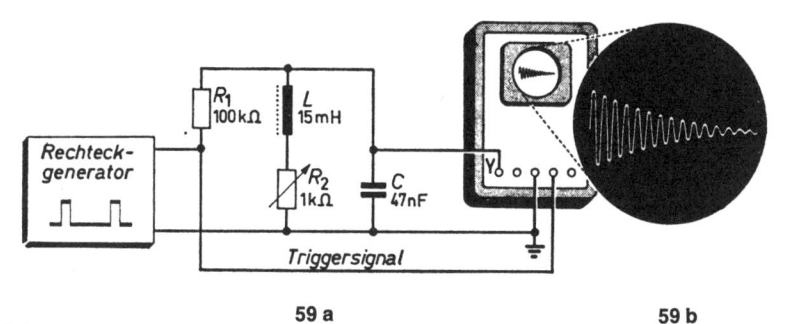

59 a 59 b

Anleitung

a. Generatorspannung auf 10 V, Wiederholungsfrequenz auf 50 Hz, Tastverhältnis auf 1:10, Widerstand R_2 auf seinen Minimalwert einstellen
b. X-Kanal des Oszilloskops auf „INT" schalten; Zeitablenkung mit der Rechteckspannung extern triggern; Y-Verstärkung und Zeitmaßstab so einstellen, daß sich ein Oszillogramm gemäß Bild 59b ergibt
c. Periodendauer einer Schwingung messen und hieraus die Eigenfrequenz des Schwingkreises berechnen; bei dieser Messung empfiehlt es sich, den Zeitmaßstab so zu verändern, daß nur einige Perioden auf dem Bildschirm erscheinen
d. Widerstand R_2 stufenweise auf einige höhere Werte einstellen und Resultate mit dem Oszillogramm nach Punkt c vergleichen

Erklärung

Die aus L, C und R_2 bestehende Schaltung nennt man Schwingkreis. Eine Schwingung ist dadurch gekennzeichnet, daß laufend Energie der einen Form in Energie einer anderen Form übergeht (man denke beispielsweise an ein Pendel, bei dem in ständigem Wechsel potentielle Energie in kinetische Energie umgewandelt wird und umgekehrt). Der geladene Kondensator C enthält eine bestimmte Menge elektrischer Energie, die ausschließlich von der Ladespannung abhängt. Der Kondensator C entlädt sich über die Spule L. Dadurch nimmt die an C liegende Spannung ab (desgleichen die in C gespeicherte Energie), während der Strom durch L zunimmt. Ist die Kondensatorspannung Null geworden, ist die gesamte elektrische Energie in magnetische Energie umgewandelt; diese ist ausschließlich vom Strom durch L abhängig. Dieser Strom fließt in gleicher Richtung weiter und lädt darum C in entgegengesetztem Sinn auf. Folglich nimmt die Energie in C wieder zu, während der Strom durch L stetig abnimmt. Die zeitliche Dauer dieses Zyklus hängt von den Werten von L und C ab; sie wird bei einem praktisch ausgeführten Schwingkreis nur in geringem Maß von R beeinflußt. Fände die Energieumwandlung verlustlos statt, würde eine „ungedämpfte" Schwingung entstehen. In der Praxis ist jedoch jede Schwingungsamplitude kleiner als die vorherige, weil R_2 Energie verbraucht, die in Form von Wärme frei wird. Mit R_2 kann somit die *Dämpfung* des Kreises eingestellt werden.

3.60. Versuch 60: Eine kurzgeschlossene Transformatorwicklung

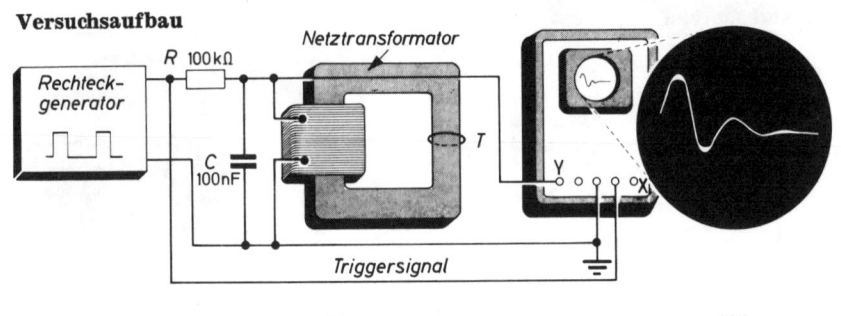

Versuchsaufbau

60 a 60 b

Anleitung

a. Parallel zur Primärwicklung L des Netztransformators T wird der Kondensator C angeschlossen; sekundär ist der Transformator unbelastet. Um den Kern wird eine unbelastete Windung (Drahtdurchmesser ≥ 1 mm) angebracht. Die Einstellung des Rechteckgenerators erfolgt auf 10 V Ausgangsspannung mit einer Frequenz von 10 Hz und einem Tastverhältnis von 1:10
b. X-Kanal des Oszilloskops auf „INT" schalten und Zeitablenkung extern mit der Generatorspannung triggern; Y-Verstärkung und Zeitmaßstab so einstellen, daß sich eine gedämpfte Schwingung ergibt (vgl. Versuch 59). Die Anzahl der Kuppen im Oszillogramm ist zu ermitteln
c. Jetzt ist die angebrachte Windung kurzzuschließen und das sich ergebende Oszillogramm (Bild 60b) mit dem vorherigen zu vergleichen; hierbei ist die Anzahl der Kuppen im Oszillogramm zu beachten

Erklärung

Die Primärwicklung L, deren ohmscher Widerstand R sowie der Kondensator C bilden einen Schwingkreis, der von jedem Stromimpuls aus dem Rechteckgenerator angestoßen wird. Es findet dann gemäß Versuch 59 periodisch eine Energieumsetzung statt, bis die Schwingung durch Energieentzug abreißt. Nicht jede L-C-R-Kombination erlaubt eine Schwingung. Ist nämlich der Wert von C oder R zu groß, ist alle Schwingkreisenergie bereits aufgezehrt, bevor eine einzige Aufschaukelung stattfinden kann; ein solches System wird als *aperiodisch* bezeichnet. Entsprechendes gilt für kleine Werte von L. So ist beispielsweise bei Versuch 59 in der maximalen Einstellung von R_2 keine Schwingung möglich, wenn $L < 10$ mH ist. Die Selbstinduktion eines sekundär kurzgeschlossenen Transformators beträgt nur einen Bruchteil (beispielsweise 1 %) der Selbstinduktion bei offener Sekundärwicklung. Wenngleich sich durch den Kurzschluß (Punkt c) auch der Kreiswiderstand etwas verändert, ist es doch hauptsächlich die Abnahme der Selbstinduktion, die den Schwingkreis der Aperiodizität näherbringt. Folglich werden im Kurzschlußfall bedeutend weniger Kuppen im Oszillogramm als im Leerlauffall wahrgenommen; dabei ist die Anzahl der Windungen der Sekundärseite nur von untergeordneter Bedeutung. Aus diesem Grund wird der beschriebene Effekt ausgenutzt, um Windungsschlüsse bei Transformatoren oder Spulen aufzuspüren.

3.61. Versuch 61: Ausschwingen zweier gekoppelter Kreise

Versuchsaufbau

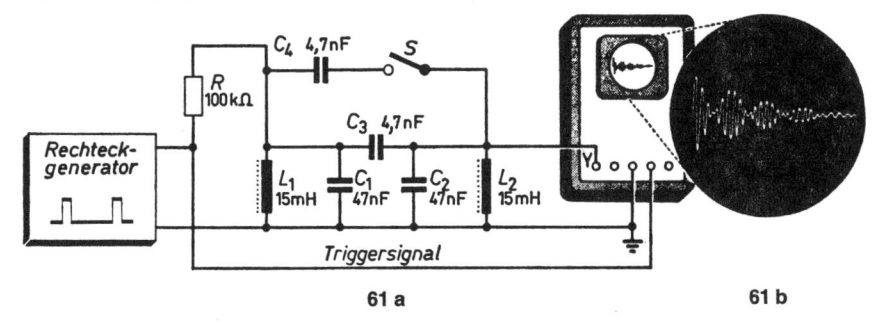

61 a   61 b

Anleitung

a. Generatorspannung auf 10 V, Wiederholungsfrequenz auf 50 Hz, Tastverhältnis auf 1:10 einstellen, Schalter S öffnen
b. X-Kanal des Oszilloskops auf „INT" schalten und Zeitablenkung mit der Rechteckspannung extern triggern; Y-Verstärkung und Zeitmaßstab so einstellen, daß ein Oszillogramm gemäß Bild 61b erscheint
c. Eigenfrequenz der Schwingkreise messen und Anzahl der Ausschwingvorgänge je Übernahmeperiode bestimmen. Sind die horizontalen Abstände für eine genaue Messung zu klein, empfiehlt es sich, den Zeitmaßstab ein wenig zu verändern, damit weniger Perioden auf dem Leuchtschirm erscheinen
d. Schalter S schließen und Messung gemäß Punkt c wiederholen

Erklärung

Der Primärkreis L_1-C_1 wird von der impulsförmigen Generatorspannung angestoßen. Dieser Kreis hat das Bestreben, in der bei Versuch 59 beschriebenen Weise auszuschwingen, jedoch ist er über C_3 lose mit dem Sekundärkreis L_2-C_2 gekoppelt. Dadurch wird L_2-C_2 bei jeder in L_1-C_1 auftretenden Spannungsspitze ein wenig Energie zugeführt, so daß auch in L_2-C_2 eine Schwingung angeregt wird, deren Amplitude allmählich zunimmt. Die Amplitude der Schwingung in L_1-C_1 nimmt dann allerdings ab, weil das System nur eine begrenzte Energiemenge enthält. Hat das Oszillogramm seine größte Höhe, befindet sich die gesamte Energie im Sekundärkreis. Man kann ohne weiteres beobachten, wieviel Einzelschwingungen notwendig waren, um die gesamte Energie aus dem Primärkreis in den Sekundärkreis zu übertragen (siehe Punkt c). Schließt man den Schalter S (Punkt d), wird die Kopplung fester, und zwar verdoppelt. Je Schwingung wird dann eine größere Energiemenge übertragen, so daß auf die Übernahmeperiode weniger Schwingungen entfallen. Zählt man die Einzelschwingungen innerhalb einer Übernahmeperiode, kommt man auf etwa die Hälfte der ursprünglichen Anzahl. Wegen der in beiden Kreisen auftretenden Energieverluste klingt die Schwingung schließlich völlig ab (siehe Versuch 59).

3.62. Versuch 62: Zerlegung einer Rechteckspannung

Versuchsaufbau

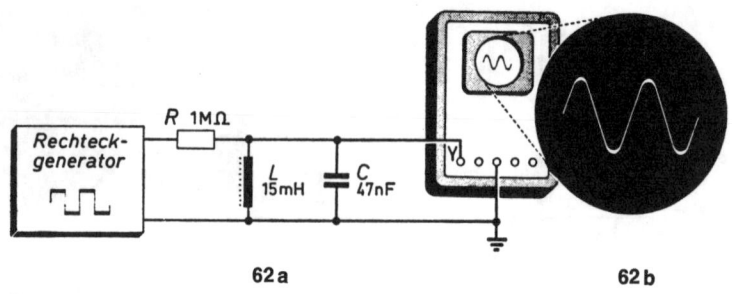

62a 62b

Anleitung

a. Rechteckgenerator auf maximale Ausgangsspannung, Wiederholungsfrequenz auf etwa 6 kHz, Tastverhältnis auf 1:1 einstellen
b. X-Kanal des Oszilloskops auf „INT" schalten; Y-Verstärkung und Zeitmaßstab so einstellen, daß ein stillstehendes Oszillogramm erscheint
c. Frequenz des Rechteckgenerators in der Nähe von 6 kHz so einstellen, daß die Abbildung sinusförmig wird (siehe Bild 62b); nötigenfalls Y-Verstärkung-nachstellen
d. Periodendauer und Amplitude der Y-Spannung bestimmen
e. Frequenz der Generatorspannung stetig verringern und jeweils Punkt d wiederholen, wenn das Oszillogramm Sinusform annimmt
f. Punkt c, d und e bei einem Tastverhältnis von beispielsweise 1:2 wiederholen

Erklärung

Stößt man einen Schwingkreis an, entsteht eine freie gedämpfte Schwingung (Versuch 59). Sie wird zu einer erzwungenen ungedämpften (sinusförmigen) Schwingung, wenn man die durch die Kreisverluste verbrauchte Energie ersetzt. Die erzwungene Schwingung ist bestrebt, die Eigenfrequenz des Kreises anzunehmen (in diesem Fall ist nur wenig Energie erforderlich); inwieweit dies gelingt, hängt von der Anstoßfolge ab. Hierauf beruht die selektive Wirkung eines Schwingkreises (Versuch 58). Unter Punkt c wird der Kreis mit seiner Eigenfrequenz angestoßen, d. h. die Energiezufuhr erfolgt jeweils in den richtigen Zeitpunkten. Dabei entsteht eine ungedämpfte Schwingung. Unter Punkt e entsteht eine ungedämpfte Schwingung nur dann, wenn die Eigenfrequenz des Kreises gleich dem ungeradzahligen Vielfachen der Rechteckfrequenz ist. In allen anderen Fällen ist das Produkt aus Kreisspannung und Kreisstrom (gelieferte Energie) Null. Die Schwingungsamplitude ist um so kleiner, je niedriger man die Rechteckfrequenz macht. Dies erklärt sich aus der geringeren Energielieferung je Zeiteinheit. Angesichts der selektiven Wirkung des Schwingkreises (Versuch 58) kann gesagt werden, daß der Kreis die Harmonischen (Versuch 15) aus der Rechteckspannung filtert. Es zeigt sich, daß dieses bei einer asymmetrischen Spannung auch die geradzahligen Harmonischen sind (Punkt f).

3.63. Versuch 63: Messungen an einem Schmitt-Trigger

Versuchsaufbau

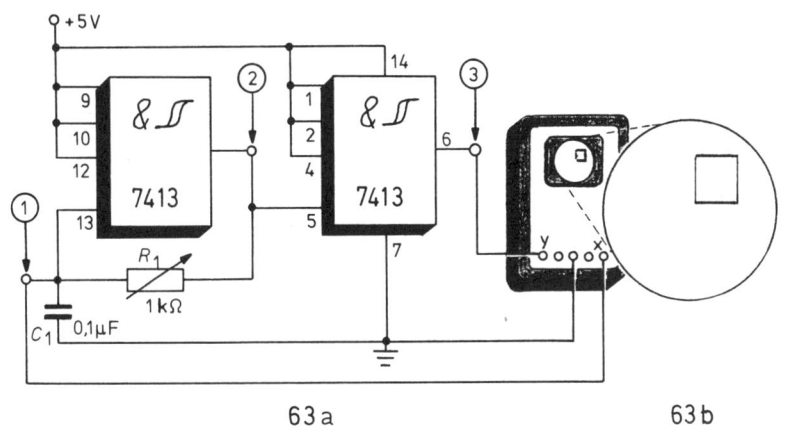

63a 63b

Anleitung

a. X-Kanal des Oszilloskops auf „EXT", Y-Kanal auf „GND" schalten; Leuchtfleck mit X- und Y-Verschiebung in Schirmmitte bringen. Die Empfindlichkeit des Y-Kanals auf 1 V/Teil stellen und auf „DC" umschalten. Die X-Kanal-Empfindlichkeit auf 0,5 V/Teil stellen und auf „DC" umschalten.
b. Im Oszillogramm sind X- und Y-Achse zu kalibrieren.
c. X-Kanal auf „INT", Zeitablenkung auf 20 µs/Teil und intern triggern.
Y_1- und Y_2-Kanal zunächst auf „GND" und die Empfindlichkeit auf 1 V/Teil stellen. Strahl auf die Schirmmitte justieren und auf „DC" umschalten.
d. Widerstand R_1 verändern und Schirmbild beobachten. Frequenzbereich ausmessen.

Erklärung

Mit Hilfe eines Schmitt-Triggers kann man aus einer sägezahn- oder sinusförmigen Spannung eine Rechteck-Spannung erzeugen. Am Ausgang des Schmitt-Triggers erhält man eine Rechteck-Spannung, die dieselbe Frequenz wie die Eingangsspannung hat. Einen relativ einfachen Oszillator kann man mit dem Schmitt-Trigger Typ *SN* 7413 (Bild 63 a) aufbauen. Der Kondensator C_1 wird über den Widerstand R_1 bis zum Ausschaltpegel des Schmitt-Triggers aufgeladen und anschließend wieder bis zum Einschaltpegel entladen. Diesen Vorgang kann man gut auf dem Schirmbild beobachten. Mit dem Y_1-Kanal wird am Meßpunkt ① die Eingangsspannung des Schmitt-Triggers gemessen. An Meßpunkt ② mit dem Y_2-Kanal die Ausgangsspannung des Schmitt-Triggers gemessen. Die Auswertung des Oszillogramms ergibt, daß der Einschaltpegel (Entladung des Kondensators C_1) bei etwa 0,8 V liegt. Jetzt liegt am Ausgang des Schmitt-Triggers (Meßpunkt ②) eine log. „1". Der Kondensator C_1 lädt sich jetzt wieder auf bis auf eine Spannung von etwa 1,7 V (obere Schwelle des Schmitt-Triggers). In diesem Moment wird der Ausgang log. „0" und der Kondensator C_1 wird über den Widerstand R_1 bis zur unteren Schwellspannung entladen. Die Spannung am Kondensator pendelt zwischen den Triggerpegeln hin und her. Der Vorgang wiederholt sich periodisch. Der Widerstand R_1 sollte nur im Bereich von 200 Ohm bis 700 Ohm verändert werden, damit er den Eingang bei ohne fließenden Eingangsstrom unter den Einschaltpegel ziehen kann. Bei CMOS-Schmitt-Triggern entfällt diese Einschränkung. Mit der Größe des Kondensators C_1 kann man den gewünschten Frequenzbereich bestimmen.

Das Ausgangssignal des ersten Schmitt-Triggers (Meßpunkt ②) wird durch die Belastung des *RC*-Gliedes verschliffen. Der zweite Schmitt-Trigger ist daher als Impulsformer nachgeschaltet. Am Ausgang des zweiten Schmitt-Triggers (Meßpunkt ③) steht ein einwandfreies TTL-Signal zur Verfügung.

3.64. Versuch 64: Helligkeit einer Leuchtstofflampe

Versuchsaufbau

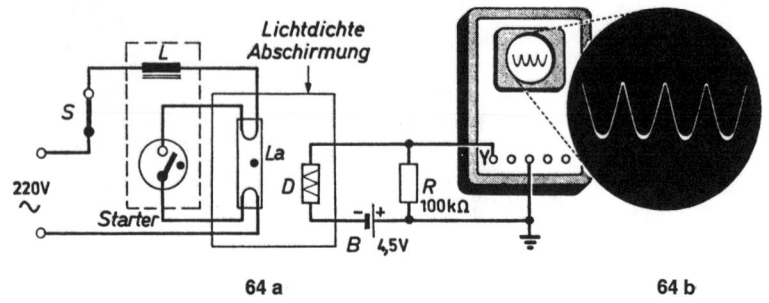

64 a   64 b

Anleitung

a. Schalter S öffnen, zu untersuchende Lampe La und Germanium-Fotodiode D in einer lichtdichten Abschirmung (Innenseite beispielsweise aus geschwärztem Karton) untergebracht
b. X-Kanal des Oszilloskops auf „INT", Y-Kanal auf „$=$" bzw. „DC" schalten; Zeitlinie mit Hilfe der Y-Verschiebung an die Oberkante des Leuchtschirms bringen
c. Schalter S schließen; Y-Verstärkung und Zeitmaßstab so einstellen, daß sich ein Oszillogramm gemäß Bild 64b ergibt; Zeitablenkung mit Netzfrequenz triggern
d. Bildhöhe (Spitze — Spitze) sowie Abstand zwischen unter Punkt b eingestellter Zeitlinie und Oberkante des Oszillogramms messen
e. Periodendauer anhand eines Diagramms nach Bild 11 messen
f. Unter Punkt d und e gemessene Resultate mit denen von Versuch 63 vergleichen

Erklärung

    Der Bimetallkontakt des Starters ist in kaltem Zustand geöffnet; folglich liegt nach Schließen von S am Starter fast die volle Netzspannung. Diese bewirkt im Starter eine Gasentladung, die das Bimetallelement erwärmt. Das Bimetall krümmt sich und schließt den Stromkreis. Dadurch werden die Heizfäden der Leuchtstofflampe geheizt. Inzwischen kühlt das Bimetallelement ab und unterbricht den Heizkreis wieder, wobei an der Drosselspule L (induktives Vorschaltgerät) eine hohe Induktionsspannung entsteht, die die Leuchtstofflampe zündet. Die an der Lampe La liegende Spannung sinkt dann bis zur Brennspannung ab, bei der der Starter nicht mehr anspricht. Die Heizfäden der Leuchtstofflampe werden durch das Elektronen- und Ionenbombardement der Gasentladung auf Emissionstemperatur gehalten. Ferner bringt die Gasentladung die an der Innenseite des röhrenförmigen Kolbens befindliche Leuchtstoffschicht zum Fluoreszieren. Dadurch entsteht der für solche Lampen typische große Lichtstrom. Die Lampe wird am 50-Hz-Netz betrieben. Dabei wird die Spannung 100mal je Sekunde Null (Punkt e), wobei die Lampe praktisch völlig verlischt, so daß man unter Punkt c große Lichtstromschwankungen feststellt. Das Licht (und folglich das Oszillogramm) besteht gewissermaßen aus einzelnen Impulsen. Aus diesem Grund kann das Licht von Leuchtstofflampen im menschlichen Auge unter bestimmten Umständen Flimmererscheinungen hervorrufen (Stroboskop-Effekt).

3.65. Versuch 65: Rechteckgenerator mit monostabilen Kippgliedern

Versuchsaufbau

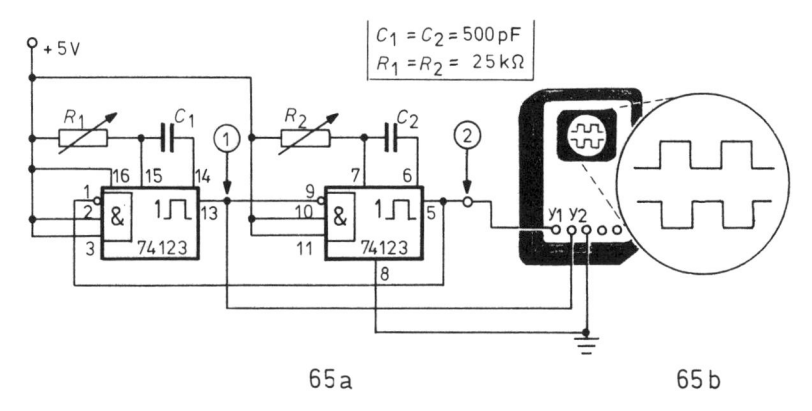

$C_1 = C_2 = 500\,pF$
$R_1 = R_2 = 25\,k\Omega$

65a   65b

Anleitung

a. X-Kanal des Oszilloskops auf „INT", Zeitablenkung auf 1 µs/Teil und intern triggern. Y_1- und Y_2-Eingang auf „GND", Empfindlichkeit auf 2 V/Teil ($Y_1 = Y_2$) stellen und Strich von Y_1-Kanal und dritte Rasterlinie von oben, sowie Y_2-Kanal auf erste Rasterlinie von unten justieren. Danach auf „DC" umschalten.
b. Widerstand R_1 verändern und Schirmbild beobachten.
c. Widerstand R_2 verändern und Schirmbild beobachten. Puls- und Pauseverhältnis ausmessen.

Erklärung

Bild 65a zeigt einen monostabilen Multivibrator. Verbindet man den Q-Ausgang des zweiten Kippgliedes (Pin-Nr. 5 in Bild 65a) mit dem Eingang des ersten Kippgliedes (Pin-Nr. 1), so erhält man einen sehr vielseitigen Oszillator.

Die Impulsbreite des Ausgangssignales von Kippglied 1 (Meßpunkt ①) hängt von den externen Bauelementen R_1 und C_1 ab. Ebenso ist die Impulsbreite des Ausgangssignales von Kippglied 2 (Meßpunkt ②) von R_2 und C_2 abhängig. Da jetzt aber der Ausgang des ersten Kippgliedes mit dem Eingang des zweiten Kippgliedes (Pin 13 mit Pin 9) verbunden ist, bewirkt die Veränderung der Impulsbreite an Meßpunkt ① eine Veränderung der Impulspause an Meßpunkt ②. Man kann also neben der Frequenz auch noch Impulsbreite und Impulspause am Ausgang der Schaltung (Meßpunkt ②) unabhängig voneinander einstellen.

Die frequenzbestimmenden Widerstands- und Kondensatorwerten liegen zwischen folgenden Grenzen:

$R_1 = R_2 = 5\,kOhm \ldots 50\,kOhm$
$C_1 = C_2 = 100\,pF \ldots$ einige $1000\,\mu F$

Der Frequenzbereich reicht von einigen Hz bis etwa 5 MHz.

3.66. Versuch 66: 4-Bit-DA-Wandler für negative Logik

Versuchsaufbau

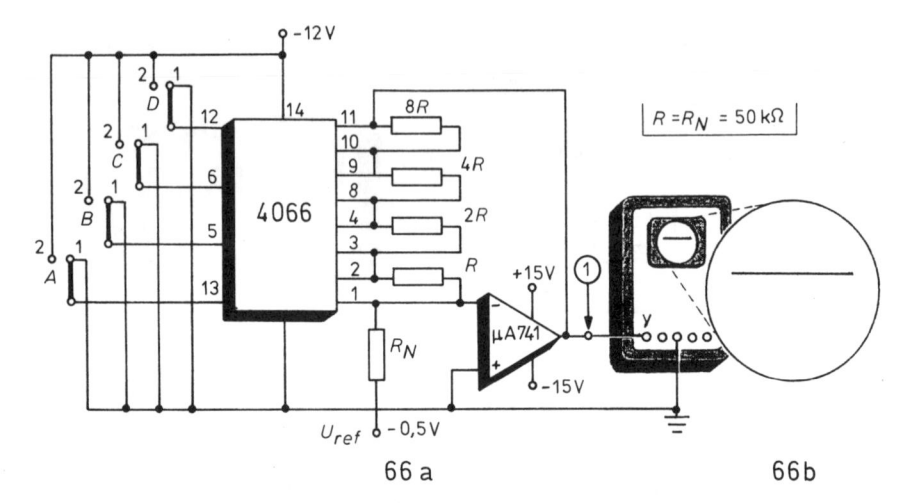

66 a 66 b

Anleitung

a. X-Kanal des Oszilloskops auf „INT". Y-Eingang auf „GND", Empfindlichkeit auf 1 V/Teil und Strich auf erste Rasterlinie von oben justieren. Danach auf „DC" umschalten.
b. Schalter A, B, C und D erst einzeln, dann in verschiedenen Kombinationen auf Stellung 2 schalten.
c. Spannungsänderung auf dem Bildschirm beobachten und in einer Tabelle darstellen.

Erklärung

Der Digital-Analog-Wandler hat die Aufgabe eine Zahl in eine proportionale Spannung umzuwandeln. Die Widerstände liegen bei dieser Schaltung in Reihe geschaltet alle im Gegenkopplungszweig des Operationsverstärkers. Parallel zu jedem einzelnen Widerstand muß man sich einen Schalter vorstellen, der im geschlossenen Zustand den zugehörigen Widerstand kurzschließt. Oder anders ausgedrückt: Die Widerstände werden dann eingeschaltet, wenn der jeweils parallelliegende Schalter unterbrochen wird. Daraus ergibt sich die Ansteuerung mit „negativer Logik", d. h. 1 = L und 0 = H.

Der Vorteil dieser Schaltung ist die konstante Belastung der Referenzspannungsquelle U_{ref} von hier $-0,5$ V und das positive Ausgangssignal (Meßpunkt ①). Sinnvoll ist es auch den negativen Anschluß (Pin 7 des 4066B) ebenfalls an eine negative Spannung von etwa -1 V zu legen, da der $-$ Anschluß des Operationsverstärkers und auch Pin 1 des 4066B schon um einige mV negativ gegen Masse werden kann. Bei dieser negativen Spannungsquelle werden keine besonderen Anforderungen an die Konstanz gestellt. Anders dagegen bei der Spannung U_{ref}. Änderungen von U_{ref} gehen proportional in die Ausgangsspannung ein.

Das Oszillogramm zeigt die Analoge-Ausgangsspannung des Operationsverstärkers, die sich in 0,5 V Stufen zwischen 0...7,5 V verändert. Zur Berechnung der Ausgangsspannung gilt folgende Gleichung:

$$U_a = \frac{U_{ref} \cdot R \cdot n}{R_N} \quad (n = 1...16)$$

3.67. Versuch 67: Eine Thyristorschaltung

Versuchsaufbau

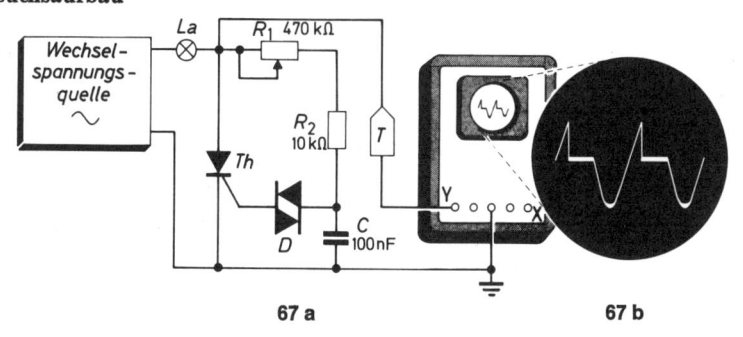

67 a 67 b

Anleitung

a. Der Thyristor Th ist ein Typ mit $I_{max} \geq 300$ mA und $U_{max} \geq 400$ V. Das Element D ist ein $Diac$ (vgl. Versuch 29), die Lampe La hat die Werte 60 W und 220 V. Die Wechselspannungsquelle (Stelltrenntransformator) wird auf 150 V eingestellt, der Schleifer des Widerstands R_1 ist in die rechte Stellung zu bringen (minimaler Widerstandswert).
b. X-Kanal des Oszilloskops auf „INT" schalten; Y-Verstärkung und Zeitmaßstab sowie den Widerstand R_1 so einstellen, daß sich ein Oszillogramm gemäß Bild 67b ergibt (erforderlichenfalls dem Y-Kanal einen Abschwächermeßkopf M vorschalten)
c. Im Oszillogramm ist anzugeben, während welcher Zeit der Thyristor Th leitend ist
d. Die Einstellung des Widerstands R_1 ist zu variieren; die sich ergebenden Oszillogramme sind mit dem Oszillogramm nach Punkt b zu vergleichen. Weshalb ändert sich die Helligkeit der Lampe La?

Erklärung

Ein Thyristor (engl. silicon controlled rectifier, abgekürzt SCR) ist eine Siliziumdiode mit einer zusätzlichen Steuerelektrode (auch als $Gate$ — engl. für Tor — bezeichnet). Thyristoren leiten nur in einer Richtung (Gleichrichter). Um sie leitend werden zu lassen, muß der Steuerelektrode ein geeigneter Steuerstrom zugeführt werden. Ein leitender Thyristor kann nur gesperrt werden, indem sein Strom unter einen sehr kleinen Wert — den sogenannten $Haltestrom$ — reduziert wird. Über dem nicht gezündeten Thyristor steht die volle Spannung der Wechselspannungsquelle (Generatorspannung). Der Kondensator C wird über die Widerstände R_1 und R_2 geladen, bis der $Diac$ D seine Durchschlagspannung erreicht (Versuch 29). Der $Diac$ D triggert den Thyristor Th, d. h. der Thyristor wird durch einen Steuerstrom gezündet, der aus dem Kondensator C über den leitenden $Diac$ D an die Steuerelektrode gelangt. In diesem Augenblick wird der Thyristor leitend, so daß die Generatorspannung an der Lampe La abfällt; die Spannung über dem Thyristor ist dann sehr niedrig (flache Teile im Oszillogramm). Der Thyristor wird wieder gesperrt, wenn die Generatorspannung fast auf 0 V abgesunken ist, so daß der Haltestrom unterschritten wird. Während der negativen Halbwelle der Generatorspannung bleibt der Thyristor gesperrt. Der Zyklus wiederholt sich also erst bei der folgenden positiven Halbwelle.

3.68. Versuch 68: Lichtsteuerung mit einem Triac

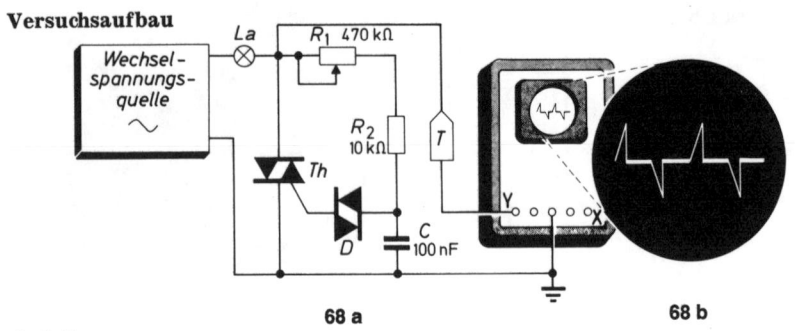

Versuchsaufbau

68 a   68 b

Anleitung

a. Das Element Th ist ein sogenannter $Triac$ (bidirektionaler Thyristor); der zu verwendende Typ soll für $I_{max} \geq 300$ mA und $U_{max} \geq 400$ V ausgelegt sein. Das Element D ist ein $Diac$ (vgl. Versuch 29), die Lampe La hat die Werte 60 W und 220 V. Die Wechselspannungsquelle (Stelltrenntransformator) wird auf 150 V eingestellt, der Schleifer des Widerstands R_1 ist in die rechte Stellung zu bringen (minimaler Widerstandswert)
b. X-Kanal des Oszilloskops auf „INT" schalten; Y-Verstärkung und Zeitmaßstab sowie den Widerstand R_1 so einstellen, daß sich ein Oszillogramm gemäß Bild 68b ergibt (erforderlichenfalls dem Y-Kanal einen Abschwächermeßkopf M vorschalten)
c. Im Oszillogramm ist anzugeben, während welcher Zeit der $Triac$ Th leitend ist
d. Es ist die Einstellung des Widerstands R_1 zu variieren und der Zusammenhang zwischen der Oszillogrammform und der Lampenhelligkeit zu ergründen

Erklärung

Ein $Triac$ (bidirektionaler Thyristor) kann als Antiparallelschaltung zweier Thyristoren aufgefaßt werden, von denen der eine in der einen, der zweite in der anderen Stromrichtung leitet. Die gemeinsame Steuerelektrode empfängt das Steuersignal für beide Stromrichtungen. Die Schaltung hat die folgende Wirkungsweise. Bei gesperrtem $Triac$ wird der Kondensator C über die Widerstände R_1 und R_2 bis zur Durchschlagspannung des $Diac$ geladen. Die Ladezeitkonstante ist bei gegebenem $Diac$ und gegebenem Kondensator C von $R_1 + R_2$ abhängig. Folglich bestimmt die Einstellung des Widerstands R_1 (ebenso wie bei Versuch 67) den Triggereinsatz. Der Triggerimpuls entlädt den Kondensator C weitgehend (C ist also wieder für den folgenden Ladezyklus bereit) und zündet den $Triac$. Die Spannung über dem $Triac$ ist dann praktisch gleich Null (flache Teile im Oszillogramm). Der leitende Zustand bleibt bestehen, bis der Wert des Haltestroms unterschritten wird. Die Generatorspannung durchläuft dann die negative Halbwelle, wobei ein neuer Ladezyklus beginnt. Diesmal wird der Kondensator C „andersherum" geladen; wieder triggert der $Diac$ den $Triac$ und wird die Spannung über letzterem praktisch gleich Null. Das Oszillogramm weist eine deutlich wahrnehmbare Spannung auf, wenn der $Triac$ gesperrt ist, also kein Strom durch die Lampe La fließt. Je mehr sich das Oszillogramm der Sinusform nähert, desto schwächer leuchtet die Lampe La. Hiermit ist erwiesen, daß die Lampenhelligkeit mit der Einstellung des Widerstands R_1 gesteuert werden kann.

3.69. Versuch 69: Primärstrom eines Netztransformators

Versuchsaufbau

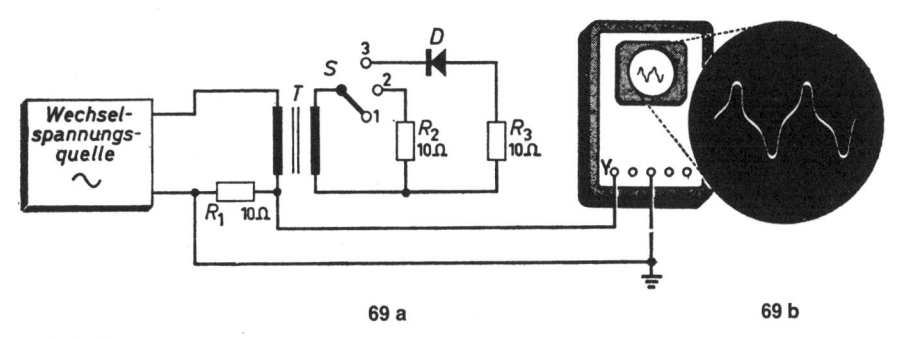

69 a   69 b

Anleitung

a. Spannungsquelle (Stelltrenntransformator) auf Betriebsspannung des Transformators T (z. B. Klingeltransformator) einstellen, Schalter S in Stellung 1 bringen
b. X-Kanal des Oszilloskops auf „INT" schalten; Y-Verstärkung und Zeitmaßstab so einstellen, daß sich ein Oszillogramm gemäß Bild 69b ergibt; mit Netzfrequenz triggern
c. Oszillogramm studieren. In welchen Zeitpunkten tritt Eisensättigung auf?
d. Schalter S in Stellung 2 bringen; Resultat mit Oszillogramm gemäß Punkt c vergleichen
e. Schalter S in Stellung 3 bringen und Resultat mit den vorigen Oszillogrammen vergleichen. Was ist bei Umpolung der Diode D zu erwarten?
f. Diode D umpolen und prüfen, ob Vermutung richtig war

Erklärung

Überschreitet der Erregerstrom eines Elektromagneten (hier Transformatorkern) einen bestimmten Wert, hat eine Stromerhöhung nur noch eine geringe Zunahme des Magnetismus zur Folge; das Eisen ist dann „gesättigt". Wünscht man ein kräftiges, sinusförmig veränderliches Magnetfeld zu erzeugen, muß der Strom jeweils nach Erreichen dieses kritischen Werts besonders groß gemacht werden, d. h. der Erregerstrom ist in diesen Zeitpunkten bedeutend größer, als es der Sinusform entspräche. Weil R klein ist, ist die sinusförmige Speisespannung gleich der Induktionsspannung an der Primärwicklung. Die Induktionsspannung in beiden Wicklungen wird demnach durch ein sinusförmig veränderliches Feld verursacht. Befindet sich Schalter S in Stellung 1, muß der Erregerstrom (Spannung an R_1) die oben erwähnte Verzerrung aufweisen. Durch R_2 (und durch die Sekundärwicklung) fließt zwar ein Wechselstrom (Punkt d), jedoch muß das Feld unverändert sinusförmig bleiben, da auch die Induktionsspannung (Speisespannung) gleichbleibt. Durch R_1 fließt dann außer dem verzerrten ein zusätzlicher unverzerrter Wechselstrom. Das Oszillogramm ist also im ganzen höher und weniger „spitz". Unter Punkt e bzw. f fließt dieser zusätzliche unverzerrte Wechselstrom infolge der Gleichrichterwirkung der Diode D *nur* während der positiven oder *nur* während der negativen Halbperioden.

3.70. Versuch 70: Hystereseschleife von Transformatorblech

Versuchsaufbau

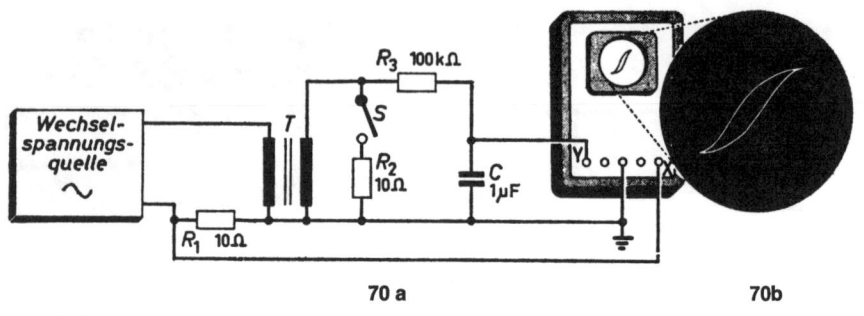

70 a   70b

Anleitung

a. Spannungsquelle (Stelltrenntransformator) auf Betriebsspannung des Transformators T (z. B. Klingeltransformator) einstellen, Schalter S öffnen
b. X-Kanal des Oszilloskops auf „EXT" schalten; X- und Y-Verstärkung so einstellen, daß ein schleifenförmiges Oszillogramm gemäß Bild 70b sichtbar wird
c. Oszillogramm studieren; hierin denjenigen Teil angeben, der der Remanenz des Eisens entspricht. An welchem Punkt tritt die Sättigung des Eisens auf?
d. Zugeführte Spannung verringern, Oszillogramm studieren
e. Zugeführte Spannung wieder auf ursprünglichen Wert bringen; Schalter S schließen; Resultat mit den Oszillogrammen gemäß Punkt c und d vergleichen

Erklärung

Die Induktionsspannung ist gleich der angelegten Spannung (R_1 ist klein); folglich verläuft die Feldänderung je Zeiteinheit sinusförmig. Zwischen Induktionsspannung und Magnetisierung besteht dann eine Phasendifferenz von einer Viertelperiode. Die Magnetisierung ist dann der am Kondensator liegenden Spannung (Y-Spannung) proportional; diese ist nämlich gegenüber der Induktionsspannung ebenfalls um eine Viertelperiode phasenverschoben (infolge des hohen Werts von R_3). Da die X-Spannung (an R_1) bei geöffnetem Schalter S dem Erregerstrom proportional ist, gibt das Oszillogramm die Beziehung zwischen Magnetisierung und Erregung an. Die oberen und unteren Kennlinienkrümmungen deuten auf die Sättigung des Eisens hin (Versuch 69). Die Momente des größten Stroms und der größten Magnetisierung fallen zusammen (rechts oben und links unten). Der Moment des kleinsten Stroms fällt jedoch nicht mit dem der kleinsten Magnetisierung zusammen. Die X- und Y-Auslenkung werden also nicht gleichzeitig Null. Die Magnetisierung, die noch übrigbleibt, wenn der Strom Null geworden ist, nennt man Remanenz (Punkt c). Eine Herabsetzung der zugeführten Spannung (Punkt d) bewirkt weniger starke Feldänderungen. Der maximale Erregerstrom ist dabei kleiner als zu Anfang des Versuchs; die Stromform ist weniger verzerrt, und folglich ist die Kurve weniger stark gekrümmt. Nach dem Schließen von S ist der Strom durch R_1 nahezu unverzerrt (Versuch 69).

3.71. Versuch 71: **Hystereseschleife von dielektrischem Material**

Versuchsaufbau

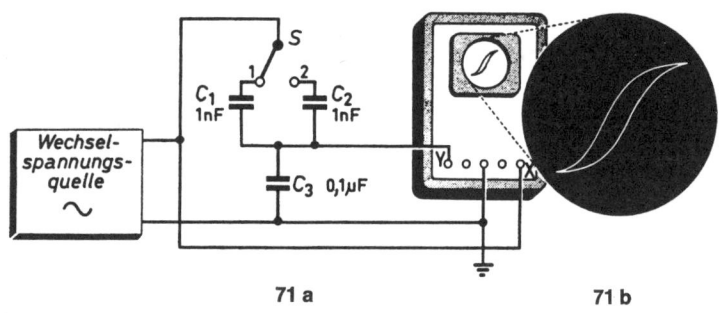

71 a   71 b

Anleitung

a. Spannungsquelle (Stelltrenntransformator) auf Betriebsspannung der Kondensatoren C_1 und C_2 einstellen; C_1 ist ein spannungsabhängiger keramischer Kondensator (sogenannter Ceracap), C_2 ist ein Polyesterkondensator; Schalter S in Stellung 1 bringen
b. X-Kanal des Oszilloskops auf „EXT" schalten; X- und Y-Verstärkung so einstellen, daß sich ein Oszillogramm gemäß Bild 71b ergibt
c. Oszillogramm studieren und angeben, in welchem Punkt das Dielektrikum gesättigt ist
d. Zugeführte Spannung herabsetzen und Resultate studieren
e. Zugeführte Spannung wieder auf ihren ursprünglichen Wert bringen; Schalter S in Stellung 2 bringen und Resultat mit den Oszillogrammen gemäß Punkt c und d vergleichen

Erklärung

Die Kapazität C_3 ist viel größer als die von C_1 oder C_2; die an C_1 (bzw. C_2) liegende Spannung entspricht also praktisch der von der Spannungsquelle gelieferten X-Spannung. Die Ladung (das Produkt aus Strom und Zeit) von C_1 ist gleich der Ladung von C_3 (Schalter S in Stellung 1). Da bei C_3 („normaler" Kondensator) Ladung und Spannung einander proportional sind, gelangt an den Y-Kanal eine Spannung, die der Ladung von C_1 proportional ist. Das Oszillogramm gibt also die Beziehung zwischen der Spannung (horizontal) und der Ladung (vertikal) des „Ceracap" wieder. Die Kurve zeigt große Ähnlichkeit mit dem Oszillogramm aus Versuch 70. Ebenso wie das Eisen eines Elektromagneten bei zunehmender Erregung schließlich Sättigung zeigt, gelangt das isolierende Medium zwischen den Kondensatorbelägen mit zunehmender Spannung (Feldstärke) in einen Sättigungszustand. Offenbar wird das Dielektrikum schon bei relativ niedriger Spannung maximal polarisiert. Eine weitere Spannungserhöhung kann dann keine Ladungszunahme mehr bewirken. Diesen Effekt beobachtet man vor allem bei Kondensatoren mit keramischem Dielektrikum (z. B. Ceracap). Bei einem Polyesterkondensator ist die Spannung praktisch der Ladung proportional. Das Oszillogramm nach Punkt e ist daher fast eine Gerade.

3.72. Versuch 72: Diodenstrom bei Einweggleichrichtung

Versuchsaufbau

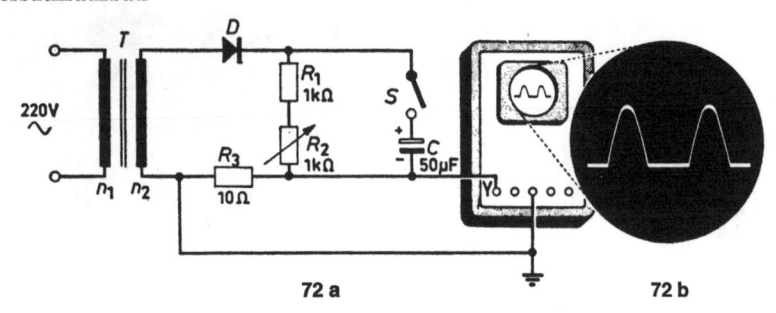

72 a　　　　　　　　72 b

Anleitung

a. Schalter S öffnen und Widerstand R_2 auf seinen Maximalwert einstellen; Übersetzungsverhältnis des Transformators T ist $n_1 : n_2 \approx 2:1$; die Diode D muß für einen Spitzenstrom von etwa 1 A und eine Spitzenspannung von etwa 300 V geeignet sein
b. X-Kanal des Oszilloskops auf „INT" schalten; Y-Verstärkung und Zeitmaßstab so einstellen, daß sich ein Oszillogramm gemäß Bild 72b ergibt; mit Netzfrequenz triggern
c. Oszillogramm studieren. Wann ist die Diode leitend bzw. nicht leitend?
d. Widerstand R_2 auf Minimalwert einstellen und Resultate studieren
e. Schalter S schließen; Resultat mit den Oszillogrammen nach Punkt c und d vergleichen (nötigenfalls Y-Verstärkung verringern); Widerstand R_2 wieder auf seinen Maximalwert einstellen und Veränderung des Oszillogramms beobachten

Erklärung

Während der negativen Halbperioden ist die Diode D gesperrt, in den positiven Halbperioden ist sie leitend. Im gesperrten Zustand fließt kein Strom, im leitenden Zustand ist der Strom gleich dem Quotienten aus der Transformatorspannung und dem Widerstand $R_1 + R_2$. Der Diodenstrom besteht also aus den positiven Phasen einer Sinuswelle (Oszillogramm, Punkt c). Die Höhe kann mit Hilfe von R_2 ungefähr um einen Faktor 2 geändert werden (Punkt d). Unter Punkt e wird deutlich, daß die Diode D nur etwa während einer Achtelperiode Strom führt. Schon bald nach dem Schließen des Schalters S ist der Kondensator C geladen. Er kann sich in dem zwischen zwei Stromimpulsen liegenden Zeitraum nur teilweise entladen. Bevor die Diode D jeweils leitend wird, muß die Wechselspannung also einen positiven Wert erreichen, der ebensogroß wie die Spannung des noch ziemlich (zu etwa 70 %) geladenen Kondensators ist. Die Anode ist also nur kurze Zeit positiv gegen die Katode; dies erklärt die kurzen Stromimpulse. Vergrößert man den veränderbaren Widerstand R_2, sinkt die Kondensatorspannung je Periode weniger ab. Dadurch wird die Diode D jeweils erst zu einem späteren Zeitpunkt leitend, so daß der Stromimpuls kürzer ist.

3.73. Versuch 73: **Ausgangsspannung eines Zweiweggleichrichters**

Versuchsaufbau

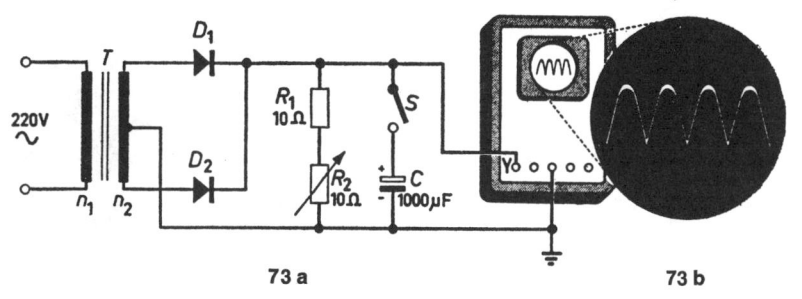

73 a   73 b

Anleitung

a. Schalter S öffnen und Widerstand R_2 auf seinen Maximalwert einstellen; Transformator T (Übersetzungsverhältnis $n_1:n_2 \approx 20:1$) ist mit einer Mittelanzapfung versehen; die Dioden D_1 und D_2 müssen für Spitzenströme von etwa 10 A geeignet sein

b. X-Kanal des Oszilloskops auf „INT" schalten; Y-Verstärkung und Zeitmaßstab so einstellen, daß sich ein Oszillogramm gemäß Bild 73b ergibt; mit Netzfrequenz triggern

c. Oszillogramm studieren, Periodendauer der Y-Spannung messen

d. Widerstand R_2 auf seinen Minimalwert einstellen und Resultate studieren

e. Schalter S schließen; Resultat mit den Oszillogrammen gemäß Punkt c und d vergleichen (nötigenfalls Y-Verstärkung erhöhen). Wie ändert sich das Oszillogramm, wenn Widerstand R_2 wieder auf seinen Maximalwert eingestellt wird?

Erklärung

Durchläuft die Spannung an der (im Bild) oberen Transformatorklemme ihre positive Halbwelle, ist D_1 leitend. Der Y-Eingang liegt am Transformator T. Während dieser Zeit ist D_2 gesperrt. Durchläuft die Spannung an der (im Bild) unteren Transformatorklemme ihre positive Halbwelle, ist D_2 leitend und D_1 gesperrt. Abwechselnd legen also die Dioden eine Sinushalbwelle an den Y-Eingang. Das Oszillogramm setzt sich folglich aus einer Folge von Halbwellen zusammen (Punkt c). Im Idealfall ist die Höhe unabhängig von der Einstellung von R_2. In der Praxis verringert sich aber die Amplitude ein wenig, wenn man R_2 verkleinert (wegen des Diodenwiderstands und des Wicklungswiderstands), wodurch der Diodenstrom zunimmt (Punkt d). Unter Punkt e wird der Kondensator C geladen. Bevor die Dioden leitend werden, muß die Wechselspannung einen positiven Wert erreichen, der größer als die Spannung des zum größten Teil noch geladenen Kondensators ist. Die steiler ansteigenden Kurventeile entsprechen der Ladung, die weniger steil abfallenden der Entladung des Kondensators C. Vergrößert man R_2, entlädt sich der Kondensator C weniger schnell. Die abfallenden Kurventeile werden demzufolge im Verhältnis kleiner.

3.74. Versuch 74: Gleichrichterschaltung mit Spannungsverdopplung

Versuchsaufbau

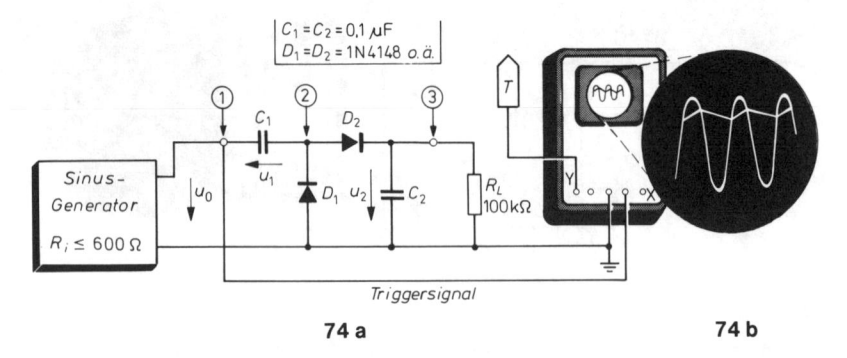

74 a 74 b

Anleitung

a. Sinusgenerator auf $f = 1$ kHz und $U_{o\,eff} = 8$ V entsprechend $U_{o\,ss} = 22$ V einstellen
b. X-Kanal des Oszilloskops auf „INT", Zeitablenkung auf 0,5 ms/Teil und extern triggern. Y-Eingang zunächst auf „GND", Empfindlichkeit auf 5 V/Teil stellen (Tastkopf beachten) und Strich auf die Schirmmitte justieren. Danach auf „DC" umschalten
c. Signale an den Punkten ①, ② und ③ untersuchen

Erklärung

Am Ausgang des Generators steht das Signal massesymmetrisch $U_{os} = \pm 11$ V zur Verfügung. Da die Diode D_1 am Punkt ② keine Spannungen, die negativer als $-0,7$ V sind, zuläßt, lädt sich der Kondensator C_1 während der nagativen Halbwelle auf den Wert U_1, der etwa dem halben Spitze-Spitze-Wert der Generatorspannung entspricht, auf. Diese Spannung U_1 addiert sich zur Generatorspannung. Ein Vergleich der Oszillogramme der Punkte ① und ② macht dieses deutlich (DC-Kopplung des Y-Verstärkers ist hierbei wichtig!). Während der positiven Halbwelle wird dieses „aufgestockte" Potential über die Diode D_2 an den Kondensator C_2 weitergegeben. Ist keine Last am Punkt ③ angeschlossen, so steigt die Gleichspannung auf den Spitze-Spitze-Wert der Wechselspannung minus zweimal Flußspannung der Dioden an. Bei Belastung sinkt die Spannung etwas ab und bekommt den für Gleichrichterschaltungen typischen sägezahnförmigen Verlauf. In unserem Fall mit $R_L = 100$ kΩ sinkt die Spannung auf ca. 17 V ab, und die Sägezahnamplitude beträgt etwa 1,2 V. Die Zusammenhänge an dieser Schaltung werden noch deutlicher, wenn man ein Zweikanaloszilloskop verwendet und jeweils zwei Signale direkt vergleichen kann.

3.75. Versuch 75: Einige Messungen an einem Spannungsbegrenzer

Versuchsaufbau

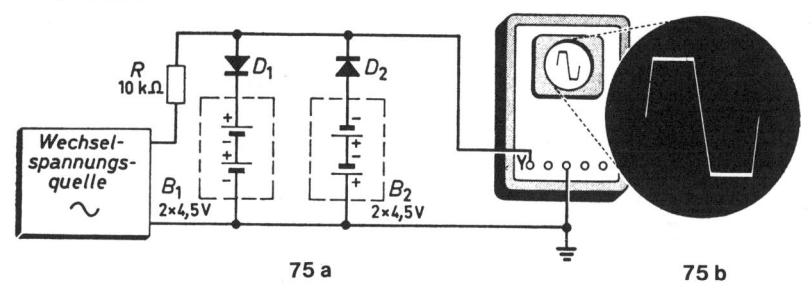

75 a   75 b

Anleitung

a. Wechselspannungsquelle (Stelltrenntransformator) auf etwa 30 V_{ss} einstellen; die Dioden D_1 und D_2 müssen für 18 V und 2 mA geeignet sein
b. X-Kanal des Oszilloskops auf „INT" schalten; Y-Verstärkung und Zeitmaßstab so einstellen, daß sich ein Oszillogramm gemäß Bild 75b ergibt; mit Netzfrequenz triggern
c. Oszillogramm studieren. In welchen Zeitabschnitten sind die Dioden leitend?
d. Zugeführte Spannung allmählich verringern, bis ein Wert erreicht ist, bei dem D_1 und D_2 nicht mehr leitend werden. Woran ist dies erkennbar?
e. Spannung von B_1 durch Entfernen einer der beiden Teilbatterien auf 4,5 V einstellen; Resultat studieren. Was geschieht, wenn die Spannung von B_2 halbiert wird?

Erklärung

Die Wechselspannung der Quelle steigt, ausgehend von 0 V, auf einen positiven Wert von 30 V. Sobald ein Wert von 9 V überschritten ist, wird die Diode D_1 leitend; sie verbindet dann den Y-Kanal mit der Plusklemme von B_1. Die Y-Spannung behält den Wert von B_1 bei, solange die Diode D_1 leitend ist. Der über B_1 fließende Diodenstrom verursacht an R einen Spannungsabfall. Derjenige Teil der Sinusspannung, der über 9 V liegt, fällt an R ab. Sobald die abnehmende Wechselspannung unter +9 V sinkt, sperrt die Diode D_1. Dadurch wird der Y-Kanal von der Batterie B_1 „abgeschaltet". Durch R fließt jetzt kein Strom, so daß die Y-Spannung der weiter abnehmenden Wechselspannung folgt, bis diese einen Wert von —9 V erreicht hat. Anschließend wird die Diode D_2 leitend und verbindet den Y-Kanal mit der Minusklemme von B_2. Diese Verbindung wird wieder unterbrochen, wenn die Wechselspannung in ihrer ansteigenden Phase den Wert von —9 V überschreitet. Derjenige Teil der Wechselspannung, der unter —9 V liegt, fällt an R ab. Das Oszillogramm (Punkt c) ist also eine Sinuskurve, deren Spitzen beschnitten sind. Das obere Niveau entspricht der Spannung von B_1, das untere der von B_2 (Punkt e). Bleibt die Amplitude der Wechselspannung unter der Batteriespannung, erfolgt naturgemäß keine „Begrenzung" (Punkt d); es erscheint dann ein sinusförmiges Oszillogramm.

3.76. Versuch 76: Sperrträgheit einer Halbleiterdiode

Versuchsaufbau

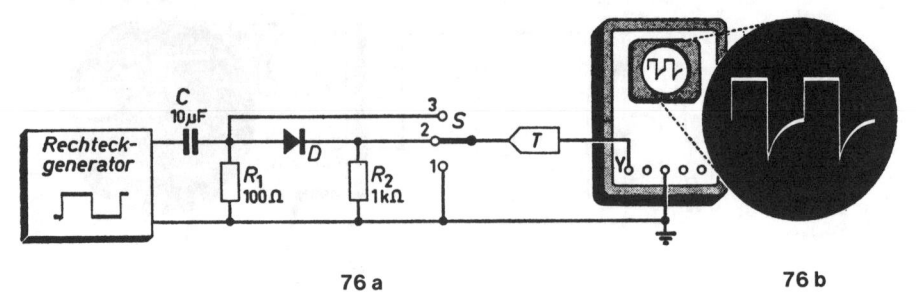

76 a   76 b

Anleitung

a. Generator auf maximale Spannung, Frequenz auf 10 kHz, Tastverhältnis auf 1:1 einstellen; die Diode D ist ein Typ, der in Netzgleichrichtern Anwendung findet; Tastkopf T verwenden; Schalter S in Stellung 1 bringen
b. X-Kanal des Oszilloskops auf „INT", Y-Kanal auf „=" bzw. „DC" schalten; Y-Verschiebung so einstellen, daß die Zeitlinie in Schirmmitte liegt
c. Schalter S in Stellung 3 bringen; Y-Verstärkung und Zeitmaßstab so einstellen, daß ein rechteckförmiges Oszillogramm entsteht; prüfen, ob der Mittelwert dieser Rechteckspannung der unter Punkt b eingestellten Zeitlinie entspricht
d. Schalter S in Stellung 2 bringen; Resultat mit dem Oszillogramm gemäß Bild 76b vergleichen
e. Diode D gegen eine sogenannte Schaltdiode auswechseln; Punkt d wiederholen

Erklärung

Da der Widerstand der Reihenschaltung aus der Diode D und dem Widerstand R_2 im leitenden wie im gesperrten Zustand der Diode im Vergleich zu R_1 groß ist, entspricht der Mittelwert der Rechteckspannung an R_1 nahezu dem Nullniveau. Die der Reihenschaltung aus D und R_2 zugeführte Spannung (Punkt c) wird demzufolge abwechselnd positiv und negativ. Bei einer *idealen* Diode liegt dann die negative Hälfte der Rechteckspannung an der Diode D, die positive Hälfte am Widerstand R_2. Das Oszillogramm (Punkt d) würde dann mit seiner Unterseite genau auf der Zeitlinie liegen und hätte die halbe Höhe wie das Oszillogramm gemäß Punkt c. Es zeigt sich jedoch, daß dies nur zum Teil richtig ist. Außer in Durchlaßrichtung fließt kurzzeitig noch ein Strom, nachdem die Spannung bereits negativ geworden ist. Der Übergang vom leitenden in den gesperrten Zustand erfolgt verzögert. In der leitenden Phase werden der Diode „Stromträger" zugeführt. Während des Übergangs befindet sich noch eine Anzahl dieser Stromträger im Diodenmaterial. Diese müssen abfließen, bevor die Diode sperren kann. Dieses ist gleichbedeutend mit einem Strom in Gegenrichtung. Diese sogenannte Sperrträgheit ist mit der Wirkung einer gedachten Kapazität vergleichbar, die parallel zur Diode liegt.

3.77. Versuch 77: Niveaueinstellschaltungen

Versuchsaufbau

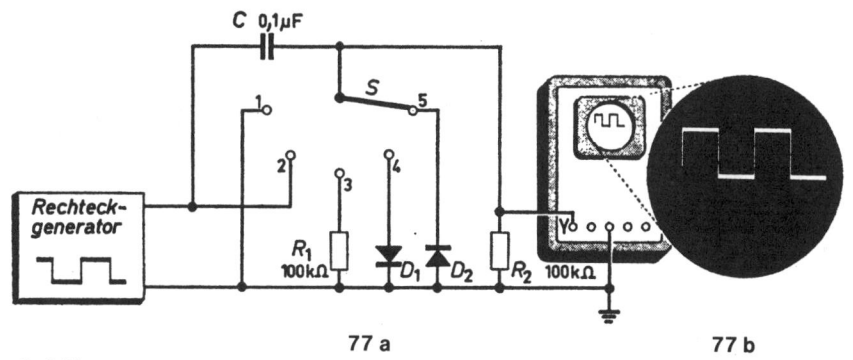

77 a 77 b

Anleitung

a. Ausgangsspannung des Generators auf 10 V_{ss}, Wiederholungsfrequenz auf 1 kHz, Tastverhältnis auf 1:1 einstellen, Schalter S in Stellung 1 bringen; als Dioden D_1 und D_2 sind sogenannte Schaltdioden zu wählen
b. X-Kanal des Oszilloskops auf „INT", Y-Kanal auf „=" bzw. „DC" schalten; Y-Verschiebung so einstellen, daß die Zeitlinie in Schirmmitte liegt
c. Schalter S in Stellung 2 bringen; Y-Verstärkung und Zeitmaßstab so einstellen, daß sich ein Oszillogramm gemäß Bild 77b ergibt (Bildhöhe etwas kleiner als halbe Schirmhöhe)
d. Abstand zwischen mittlerem Niveau des Oszillogramms und unter Punkt b eingestellter Zeitlinie messen; Resultat in einen entsprechenden Spannungswert umwandeln (Versuch 1)
e. Punkt d jeweils wiederholen, nachdem Schalter S in die Stellungen 3, 4 bzw. 5 gebracht wurde

Erklärung

Unter Punkt b wird das Nullniveau festgelegt. Der Y-Eingang ist dann kurzgeschlossen. Befindet sich S in Stellung 2, liegt der Ausgang des Generators unmittelbar am Y-Eingang. Das Oszillogramm zeigt die vollständige Generatorspannung (Punkt c). Befindet sich S in Stellung 3, wird der Kondensator C auf den Mittelwert der Generatorspannung geladen (C sperrt die Gleichspannung). Die mittlere Spannung am Widerstand ist folglich 0 V. Das Oszillogramm erstreckt sich demnach — ausgehend von der Nullinie — ebensoweit nach oben wie nach unten. In Stellung 4 von S ist D_1 leitend, solange die Y-Spannung positiv ist. Während dieser Zeit fließt folglich ein Diodenstrom, der den Kondensator C lädt. Der Kondensator wird bis zu einer Spannung geladen, die genau dem oberen Niveau der Generatorspannung entspricht. An der Diode D_1 liegt dann eine Rechteckspannung, deren oberes Niveau 0 V beträgt. Die Maxima des Oszillogramms liegen also auf der Zeitlinie. In Stellung 5 ist D_2 leitend, solange die Y-Spannung negativ ist. Während dieser negativen Phase wird der Kondensator C vom Diodenstrom geladen. Die Kondensatorspannung nimmt dadurch den gleichen Wert an wie das untere Niveau der Generatorspannung. Das Oszillogramm liegt demzufolge mit seiner Unterseite genau auf der Zeitlinie.

3.78. Versuch 78: Torschaltungen

Versuchsaufbau

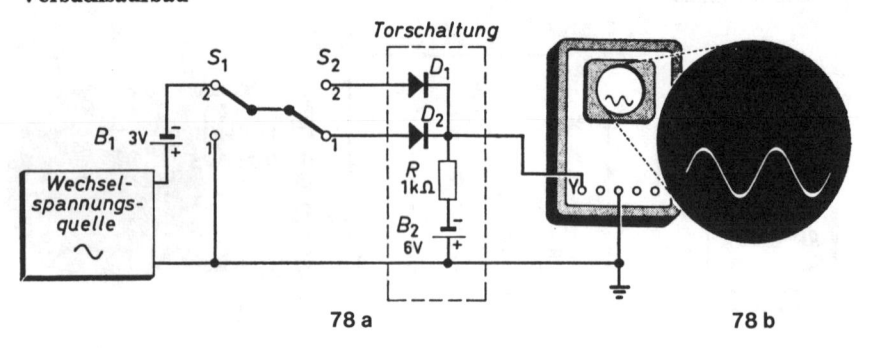

78 a 78 b

Anleitung

a. Schalter S_1 und S_2 in Stellung 1 bringen; Amplitude der Wechselspannungsquelle auf etwa 1,5 V einstellen, Frequenz 50 Hz; als Spannungsquelle dient ein Stelltrenntransformator oder ein NF-Generator mit Ausgangstransformator; D_1 und D_2 sind Schaltdioden
b. X-Kanal des Oszilloskops auf „INT", Y-Kanal auf „=" bzw. „DC" schalten; Y-Verschiebung so einstellen, daß die Zeitlinie in Schirmmitte liegt
c. Schalter S_1 in Stellung 2 bringen; Y-Verstärkung und Zeitmaßstab so einstellen, daß sich ein Oszillogramm gemäß Bild 78b ergibt; mit Netzfrequenz triggern
d. Punkt 2 von Schalter S_2 an Masse legen; das Signal ist nun gesperrt
e. Dioden D_1 und D_2 sowie Batterie B_2 umpolen; Schalter S_1 und S_2 in Stellung 1 bringen und Punkte b, c und d wiederholen; Resultate mit denen der obigen Schaltung vergleichen

Erklärung

Befinden sich beide Schalter S_1 und S_2 in Stellung 1, ist der Y-Eingang über die leitende Diode D_2 kurzgeschlossen; die Spannung von B_2 fällt vollständig an R ab. Die Linie gemäß Punkt b stellt also das Nullniveau dar. Unter Punkt c bleibt D_2 ständig leitend; die Spannung der Wechselkontakte ändert sich nämlich zwischen $-4,5$ und $-1,5$ V gegen Masse. Das Oszillogramm (Summe aus Spannung von B_1 und zugeführter Wechselspannung) ist dann eine Sinuskurve, deren Mittelwert 3 V unter der Zeitlinie (Nullniveau) liegt. Unter Punkt d verschwindet das Bild. Durch Verbindung des Kontakts 2 von Schalter S_2 wird der Y-Eingang kurzgeschlossen, weil sich D_1 in leitendem Zustand befindet. Gleichzeitig sperrt dann D_2, weil ihre Anodenspannung negativ ist. Legt man einen der Kontakte (Punkt 1 oder Punkt 2) von S_2 an Masse, während das Signal am anderen Punkt zugeführt wird, verschwindet das Signal am Y-Eingang; nach Vertauschen dieser Punkte erscheint es wieder. Unter Punkt e ist die mit Hilfe von S_2 eingeschaltete Diode D_2 ständig leitend. Es erscheint dann die Zeitlinie, sofern sich S_1 in Stellung 1 befindet. Die Gesamtspannung (Signal) erscheint, wenn sich S_1 in Stellung 2 befindet. Verbindet man die Katode der nicht eingeschalteten Diode D_1 mit Masse, liegt das Signal weiterhin am Y-Eingang, weil diese Diode dann ständig gesperrt ist.

3.79. Versuch 79: Abgleich eines Tastteilers für Oszilloskope

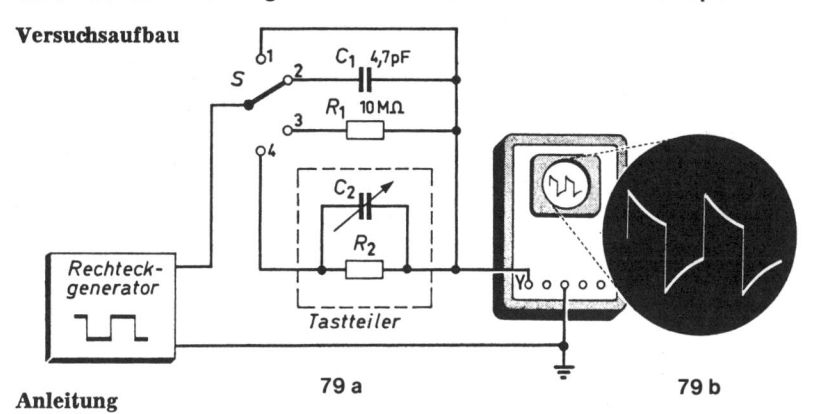

Versuchsaufbau

79 a 79 b

Anleitung

a. Generator auf maximale Ausgangsspannung, Wiederholungsfrequenz auf 10 kHz, Tastverhältnis auf 1:1 einstellen; als Meßobjekt vorzugsweise den jeweils zum Oszilloskop gehörigen Tastkopf (Tastteiler) verwenden; Schalter S in Stellung 2 bringen
b. X-Kanal des Oszilloskops auf „INT" schalten; Y-Verstärkung und Zeitmaßstab so einstellen, daß sich ein Oszillogramm gemäß Bild 79b ergibt
c. Oszillogramm studieren und nach Möglichkeit erklären
d. Schalter S in Stellung 3 bringen und Resultat mit dem Oszillogramm gemäß Punkt c vergleichen
e. Schalter S in Stellung 4 bringen; variablen Kondensator C_2 so einstellen, daß das Oszillogramm gute Rechteckwiedergabe zeigt; Abschwächung des Tastteilers ermitteln; hierzu nacheinander Höhe des Oszillogramms in Schalterstellung 1 und 4 messen

Erklärung

Unter Punkt c erscheint ein Oszillogramm, dessen Form dem Oszillogramm nach Versuch 36 ähnelt. Hier übernimmt der Eingangswiderstand des Y-Kanals die Rolle von R in Versuch 36. Das Oszillogramm gemäß Punkt d entspricht dem aus Versuch 37. Ferner übernimmt die Eingangskapazität des Y-Kanals die Rolle von C aus Versuch 37. Während unter Punkt c besonders die steilen Flanken der Rechteckspannung im Oszillogramm hervortreten, zeigt sich, daß diese unter Punkt d gerade fehlen. Folglich kann man das Oszillogramm auch in der Weise rechteckig gestalten, daß man die Rechteckspannung über eine geeignete Kombination aus Widerstand und Kapazität an den Y-Eingang leitet. Man hat dann sowohl die Schaltung gemäß Punkt c wie auch die elektrisch ergänzende Schaltung gemäß Punkt d vor sich. Im Tastteiler des Oszilloskops befindet sich eine solche RC-Kombination. Gleicht man C_2 auf den richtigen Wert ab, kann man also dem Oszillogramm die Form der zugeführten Spannung geben (Punkt e). Es entsteht dann eine Spannungsteilung im gleichen Verhältnis, als wären ausschließlich der Eingangswiderstand des Y-Kanals und R_2 wirksam. Ist C_2 zu klein, entspricht dies der Schaltung gemäß Punkt d; ist C_2 zu groß, herrscht der unter Punkt c gemessene Einfluß vor.

3.80. Versuch 80: Messungen an einem Koaxialkabel

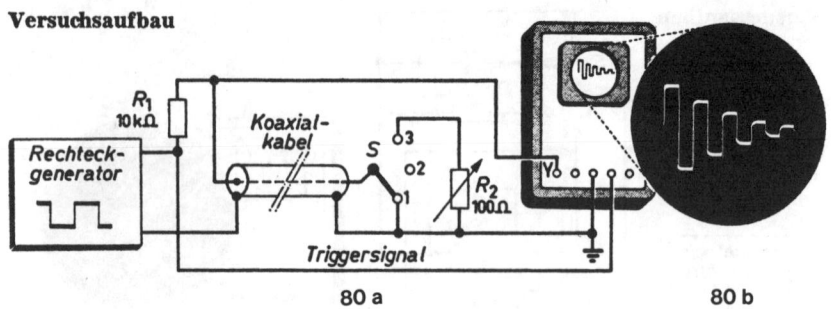

Versuchsaufbau

80 a

80 b

Anleitung

a. Rechteckspannung auf 10 V, Frequenz auf 100 kHz und Tastverhältnis auf 1:1 einstellen; Schalter S_1 in Stellung *1* bringen; Länge des Koaxialkabels 100 m, Wellenwiderstand 50, 60 oder 75 Ω
b. X-Kanal des Oszilloskops auf „INT" schalten und Zeitablenkung mit Generatorspannung extern triggern; Y-Verstärkung und Zeitmaßstab so einstellen, daß auf dem Leuchtschirm eine abklingende Impulskette entsprechend Bild 80b sichtbar wird
c. Abstand zwischen Nulldurchgängen messen und Meßresultat in einen Zeitwert umwandeln; hieraus die Fortpflanzungsgeschwindigkeit im Kabel berechnen
d. Schalter S in Stellung *2* bringen und resultierendes Oszillogramm studieren
e. Schalter S in Stellung *3* bringen und Widerstand R_2 so einstellen, daß sich ein einzelner scharfer Rechteckimpuls ergibt; zugehörigen Wert von R_2 messen

Erklärung

Speist man am Kabeleingang einen Strom ein, dringt dieser im Kabel immer weiter vor und setzt es fortschreitend unter Spannung: Im Kabel pflanzt sich eine „Energiefront" fort. Da einerseits der Strom durch einen Kurzschluß nicht behindert wird, aber andererseits die Spannung an einem Kurzschluß immer Null sein muß, wird der Strom im „positiven" Sinn und die Spannung im „negativen" Sinn reflektiert, sobald die Front das kurzgeschlossene Ende erreicht (Schalter S in Stellung *1*). Im Anschluß daran erfährt die zurücklaufende Welle am Eingang eine zweite Reflexion. Da der Eingang nahezu „offen" ist, erfolgt eine positive Spannungsreflexion und eine negative Stromreflexion. Auf diese Weise läuft die Energiefront ständig hin und her. Das Oszillogramm (Punkt b) ist also die Summe von abwechselnd positiven und negativen Rechteckspannungen, die gegeneinander etwas verzögert sind. Unter Punkt *d* sind diese Rechteckspannungen wegen der ausschließlich vorkommenden positiven Spannungsreflexion immer positiv; es entsteht dann ein stufenförmiges Oszillogramm. Wegen der auftretenden Verluste klingt die hin- und herlaufende Front allmählich ab, und demzufolge werden die Spannungssprünge im Oszillogramm immer kleiner. Die Fortpflanzungsgeschwindigkeit ist der Quotient aus der doppelten Kabellänge und der unter Punkt c gemessenen Verzögerungszeit. Hat R_2 einen bestimmten Wert (gleich dem Wellenwiderstand), nimmt er (Punkt *e*) die Energie vollständig auf; in diesem Fall tritt keine Reflexion auf.

3.81. Versuch 81: Messungen an einer Paralleldrahtleitung

Versuchsaufbau

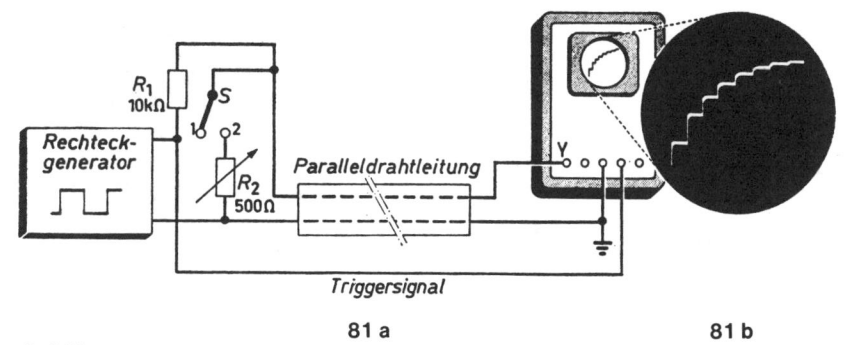

81 a 81 b

Anleitung

a. Generatorspannung auf 10 V, Frequenz auf 100 kHz, Tastverhältnis auf 1:1 einstellen, Schalter S in Stellung 1 bringen; Länge der Paralleldrahtleitung 100 m, Wellenwiderstand 150 oder 300 Ω (z. B. Fernseh-Bandkabel)
b. X-Kanal des Oszilloskops auf „INT" schalten und Zeitablenkung extern mit der Generatorspannung triggern; Y-Verstärkung und Zeitmaßstab so einstellen, daß sich ein treppenförmiges Oszillogramm gemäß Bild 81b ergibt
c. Oszillogramm studieren; Höhe zweier aufeinanderfolgender Stufen messen und versuchen, die Kabelverluste zum Ausdruck zu bringen
d. Schalter S in Stellung 2 bringen; Widerstand R_2 so einstellen, daß eine Rechteckspannung sichtbar wird; eingestellten Wert von R_2 mit Wellenwiderstand des Kabels vergleichen

Erklärung

Sowohl der Aufbau eines magnetischen Felds (mit Hilfe elektrischen Stroms) wie auch der eines elektrischen Felds (mit Hilfe einer Spannung) erfordert eine gewisse Zeit. Dies kommt in der endlichen Fortpflanzungsgeschwindigkeit des zu übertragenden Signals zum Ausdruck (Versuch 80). Einerseits setzen die Leiter des Kabels dem Strom einen gewissen Widerstand entgegen, andererseits ist die Isolation nicht ganz vollkommen. Die am Kabeleingang zugeführte Energie kann also nur zum Teil am Kabelausgang wieder entnommen werden; es tritt eine gewisse *Dämpfung* auf. Da der Kabeleingang und der Kabelausgang „offen" sind, findet stets eine positive Spannungsreflexion statt (Punkt b). Das Oszillogramm setzt sich also aus einer Folge positiver Rechteckspannungen zusammen, die gegeneinander etwas verschoben sind; dies ergibt ein Treppen-Oszillogramm. Die Höhendifferenz zwischen zwei aufeinanderfolgenden Stufen verkleinert sich mit der Treppenhöhe. Letzteres ist eine Folge der Dämpfung. Ein Maß für die Dämpfung ist der Quotient aus einem bestimmten Spannungssprung und dem ihm vorausgehenden Sprung. Stellt man R_2 (Punkt d) auf einen bestimmten Wert ein (Wellenwiderstand), gelangt nur die zugeführte Rechteckspannung an das Kabelende, weil das einmal reflektierte Signal völlig von R_2 absorbiert wird.

3.82. Versuch 82: Amplitudenmoduliertes Signal

Versuchsaufbau

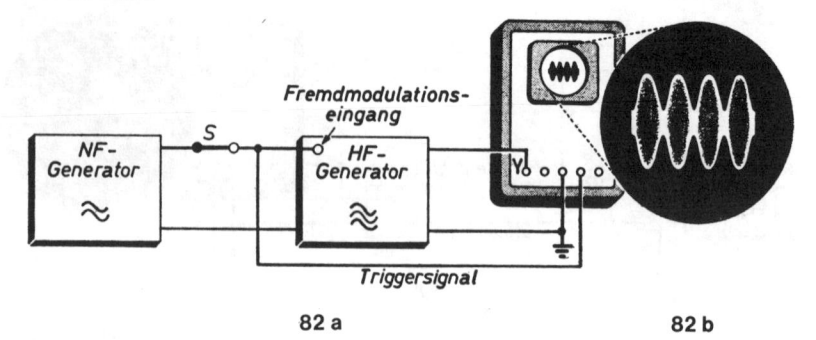

82 a   82 b

Anleitung

a. HF-Generator auf 500 kHz, maximale Ausgangsspannung und „AM" einstellen; NF-Generator auf 1 kHz; Schalter S öffnen
b. X-Kanal des Oszilloskops auf „INT" schalten; Y-Verstärkung auf gewünschte Bildhöhe einstellen; Zeitmaßstab so einstellen, daß nacheinander 1, 2, 3, ... usw. Sinusperioden erscheinen, die schließlich in eine leuchtende Fläche übergehen
c. Schalter S schließen; NF-Spannung und Zeitmaßstab so einstellen, daß sich ein Oszillogramm gemäß Bild 82b ergibt; Zeitablenkung extern mit NF-Spannung triggern
d. Oszillogramm studieren; größte und kleinste Höhe des Oszillogramms messen und hieraus Modulationsgrad berechnen
e. Frequenz und Amplitude des NF-Signals variieren und Resultat studieren

Erklärung

Die vom HF-Generator abgegebene Wechselspannung ist sinusförmig (Punkt b). Dann verändert man den Zeitmaßstab so, daß auf dem Schirm immer mehr Sinuswellen erscheinen. Diese können schließlich nicht mehr einzeln unterschieden werden und gehen daher in eine leuchtende Fläche über. Die Höhe des Oszillogramms entspricht der Amplitude des HF-Signals. Legt man nun das Signal des NF-Generators an den Fremdmodulationseingang des HF-Generators (Punkt c), liefert der HF-Generator eine Wechselspannung, deren Amplitude im Rhythmus der Frequenz des NF-Signals schwankt. Das HF-Signal (sogenannte Trägerwelle) wird vom NF-Signal amplitudenmoduliert. Hört man in einem Rundfunkempfänger einen Ton von gleichbleibender Höhe, sendet die betreffende Station ein solches amplitudenmoduliertes Signal aus. Die Tonhöhe entspricht dem Rhythmus, in dem sich die Amplitude des HF-Signals ändert. Die Lautstärke ist der prozentualen Änderung der HF-Signalamplitude proportional, d. h. sie entspricht dem *Modulationsgrad*. Gemessen wird der Modulationsgrad unter Punkt d. Er entspricht der Differenz zwischen Minimalwert und Maximalwert der Amplitude dividiert durch die Summe dieser beiden Werte.

3.83. Versuch 83: Demodulation eines AM-Signals

Versuchsaufbau

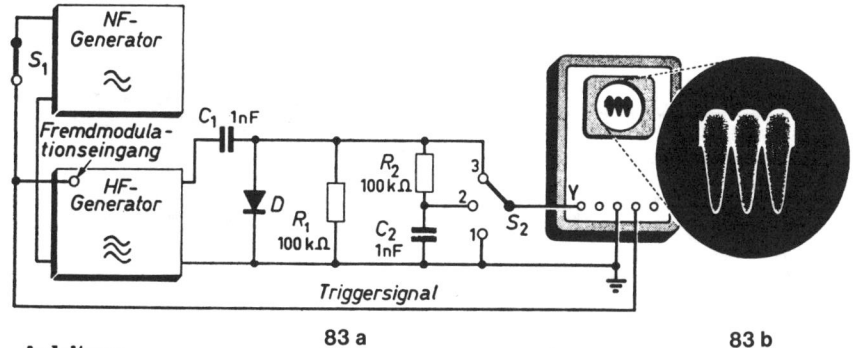

83 a 83 b

Anleitung

a. HF-Generator auf 500 kHz, maximale Ausgangsspannung und „AM" einstellen; NF-Generator auf 1 kHz; Schalter S_1 öffnen, Schalter S_2 in Stellung 1 bringen
b. X-Kanal des Oszilloskops auf „INT", Y-Kanal auf „$=$" bzw. „DC" schalten; Y-Verschiebung so einstellen, daß das Oszillogramm etwa 2 cm über Schirmmitte liegt
c. Schalter S_2 in Stellung 3 bringen; Y-Verstärkung und Zeitmaßstab so wählen, daß einige stillstehende Sinuswellen sichtbar werden
d. Schalter S_2 in Stellung 2 bringen. Wie erklärt man das jetzt entstehende Oszillogramm?
e. Schalter S_1 schließen und S_2 in Stellung 3 bringen; NF-Spannung und Zeitmaßstab so einstellen, daß sich ein Oszillogramm gemäß Bild 83b ergibt; mit NF-Spannung extern triggern
f. Schalter S_2 in Stellung 2 bringen. Welche Frequenz hat die Y-Spannung?

Erklärung

Der HF-Generator liefert eine unmodulierte Wechselspannung (Punkt c). Die Diode D leitet bei positiver Anodenspannung wesentlich besser als bei negativer. C_1 wird vom Diodenstrom bis zu einer Spannung aufgeladen, die der HF-Spannungsamplitude nahezu gleich ist. An der Diode D liegt hierbei eine sich sinusförmig verändernde Spannung, deren Maxima ein wenig über der Nullinie liegen (Punkt b). C_2 wird dadurch auf den Mittelwert der Diodenspannung geladen; die Y-Spannung (Punkt d) ist folglich eine negative Gleichspannung. Sowohl C_1 wie C_2 brauchen den größten Teil ihrer Ladung nur während einer Zeitspanne beizubehalten, die der Periodendauer des HF-Signals entspricht (2 µs). Über einen viel längeren Zeitraum betrachtet (1 ms), entlädt sich C_1 über R_1, während sich C_2 über R_2 entlädt. Ändert sich die Amplitude des HF-Signals (durch Modulation gemäß Punkt e), ändert sich sowohl die Gleichspannung an C_1 wie an C_2. Die Scheitelwerte der Diodenspannung bleiben annähernd auf der Nullinie; das Oszillogramm zeigt demzufolge eine „einseitig zusammengedrückte", modulierte HF-Spannung. Die Diode D legt die Spitzen der HF-Spannung auf etwa 0 V (Versuch 76). An C_2 steht dann eine sich im NF-Rhythmus ändernde Gleichspannung (Punkt f).

3.84. Versuch 84: Frequenzausgleich zweier HF-Signale

Versuchsaufbau

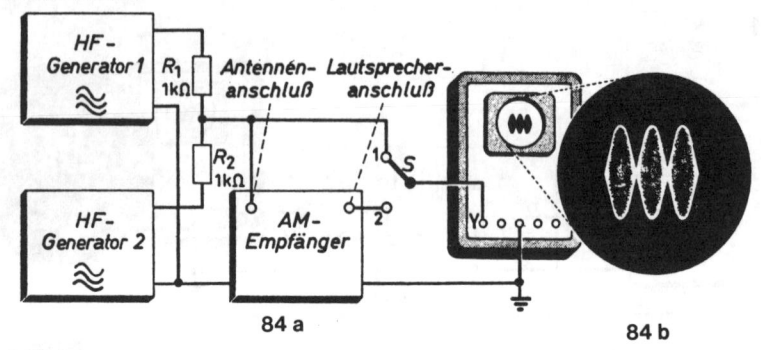

84 a   84 b

Anleitung

a. Frequenz beider HF-Signale auf 200 kHz und annähernd gleiche Amplitude einstellen, Schalter S in Stellung 1 bringen
b. X-Kanal des Oszilloskops auf „INT" schalten; Zeitmaßstab und Y-Verstärkung so einstellen, daß sich ein Oszillogramm gemäß Bild 84b ergibt
c. Amplitude eines Signals so weit verringern, daß Hüllkurve annähernd sinusförmig; Frequenz des anderen Signals so einstellen, daß Periodendauer der Hüllkurve etwa 0,5 ms
d. Schalter S in Stellung 2 bringen; Empfänger auf 200 kHz abstimmen und Lautstärkeeinsteller so weit aufdrehen, daß ein Ton hörbar wird; prüfen, ob Periodendauer 0,5 ms
e. Frequenz eines Signals verändern; Resultat akustisch und optisch beobachten

Erklärung

Die Spannung am Verbindungspunkt von R_1 und R_2 (halbe Summe beider Generatorspannungen) hat nur dann eine konstante Amplitude, wenn die Frequenz des einen HF-Signals mit der anderen genau übereinstimmt. In der Praxis ist dies nicht der Fall. Als Summensignal ergibt sich eine HF-Schwebung (Versuch 18). Ist die Amplitude des einen Signals beispielsweise das Fünffache des anderen und ist die Frequenzdifferenz klein (beispielsweise 2 kHz), ergibt sich als Summenspannung eine HF-Spannung, deren Amplitude sich annähernd sinusförmig im Rhythmus der Differenz beider Signalfrequenzen ändert (Punkt c). Die Frequenz dieses Summensignals ist nicht konstant, sondern schwankt ein wenig; sie ist im Mittel gleich der halben Summe beider Signalfrequenzen. In einem Rundfunkempfänger, der auf diese mittlere Frequenz abgestimmt wird (Punkt d), wird dieses Signal verstärkt und gelangt dann in eine Schaltung, die die Amplitudenänderung in eine veränderliche Gleichspannung umwandelt (beispielsweise gemäß Versuch 83). Ein Kondensator sperrt den eigentlichen Gleichspannungsanteil und läßt nur die Spannungsschwankungen passieren. Diese werden verstärkt und dem Lautsprecher zugeführt. Man hört dann einen Ton, dessen Frequenz gleich der Differenzfrequenz beider HF-Signale ist.

3.85. Versuch 85: Schwinggeschwindigkeit, Schwingweg und Beschleunigung

Versuchsaufbau

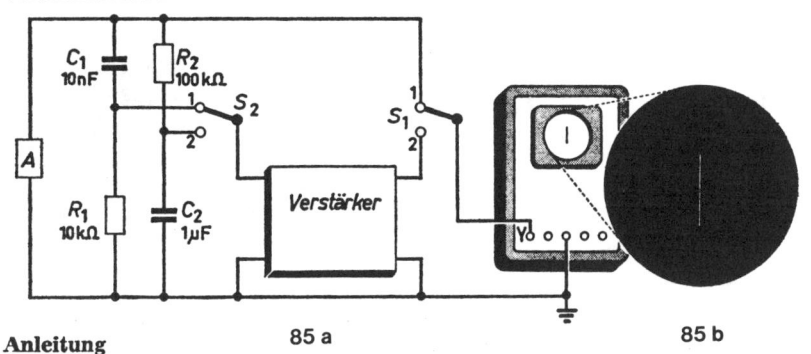

85 a   85 b

Anleitung

a. Elektrodynamischen oder elektromagnetischen Schwingungsaufnehmer A an einer vibrierenden Maschine oder dgl. befestigen; Aufnehmerempfindlichkeit 10 mV/mm/s; Filter für Schwingungen zwischen 10 Hz und 200 Hz berechnet
b. X-Kanal auf „EXT" schalten; Schalter S_1 in Stellung 1 bringen; Y-Verstärkung so einstellen, daß auf dem Bildschirm eine Linie gut meßbarer Länge erscheint (Bild 85b)
c. Länge der Linie messen und in einen entsprechenden Spannungswert umwandeln; hieraus maximale Geschwindigkeit bestimmen, mit der sich der schwingende Körper periodisch verlagert
d. Schalter S_2 in Stellung 2 bringen; aus der Bildhöhe den maximalen Schwingweg bestimmen
e. Schalter S_1 in Stellung 2, Schalter S_2 in Stellung 1 bringen; Bildhöhe messen und in einen entsprechenden Spannungswert umwandeln; hieraus die maximale Beschleunigung berechnen

Erklärung

Die Aufnehmerspannung ist der Schwinggeschwindigkeit proportional. Bei der unter a angegebenen Empfindlichkeit findet man die Geschwindigkeit in Millimeter je Sekunde, wenn man die Y-Spannung (Schalter S_1 in Stellung 1) in Millivolt durch 10 dividiert (Punkt c). Diese Spannung ist für Schwingungen mit einer Frequenz unterhalb 200 Hz im Vergleich zur Spannung an C_1 klein. Der Strom durch R_2-C_2 ist der Aufnehmerspannung proportional. Die Spannung an C_2 (dem Produkt aus Strom und Zeit proportional) ist dann dem Produkt aus Aufnehmerspannung (Geschwindigkeit) und Zeit — d. h. dem Schwingweg — proportional. Bei den benutzten Werten von R_2 und C_2 ist der Schwingweg in Zentimeter gleich der Spannung an C_2 in Volt. Ist die Verstärkung bekannt, läßt sich also aus der Bildhöhe der Schwingweg ermitteln (Punkt d). Der Strom durch R_1-C_1 (und damit die Spannung an R_1) ist dann praktisch der Aufnehmer-Spannungsänderung je Quadrat der Zeiteinheit — d. h. der Beschleunigung — proportional. Bei den benutzten Werten von R_1 und C_1 ist die Beschleunigung, ausgedrückt in Meter je Sekundequadrat, gleich der Spannung an R_1 in Millivolt. Ist die Verstärkung bekannt, kann man also aus der Bildhöhe die Beschleunigung ermitteln (Punkt e). Die an C_2 liegende Spannung ist im Vergleich zu der an R_2 abfallenden Spannung für Frequenzen über 10 Hz klein.

3.86. Versuch 86: Ermittlung von Schwingungsknoten und -bäuchen einer Saite

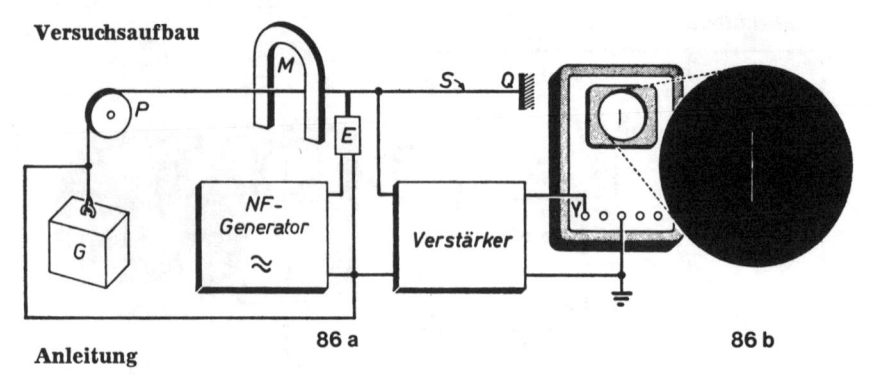

Versuchsaufbau

86 a 86 b

Anleitung

a. Stahldraht S (Durchmesser 1 mm, Länge P—Q = 50 cm) ist im Punkt Q fest eingespannt und wird über eine Rolle P durch eine Masse G von 25 kg gespannt; S wird mit Hilfe eines Schwingungserregers E in Schwingungen versetzt, Speisung aus geeignetem NF-Generator; S kann frei zwischen den Polen des Magneten M schwingen
b. X-Kanal des Oszilloskops auf „EXT" schalten; Frequenz des NF-Generators auf den niedrigsten Wert einstellen, bei dem die Höhe des Oszillogramms maximal ist (Bild 86b); nötigenfalls Y-Verstärkung nachstellen
c. Magnet M nach links, rechts und wieder in die Ausgangsposition; Punkt(e) markieren, bei dem (denen) sich größte bzw. kleinste Bildhöhe ergibt
d. Frequenz erhöhen, bis Stahldraht S abermals in Schwingungen gerät; Punkt c wiederholen

Erklärung

Der Stahldraht S (Saite) gerät in Schwingungen (gibt seinen „Grundton" ab), wenn die Frequenz des Erregerstroms von E einen ganz bestimmten Wert hat. Beträgt die zur Spannung des Drahts dienende Masse G = 25 kg, der Abstand P—Q = 50 cm und der Drahtdurchmesser 1 mm, ist die Grundfrequenz etwa 200 Hz. Es entstehen dann bei P und Q Schwingungsknoten und in der Mitte dazwischen ein Schwingungsbauch (Versuch 14). Der Stahldraht befindet sich teilweise in einem Magnetfeld, so daß auf der vom Feld durchfluteten Länge eine EMK erzeugt wird, sobald die Saite schwingt (Versuch 8). Diese EMK ist jeweils dann am größten, wenn sich der Magnet M an denjenigen Stellen befindet, an denen die Schwingungsweite des Stahldrahts S am größten ist. Die Bildhöhe ist also maximal, wenn sich der Magnet M in der Mitte zwischen P und Q befindet (Punkt c). Erhöht man allmählich die Frequenz des Erregerstroms (Punkt d), gerät der Stahldraht nur dann in merkliche Schwingungen, wenn die Erregerstromfrequenz ein ganzzahliges Vielfaches der Grundfrequenz ist. So findet man bei einem Erregerstrom, dessen Frequenz der doppelten Grundfrequenz entspricht, einen Knoten in der Mitte zwischen P und Q. Bringt man den Magneten M an diese Stelle, ist die erzeugte EMK (d. h. die Höhe des Oszillogramms) minimal.

3.87. Versuch 87: Messungen mit einem Dehnungsmeßstreifen

Versuchsaufbau

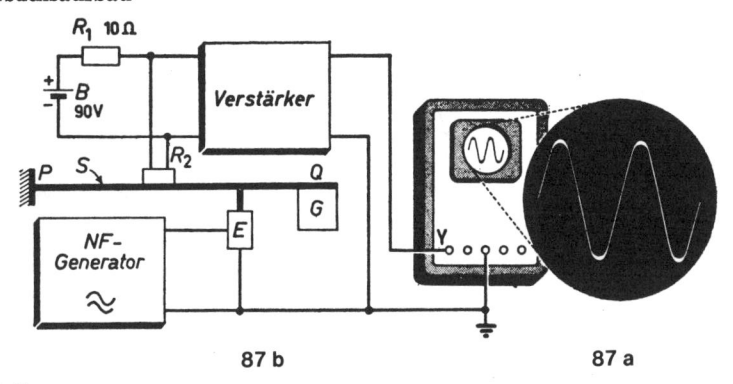

87 b   87 a

Anleitung

a. Die horizontal angeordnete Blattfeder S (100 × 10 × 1 mm³) ist im Punkt P fest eingespannt und im Punkt Q mit einer Masse G von 200 g belastet. Wie groß ist die Durchbiegung bei Q?
b. Dehnungsmeßstreifen R_2 entsprechend Angaben des Herstellers auf Blattfeder S kleben; S in vertikaler Richtung mit Hilfe des Schwingungserregers E in Schwingungen versetzen
c. X-Kanal des Oszilloskops auf „INT" schalten; Frequenz des NF-Generators um 16 Hz herum so einstellen, daß sich eine maximale Bildhöhe ergibt
d. Y-Verstärkung und Zeitmaßstab so einstellen, daß ein Oszillogramm gemäß Bild 87b entsteht; Periodendauer der Schwingungen messen
e. Masse G auf die Hälfte reduzieren; Punkte a, b, c und d mit Ausnahme der Anbringung eines Dehnungsmeßstreifens (R_2) wiederholen
f. Blattfeder S kürzer einspannen; Punkte a, b, c und d nochmals wiederholen

Erklärung

Die belastete Blattfeder S wird vom Schwingungserreger E angestoßen. Die Oberfläche erfährt dann im Schwingungsrhythmus abwechselnd Stauchungen und Dehnungen, die dem aufgeklebten Dehnungsmeßstreifen R_2 mitgeteilt werden, so daß entsprechende Widerstandsänderungen entstehen. Diese werden mit Hilfe der Batterie B und des Widerstands R_1 in Spannungsänderungen umgewandelt und dem Y-Eingang zugeführt. Die Eigenfrequenz der Blattfeder S (Versuch 13) hängt von der (elastischen) Rückstellkraft ab, die bestrebt ist, den Ruhezustand wiederherzustellen; diese Rückstellkraft ist der Auslenkung aus der Ruhelage proportional. Wie sich herausstellt, ist das Quadrat der Schwingungsdauer (in Sekunden) gleich dem Vierfachen der unter Punkt a gemessenen Auslenkung (in Meter). Biegt sich die Blattfeder S beispielsweise 1 mm durch, findet man eine Schwingungsdauer von etwa 0,063 s. Die Eigenfrequenz der belasteten Feder ist dann $1/0{,}063 \approx 16$ Hz. Belastet man die Feder mit der halben ursprünglichen Masse (Punkt e), ist die Durchbiegung bei gleicher Federlänge nur halb so groß. Die Eigenfrequenz wird dann doppelt so hoch. Ist die Auslenkung (Punkt a) zu gering um die genaue Messung zu gestatten, vergrößert man die Masse auf das n-fache, bis eine besser meßbare Auslenkung entsteht. Sinngemäß gilt, daß die Auslenkung bei n-fach verkleinerter Masse das 1/n-fache beträgt. Unter Punkt f ist die Eigenfrequenz erhöht, weil sich die verkürzte Blattfeder S weniger durchbiegt.

3.88. Versuch 88: Einfacher Sägezahngenerator

Versuchsaufbau

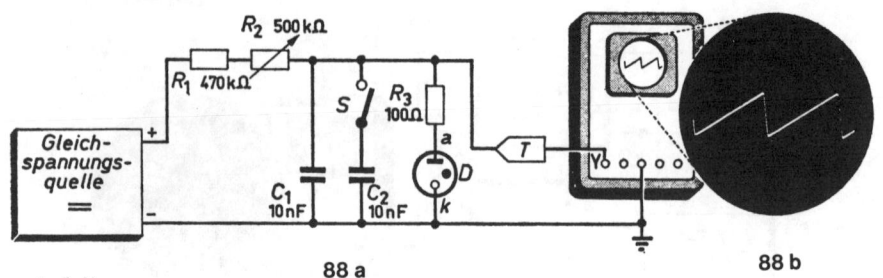

88 a 88 b

Anleitung

a. Als Gasdiode D einen Typ wählen, der normalerweise als Spannungsstabilisatorröhre Verwendung findet; Gleichspannungsquelle auf 0 V einstellen; Schalter S öffnen und Widerstand R_2 auf Maximalwert einstellen. Zwischen Y-Eingang und Meßpunkt einen Tastteiler T einfügen

b. X-Kanal des Oszilloskops auf „INT" schalten; Gleichspannung langsam erhöhen, bis auf dem Bildschirm ein periodisch verlaufender Vorgang sichtbar wird (begleitet von Lichterscheinungen in der Diode D); Y-Verstärkung und Zeitmaßstab so einstellen, daß ein deutliches *Sägezahn*-Oszillogramm entsprechend Bild 88b entsteht

c. Bildhöhe messen und daraus entsprechenden Spannungswert bestimmen

d. Veränderungen des Oszillogramms beobachten, wenn Widerstand R_2 verkleinert, eingestellte Gleichspannung erhöht bzw. Schalter S geschlossen wird

Erklärung

Die Kennlinie gemäß Versuch 31 zeigt, daß nahezu kein Diodenstrom fließt, wenn die Gasdiode D gelöscht ist, und daß die Zündspannung höher als die Brenn- und Löschspannung ist. Der Kondensator C_1 zeigt das Bestreben, sich über R_1 und R_2 bis zur Speisespannung aufzuladen. Folglich steigt die Y-Spannung allmählich an und erreicht schließlich die Zündspannung der Gasdiode D. Diese zündet und stellt sich auf die niedrigste Brennspannung ein. Der Diodenstrom wird nur durch einen kleinen Widerstand begrenzt und ist dementsprechend groß. Dadurch sinkt die Y-Spannung schnell bis zur Löschspannung ab. Die Gasdiode D verlischt, der Kondensator C_1 wird erneut geladen, die Gasdiode D zündet abermals usw. (Punkt b). Die Ladung erfolgt über einen großen Widerstand, die Entladung über einen kleinen. Die Y-Spannung nimmt also stets *langsam* zu und *schnell* wieder *ab*. Die Amplitude des „Sägezahns" (Bildhöhe) hängt ausschließlich von der Differenz zwischen Zünd- und Löschspannung ab (Punkt c). Ist R_2 kleiner, wird der Kondensator C_1 schneller geladen (Punkt d). Wird C_2 parallelgeschaltet, erfolgt die Ladung weniger schnell. Der ansteigende Teil des Oszillogramms wird im ersteren Fall kürzer, im letzteren Fall länger. Bei einer höheren Gleichspannung ist der Ladestrom größer; die Ladezeit ist demzufolge kürzer, die Sägezahnfrequenz höher. Außerdem führt eine höhere Gleichspannung zur Verbesserung des Sägezahnanstiegs, der bei niedrigen Werten der Gleichspannung gekrümmt verläuft.

3.89. Versuch 89: Einfacher Impulsgenerator

Versuchsaufbau

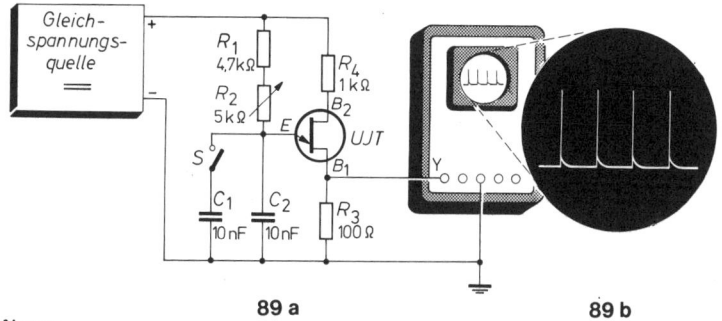

89 a   89 b

Anleitung

a. Der Unijunctiontransistor (UJT) ist ein N-Typ; Gleichspannungsquelle auf 10 V einstellen; Schalter S öffnen und Widerstand R_2 auf Maximalwert einstellen
b. X-Ablenkung auf „INT" schalten; Zeitmaßstab und Y-Verstärkung so einstellen, daß ein *impulsförmiges* Oszillogramm gemäß Bild 89b entsteht; für diesen Versuch ist eine große Bildhelligkeit erforderlich
c. Spannung über dem Kondensator C_2 sichtbar machen und Spannungsverlauf erklären
d. Y-Kanal erneut mit B_1 des Unijunctiontransistors verbinden und das Oszillogramm in Beziehung zu dem Oszillogramm unter Punkt c setzen
e. Widerstand R_2 vom Maximalwert auf den Minimalwert stellen; Schalter S schließen und den Wert von R_2 nochmals variieren. Welche Veränderungen ergeben sich im Oszillogramm?

Erklärung

In Versuch 32 wurde die Charakteristik eines Unijunctiontransistors dargestellt. Bei leitendem PN-Übergang ist der Widerstand der Basisstrecke kleiner als bei gesperrtem PN-Übergang. In einer Schaltung ist daher bei leitendem PN-Übergang die Spannung zwischen Emitter E und Basis B_1 kleiner und der Strom durch B_1 größer als bei gesperrtem PN-Übergang. Diesen Spannungsunterschied nutzt man aus, um einen „Sägezahn" zu erzeugen (Punkt c). Die Spannung über dem Kondensator C_2 steigt dem Ladestrom entsprechend, der durch die Widerstände R_1 und R_2 fließt. Während des Ladens ist der Emitter stromlos, und durch den Widerstand R_3 fließt nur ein kleiner Reststrom (horizontale Teile des Oszillogramms). Die steigende Spannung über dem Kondensator C_2 erreicht schließlich einen Wert, bei dem der PN-Übergang leitend wird. Der jetzt fließende Emitterstrom wird lediglich durch den (kleinen) inneren Basiswiderstand des Unijunctiontransistors und den in Serie liegenden Widerstand R_3 begrenzt. Der Entladestrom ist daher viel größer als der Ladestrom des Kondensators C_2 und nur von kurzer Dauer (Impulse im Oszillogramm). Der kurzfristige Entladestrom bringt jedesmal die Spannung über dem Kondensator C_2 soweit zurück, daß der PN-Übergang sperrt und ein neuer Zyklus beginnen kann. Bei größerem Kondensator sowie bei größerem Widerstand R_2 dauert ein Ladezyklus länger (Punkt e), so daß die Impulsfrequenz abnimmt.

3.90. Versuch 90: Rechteckgenerator mit einem Operationsverstärker

Versuchsaufbau

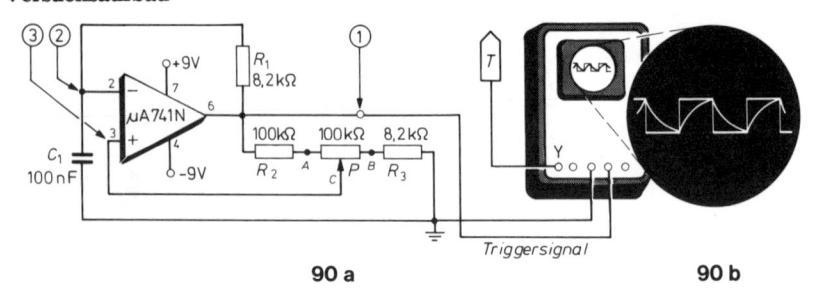

90 a   90 b

Anleitung

a. Tastkopf I an Punkt ① des Generators. Y-Eingang zunächst auf „GND" und Empfindlichkeit auf 2 V/Teil (Tastkopf beachten) stellen. Strahl auf Schirmmitte bringen und danach den Eingang auf „DC" umschalten

b. Die Zeitablenkung des X-Kanals auf 0,5 ms/Teil einstellen und extern triggern, dabei zunächst das Potentiometer P auf den Anschlag A stellen. Periodendauer und Tastverhältnis des Rechtecksignals bestimmen

c. Tastkopf wechselweise an die Punkte ② und ③ legen oder, wenn ein Zweikanal-Oszilloskop vorhanden, Signale an den Punkten ② und ③ gleichzeitig abbilden

d. Potentiometer P langsam von A nach B stellen und Signale an ①, ② und ③ beobachten

e. Eine der beiden Betriebsspannungen, z. B. + 9 V verkleinern und Signale an ① und ② beobachten

Erklärung

Die Schaltung liefert ein massesymmetrisches Rechtecksignal. Die Frequenz kann mit dem Potentiometer auf Werte zwischen 500 Hz und 5 kHz eingestellt werden (Versuch d). Die Funktion der Schaltung läßt sich wie folgt erklären:

Betrachten wir den Verlauf der Signale, beginnend mit dem Zeitpunkt, zu dem der Ausweg des Operationsverstärkers (MP ①) gerade auf die positive Halbwelle umschaltet. Die Spannung am nichtinvertierenden Eingang des Operationsverstärkers macht damit auch einen positiven Sprung. Hierdurch bleibt der Ausgang zunächst stabil „HIGH". Über den Widerstand R_1 wird der Kondensator C_1 umgeladen, und das Potential am invertierenden Eingang des Operationsverstärkers (MP ②) steigt exponentiell an. Erreicht dieses Potential den Wert von MP ③, so beginnt der Ausgang (MP ①) und damit auch der nichtinvertierende Eingang negativ zu werden. Diese Mitkopplung führt zur sofortigen, vollständigen Umschaltung des Verstärkers. Während der invertierende Eingang (MP ②) noch positiv ist, sind Ausgang (MP ①) und nichtinvertierender Eingang jetzt negativ. Dieser Zustand ist zunächst stabil, der Verstärker ist übersteuert. Über den Widerstand R_1 wird nun der Kondensator wieder umgeladen, und das Potential am Eingang ② ändert sich jetzt in negativer Richtung, bis der Eingang ② das Potential von Eingang ③ erreicht. Beim Erreichen des Potentials wird der Verstärker wieder aktiv und schaltet wieder um. Die Vorgänge laufen jetzt weiter ab, wie schon beschrieben. Mit dem Potentiometer P wird die Amplitude des Rechtecksignals eingestellt, welches am Eingang ③ als periodisch umgeschaltetes Referenzsignal wirkt. Es bestimmt damit auch die Amplitude des Signals am Kondensator C_1 (Versuch c). Da die Änderungsgeschwindigkeit der Spannung am Kondensator C_1 unabhängig von der Einstellung des Potentiometers ist, wird bei der größten Amplitude des Rechtecksignals die größte Periodendauer und damit die kleinste Frequenz auftreten (Potentiometerabgriff C an A). Wird die Amplitude der Rechteckspannung an ③ verkleinert durch Stellung des Potentiometerabgriffs C in Richtung B, so sind die entsprechenden Umladezeiten kürzer und die Frequenz entsprechend höher. Der Umladestrom durch den Widerstand R_1 ist proportional dem Spannungsunterschied zwischen MP ① und MP ② (Versuch e). Wird eine Versorgungsspannung extrem verkleinert (z. B. + 9 V auf + 2 V), so ist damit auch der Umladestrom in positiver Richtung sehr viel kleiner als in negativer Richtung. Das führt zu ungleichen Umladezeiten und damit zu einem unsymmetrischen Tastverhältnis der Rechteckausgangsspannung.

3.91. Versuch 91: Rechteckgenerator mit einer Logikschaltung

Versuchsaufbau

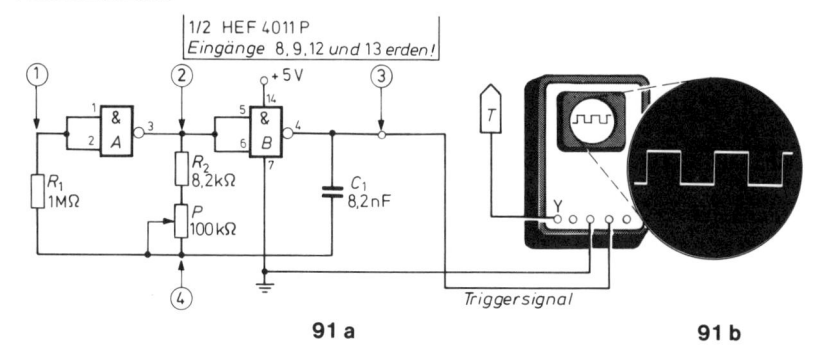

91 a 91 b

Anleitung

a. X-Kanal des Oszilloskops auf „INT", Zeitablenkung auf 0,5 ms/Teil und extern triggern. Y-Eingang zunächst auf „GND", Empfindlichkeit auf 2 V/Teil stellen (Tastkopf beachten) und Strich auf eine Rasterlinie unter die Mittellinie justieren. Danach auf „DC" umschalten
b. Potentiometer P auf den Maximalwert (unterer Anschlag) stellen, nacheinander die Punkte ①, ②, ③ und ④ abtasten und Signale deuten
c. Potentiometer nach kleineren Werten verändern, eventuell Zeitablenkung nachstellen und Signale beobachten

Erklärung

Die beiden Gatter A und B der Logikschaltung HEF 4011 P werden als Inverter verwendet. Zur Erklärung der Funktion sei angenommen, der Umschaltpunkt der Gatter läge bei der halben Versorgungsspannung, und der Punkt ① hätte gerade diesen Pegel überschritten. Das Gatter A liefert an seinem Ausgang, Punkt ②, ein LOW-Signal (0 V), was den Ausgang des Gatters B, Punkt ③, auf HIGH (5 V) bringt. Dieser positive Spannungssprung überträgt sich über den Kondensator C_1 und den Widerstand R_1 auf die Eingänge des Gatters A. Damit besteht zunächst ein stabiler Zustand. Da Punkt ② jetzt Massepotential hat, fließt ein Strom durch R_2 und P. Der Kondensator C_1 wird umgeladen, und das Potential an Punkt ④ und damit auch an Punkt ① ändert sich in negativer Richtung. Dieser Vorgang hält solange an, bis der Punkt ① die Hälfte der halben Versorgungsspannung unterschreitet und das Gatter A wieder umschaltet. An ② tritt ein positiver und an ③ ein negativer Sprung von 5 V auf. Der negative Sprung überträgt sich wieder über C_1 und R_1 nach ①, womit der zweite stabile Zustand erreicht ist. Da der Kondensator im Umschaltmoment noch auf eine Spannung von 2,5 V aufgeladen ist, tritt beim Umschalten von Punkt ③ nach LOW am Punkt ④ im ersten Moment eine Spannung von −2,5 V gegenüber Masse auf. Der Widerstand R_1 verhindert eine Belastung des Punktes ④ durch die Eingangsschutzdioden des Gatters A. Bedingt durch den HIGH-Pegel, der nun am Punkt ② anliegt, führen die Widerstände R_2 und P einen Umladestrom umgekehrter Polarität, so daß das Potential am Punkt ④ wieder ansteigt. Beim Erreichen des Wertes +2,5 V ist wieder der Umschaltpunkt erreicht, mit dem die Beschreibung beginnen wurde. Auch jetzt erfolgt ein Sprung mit der Amplitude von 5 V, so daß die Spannung am Punkt ④ von +2,5 V auf +7,5 V springt. Auch hier bewirkt R_1 eine Strombegrenzung. Wegen der Hochohmigkeit dieser Schaltung ist für die Messung ein Tastkopf mit mindestens 10 MΩ Eingangswiderstand zu empfehlen.

Hinweis: Früher verwendetes Symbol für NAND-Glied

3.92. Versuch 92: Erzeugung von Nadelimpulsen mit einer Logikschaltung

Versuchsaufbau

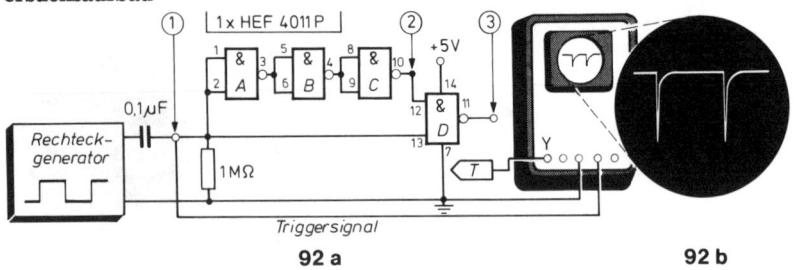

92 a   **92 b**

Anleitung

a. Rechteckgenerator auf eine Amplitude von $U_{ss} = 5$ V und eine Frequenz von 0,5 MHz einstellen. Wenn ein Generator mit einem „Logikpegel-Ausgang" verwendet wird, kann der Kondensator entfallen. Die Anstiegszeit sollte weniger als 30 ns betragen
b. X-Kanal des Oszilloskops auf „INT", Zeitablenkung auf 1 µs/Teil und extern auf die positive Flanke triggern. Y-Eingang zunächst auf „GND", Empfindlichkeit auf 2 V/Teil stellen (Tastkopf beachten) und Strich auf die zweite Rasterlinie von unten justieren. Danach auf „DC" umschalten
c. Nacheinander die Punkte ①, ② und ③ abtasten und Signale deuten
d. Zeitablenkung so verändern, daß die Impulsbreite an ③ abgelesen werden kann (z. B. 0,2 µs/Teil oder kleiner)
e. Einstellung wie d und Frequenz des Rechteckgenerators ändern

Erklärung

Die Schaltung wurde mit dem Logikbaustein „Vierfach-Nandgatter" HEF 4011 P aufgebaut. Die drei Gatter A, B und C werden als Inverter betrieben. Das Gatter D arbeitet als logische Verknüpfung zwischen den Signalen ① und ②. Es ergibt sich folgende Wahrheitstabelle:

Logischer Zustand	Eingänge ①	②	Ausgang ③
1	HIGH	HIGH	LOW
2	LOW	HIGH	HIGH
3	HIGH	LOW	HIGH
4	LOW	LOW	HIGH

Betrachtet man die Schaltung statisch, so können nur die logischen Zustände 2 und 3 auftreten, weil das Signal am Punkt ② stets gegenphasig zum Signal ① ist. Damit bleibt, unabhängig vom logischen Pegel am Eingang, der Ausgang ③ stets HIGH. In der Praxis jedoch erfolgt der Signalwechsel am Ausgang eines Gatters etwas verzögert gegenüber dem Signalwechsel am Eingang. Dieser Effekt wird hier ausgenutzt. Betrachten wir einen Zeitpunkt, zu dem das Eingangssignal ① LOW ist. Das Signal an ② ist dann HIGH. Das entspricht dem logischen Zustand 2 in der Wahrheitstabelle. Wechselt nun das Signal am Eingang ① nach HIGH, so bleibt durch die Verzögerungszeiten das Signal am Punkt ② noch für einige zehn Nanosekunden HIGH und es liegt für diese kurze Zeit der logische Zustand 1 (Ausgang LOW) vor. Danach wechselt auch das Signal an ② auf LOW und der logische Zustand 3 liegt vor. Nach der negativen Flanke des Eingangssignals liegt wiederum sehr kurzzeitig der logische Zustand 4 vor, was aber zu keiner Signaländerung am Ausgang führt. Es treten also kurze Nadelimpulse am Ausgang auf, immer nachdem die Polarität des Eingangssignals von LOW nach HIGH gewechselt hat (Versuch c). Die Impulsbreite entspricht der Summe der Laufzeiten der Gatter A, B und C und beträgt je nach Exemplarstreuungen und Leitungsführung im Aufbau 30 bis 300 ns (Versuch d). Da die Impulszeit nur von Laufzeiten abhängt, ist sie unabhängig von der Eingangsfrequenz (Versuch e). Bei tiefen Frequenzen treten also extreme Tastverhältnisse auf. Daher der Name „Nadelimpulse" oder auch „Spikes".

Hinweis: Früher verwendetes Symbol für NAND-Glied

3.93. Versuch 93: Quarzoszillator mit einer Logikschaltung

Versuchsaufbau

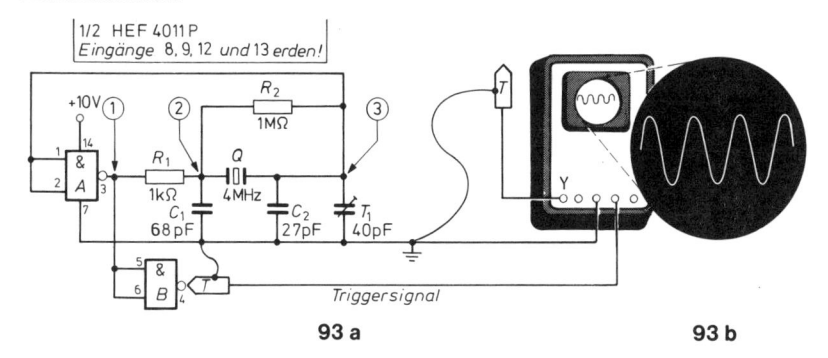

93 a 93 b

Anleitung

a. X-Kanal des Oszilloskops auf „INT", Zeitablenkung auf 200 ns/Teil und extern triggern. Y-Eingang zunächst auf „GND", Empfindlichkeit auf 2 V/Teil stellen (Tastkopf 10 : 1 verwenden) und Strich auf die erste Rasterlinie von unten justieren. Danach auf „DC" umschalten.
b. Signale an den Punkten ①, ② und ③ untersuchen

Erklärung

Der Oszillator arbeitet allein mit dem Gatter A der Logikschaltung HEF 4011 P. Das Gatter B dient nur der Entkopplung für die Triggerung. Zur Triggerung sollte auch ein Tastkopf mit geringer Eingangskapazität (10 : 1) verwendet werden. Das Gatter A arbeitet als Inverter. Das Ausgangssignal ① wird über den Widerstand R_1 auf den Eingang des Quarzfilters ② gegeben. Das Quarzfilter stellt eine π-Schaltung des Quarzes Q mit den Kondensatoren C_1, C_2 und T_1 dar. Mit T_1 kann die genaue Frequenz eingestellt werden. Der Quarz schwingt knapp oberhalb seiner Serienresonanzfrequenz im induktiven Bereich. Die Phasendrehung des Filters beträgt bei dieser Frequenz 180°. Das Ausgangssignal ③ des Filters wird auf den Eingang des Inverters gegeben. Der Inverter „dreht" die Phase um 180° zurück, so daß das Quarzfilter entdämpft wird und die Schaltung „schwingt". Der Widerstand R_1 entkoppelt das Quarzfilter von dem niederohmigen Ausgang des Gatters. So werden Spitzenstromüberlastungen der Ausgangstransistoren vermieden und die Eigenschaften des Quarzfilters durch Streuungen des Ausgangswiderstandes des Gatters nur unwesentlich beeinflußt. R_2 bewirkt eine Gleichstromgegenkopplung zur Stabilisierung des Arbeitspunktes. Anstatt 4 MHz können auch andere Quarzfrequenzen verwendet werden.

Hinweis: Früher verwendetes Symbol für NAND-Glied

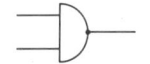

3.94. Versuch 94: Phasendifferenz zweier Sinusspannungen

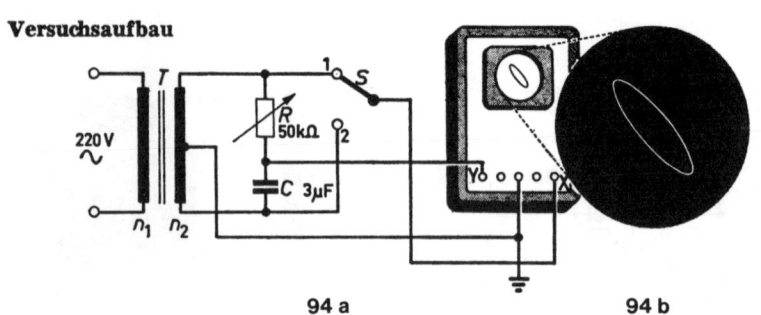

Versuchsaufbau

94 a 94 b

Anleitung

a. T ist ein Netztransformator (beispielsweise Heiztransformator mit Mittelanzapfung), Übersetzungsverhältnis $n_1 : n_2 \approx 30 : 1$; Widerstand R auf Maximalwert einstellen und Schalter S in Stellung *1* bringen
b. X-Kanal des Oszilloskops auf „EXT" schalten; X- und Y-Verstärkung so einstellen, daß ein Oszillogramm mit hinreichend großen Abmessungen erscheint
c. Widerstand R so einstellen, daß die Höhe des Oszillogramms in der Mitte die Hälfte der Gesamthöhe beträgt (Bild 94b). Wie groß ist jetzt der Phasenunterschied zwischen X- und Y-Spannung?
d. Widerstand R auf einige andere Werte einstellen und jeweils auftretende Phasendifferenzen bestimmen
e. Schalter S in Stellung *2* bringen und Punkt c und d wiederholen; Oszillogramme und Meßresultate mit denen für Stellung *1* von Schalter S vergleichen

Erklärung

Ist der Widerstand R auf Null eingestellt (S in Stellung *1*), sind X- und Y-Spannung einander gleich. Auf dem Bildschirm erscheint eine von rechts oben nach links unten gerichtete Gerade. Ist R auf seinen Maximalwert eingestellt, sind auch beide Spannungen etwa gleich, nur ist die Y-Spannung (wegen der relativ kleinen Kondensatorimpedanz) positiv, wenn die X-Spannung negativ ist. Auf dem Bildschirm entsteht dann eine von links oben nach rechts unten gerichtete Gerade (Versuch 23). Mit R kann man also die Phase der Y-Spannung in bezug auf die X-Spannung einstellen, und zwar zwischen Phasengleichheit und Gegenphasigkeit. Bei Rechtsneigung des Oszillogramms ist die Phasendifferenz kleiner, bei Linksneigung größer als eine Viertelperiode. Die Phasendifferenz bei beliebig eingestelltem Widerstand R findet man durch Messung, welcher Teil der maximalen Y-Auslenkung auftritt, wenn die X-Auslenkung gleich Null ist. Beträgt die Y-Auslenkung in Bildmitte (hier ist die X-Auslenkung gleich Null) den n-ten Teil der maximalen Auslenkung, läßt sich die Phasendifferenz dadurch bestimmen, daß man anhand einer zeichnerisch dargestellten Sinuskurve (oder anhand einer Tabelle) untersucht, in welchem Zeitpunkt die Sinuskurve den n-ten Teil ihrer Amplitude erreicht. Beträgt beispielsweise die Y-Auslenkung in Bildmitte die Hälfte der maximalen Auslenkung (Punkt c), ist die Phasendifferenz zwischen X- und Y-Spannung 1/12 oder 5/12 Periode (1/12 bei Rechtsneigung, 5/12 bei Linksneigung). Nach 1/12 und 5/12 Periode erreicht nämlich eine Sinuskurve die Hälfte ihrer Maximalamplitude.

3.95. Versuch 95: Messung der Wechselstromleistung

Versuchsaufbau

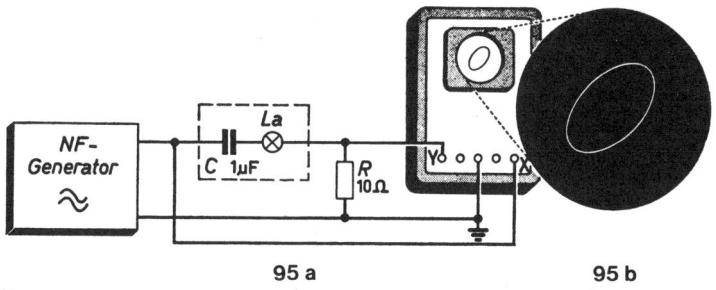

95 a   95 b

Anleitung

a. Ausgangsspannung des NF-Generators bei niedrigster Frequenz auf die Nennspannung der Lampe La (Fahrradrücklicht) einstellen und dann Frequenz so weit erhöhen, bis La zu leuchten beginnt; zusammen mit dem Kondensator C bildet La eine frequenzabhängige Lichtquelle
b. X-Kanal des Oszilloskops auf „EXT" schalten; X- und Y-Verstärkung so einstellen, daß ein ellipsenförmiges Oszillogramm entsteht (Bild 95b)
c. Maximale Horizontalauslenkung und zugehörige Vertikalauslenkung messen und Meßresultate in einen entsprechenden elektrischen Spannungswert bzw. Stromwert umwandeln; anhand dieser Daten die von $C + La$ aufgenommene Leistung berechnen
d. Frequenz so weit herabsetzen, daß La nicht mehr leuchtet; Punkt c wiederholen
e. Frequenz so weit erhöhen, daß La normal leuchtet; Punkt c wiederholen

Erklärung

Die elektrische Leistung ist das (mittlere) Produkt aus Spannung und Strom. Die *Wechselstromleistung* ist also der Spannungs- und Stromamplitude proportional und hängt von der Phasendifferenz zwischen Spannung und Strom ab. All diese Größen kommen im Oszillogramm zum Ausdruck, das folglich Aufschluß über die Leistung gibt. Die zu bestimmende Leistung (Punkt c) beträgt die Hälfte des Produkts aus maximaler X-Auslenkung (Spannungsamplitude) und zugehöriger Y-Auslenkung (Teil der Stromamplitude). In der genannten Auslenkung sind Phasendifferenz und Stromamplitude berücksichtigt. Beträgt die Phasendifferenz annähernd eine Viertelperiode (bei sehr niedrigen Frequenzen), ist das Oszillogramm kreisförmig oder besteht aus einer aufrechtstehenden Ellipse. Die maximale X-Auslenkung fällt in diesem Fall mit der Y-Auslenkung Null zusammen; die aufgenommene Leistung ist dann Null, die Lampe brennt nicht (Punkt d). Tritt nahezu keine Phasendifferenz auf (bei hohen Frequenzen), nimmt das Oszillogramm nahezu die Form einer Geraden an. Die maximale X-Auslenkung fällt mit der maximalen Y-Auslenkung zusammen; die aufgenommene Leistung ist gleich der Hälfte des Produkts beider Auslenkungen (Punkt e). Beträgt beispielsweise die Phasendifferenz eine Sechstelperiode, fällt die maximale X-Auslenkung mit der halben maximalen Y-Auslenkung zusammen. Die Leistung ist dann ein Viertel des Produkts aus Strom- und Spannungsamplitude.

3.96. Versuch 96: Frequenzmessung mit Lissajousfiguren

Versuchsaufbau

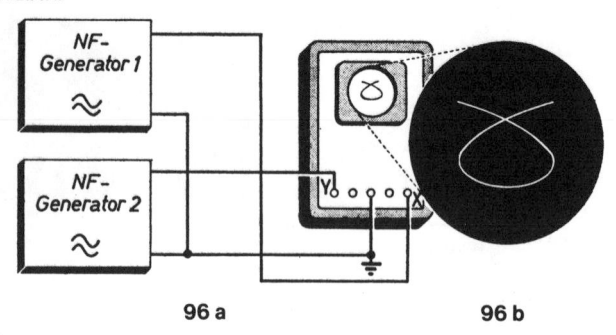

96 a   96 b

Anleitung

a. Ausgangsspannung der NF-Generatoren auf etwa 10 V, Frequenz auf 100 Hz einstellen
b. X-Kanal des Oszilloskops auf „EXT" schalten; X- und Y-Verstärkung so einstellen, daß X- und Y-Auslenkung annähernd gleich und groß genug sind
c. Frequenz des NF-Generators 1 (f_1) in der Nähe von 100 Hz variieren, bis ein linien-, ellipsen- oder kreisförmiges Oszillogramm entsteht
d. Frequenz des NF-Generators 2 (f_2) auf höhere und niedrigere Werte als 100 Hz einstellen, so daß nacheinander 2, 3, 4 und 5 Schleifen über- bzw. nebeneinander auf dem Bildschirm erscheinen; jeweils das Verhältnis $f_1 : f_2$ bestimmen
e. Frequenz f_1 so einstellen, daß sich ein Oszillogramm gemäß Bild 96b ergibt; Verhältnis $f_1 : f_2$ bestimmen
f. Verhältnis $f_1 : f_2$ nacheinander auf 3/2, 3/4 und 5/3 einstellen

Erklärung

Bei jedem horizontalen Hin- und Rücklauf führt der Elektronenstrahl auch in vertikaler Richtung eine einmalige Pendelbewegung aus (Punkt c). Die Anzahl Schnittpunkte mit der X-Achse (oder mit einer beliebigen anderen, im Oszillogramm gezogenen horizontalen Linie) ist gleich der Zahl der Schnittpunkte mit der Y-Achse (oder mit einer anderen, im Oszillogramm gezogenen vertikalen Linie). Die Form des Oszillogramms hängt von der Phasenbeziehung zwischen X- und Y-Signal ab (Versuch 94). Das unter Punkt d gesuchte Frequenzverhältnis findet man, indem man die Anzahl Schnittpunkte der Kurve mit einer beliebigen, im Oszillogramm gezogenen vertikalen Linie durch die Anzahl der Schnittpunkte mit einer beliebigen horizontalen Linie dividiert. Zieht man im Oszillogramm (Punkt e) eine horizontale und eine vertikale Linie, wird erstere zweimal, letztere dreimal von der Kurve geschnitten. Die Frequenz der X-Spannung ist hier das Anderthalbfache der Frequenz der Y-Spannung. Der positive Scheitel der Y-Spannung fällt abwechselnd mit einem positiven und negativen Scheitel der X-Spannung zusammen (obere Endpunkte der Kurve). Der negative Scheitel der Y-Spannung tritt in dem Zeitpunkt auf, in dem die X-Spannung Null ist (tiefster Punkt der Kurve).

3.97. Versuch 97: Frequenzmessungen mit Zykloiden

Versuchsaufbau

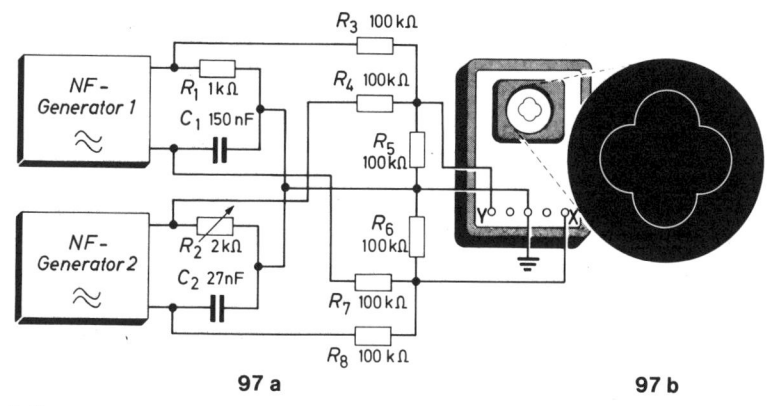

97 a   97 b

Anleitung

a. Die Spannung u_1 des NF-Generators *1* wird auf 10 V, die Frequenz f_1 auf 1 kHz eingestellt; die Spannung u_2 des NF-Generators *2* wird auf 0 V, die Frequenz f_2 auf 5 kHz eingestellt
b. X-Kanal des Oszilloskops auf „EXT" schalten sowie X- und Y-Verstärkung so einstellen, bis sich ein kreisförmiges Oszillogramm ergibt, das etwa das halbe Meßraster ausfüllt
c. Jetzt werden $u_1 = 0$ V und $u_2 = 1$ V eingestellt; durch Verstellung des Widerstands R_2 ist die Kreisform des Oszillogramms wiederherzustellen
d. Nun ist wieder $u_1 = 10$ V einzustellen und f_2 in der Umgebung von 5 kHz zu variieren, bis sich ein Oszillogramm gemäß Bild 97b ergibt. Es ist die Anzahl der Schleifen mit dem Frequenzverhältnis $f_2 : f_1$ zu vergleichen. Was fällt hierbei auf?
e. Jetzt ist f_2 so einzustellen, daß sich 3 bzw. 5 Schleifen ergeben. Wie groß ist f_2 jeweils?
f. Nacheinander ist u_2 zu erhöhen bzw. zu vermindern und das jeweilige Ergebnis zu betrachten

Erklärung

Die Widerstände R_3, R_4 und R_5 bilden eine Addierschaltung, so daß die Y-Spannung der Summe der Spannungen über den Widerständen R_1 und R_2 proportional ist. Entsprechend ist die X-Spannung der Summe der Spannungen über den Kondensatoren C_1 und C_2 proportional. Da nach Punkt b ausschließlich der NF-Generator *1* wirksam und die Spannung über R_1 gegen jene über C_1 um eine Viertelperiode phasenverschoben ist, entsteht auf dem Schirm eine aufrechte Schleife; es handelt sich um einen Kreis oder eine Ellipse, was von der jeweils eingestellten X- und Y-Verstärkung abhängig ist (Versuch 39). Da $f_1 = 1$ kHz ist, wird die Schleife in 1 ms geschrieben. So entsteht auch nach Punkt c ein Kreis oder eine Ellipse; die Ausdehnung ist geringer als zuvor (u_2 ist niedriger als u_1), während die Schreibdauer nur 1/5 ms beträgt, weil ja $f_2 = 5$ kHz ist. Sind beide NF-Generatoren wirksam (Punkt d), werden der große „langsame" Kreis nach Punkt b und der kleinere „schnelle" Kreis nach Punkt c gleichzeitig geschrieben. Das Oszillogramm ist dann in Abhängigkeit von Umlaufrichtung, Startphase sowie Frequenz- und Amplitudenverhältnis eine spiralförmige Figur, die stillsteht, wenn die Umlaufdauer des einen Kreises der eines ganzzahligen Vielfachen des anderen Kreises genau gleich ist. Es gilt also $f_2 = n f_1$, wobei n eine ganze Zahl ist. Ist $n = 1$, erscheint eine Ellipse ohne Abweichungen von der Gleichförmigkeit. Bei $n = 2$ erscheint *eine* Ausbuchtung des Kreises bzw. der Ellipse. Ganz allgemein gilt, daß bei einem Frequenzverhältnis n somit $n-1$ Ausbuchtungen bzw. Schleifen wahrnehmbar sind.

3.98. Versuch 98: Bestimmung der Drehzahl eines Motors

Versuchsaufbau

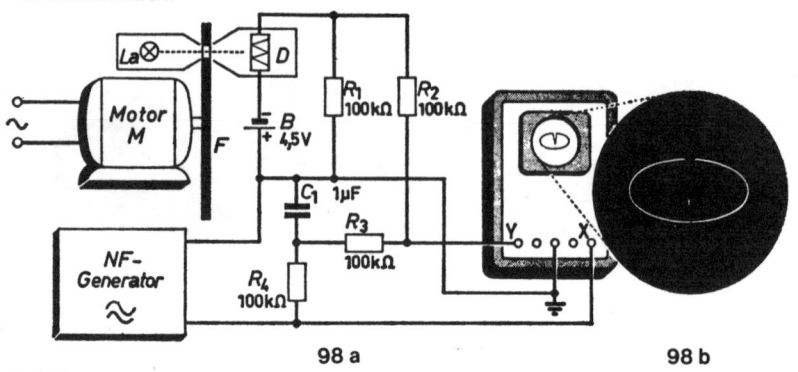

98 a   98 b

Anleitung

a. Auf der Welle des Motors M befindet sich eine Filterscheibe (lichtundurchlässige Scheibe) F mit einer Blendenöffnung; durch diese Öffnung wirft die Lichtquelle La einen Lichtstrahl auf die Fotodiode D; Ausgangsspannung des NF-Generators maximal, Frequenz in der Nähe der zu messenden Drehzahl einstellen
b. X-Kanal des Oszilloskops auf „EXT" schalten; X- und Y-Verstärkung so einstellen, daß ein ellipsenförmiges Oszillogramm entsteht
c. Motor M laufenlassen; Frequenz des NF-Generators so einstellen, daß sich im Oszillogramm eine impulsförmige Unterbrechung gemäß Bild 98b ergibt; diese Frequenz notieren (ist die zu messende Drehzahl kleiner als die kleinste einstellbare Frequenz, bringe man in der Filterscheibe F genau gegenüber der ursprünglichen Blendenöffnung eine zweite an)

Erklärung

Selbst bei den niedrigsten in Betracht kommenden Frequenzen ist die Kondensatorspannung gegenüber der Generatorspannung phasenverschoben. Die Kondensatorspannung liegt über R_3 am Y-Kanal, die Generatorspannung liegt am X-Kanal. Auf dem Bildschirm entsteht folglich eine Ellipse, die vom Elektronenstrahl innerhalb einer Periode durchlaufen wird. Die Kombination Batterie/Fotodiode/R_1 bildet eine rasch ansprechende lichtempfindliche Schaltung. Im belichteten Zustand fließt durch die Fotodiode D ein Sperrstrom, im unbelichteten Zustand nicht. Daher fällt an R_1 bei jeder Umdrehung kurzzeitig eine (aus der Batterie B bezogene) Spannung ab. Dieser negative Spannungsimpuls gelangt jeweils dann, wenn eine Blendenöffnung dem Lämpchen gegenübersteht, zusammen mit der Kondensatorspannung an den Y-Kanal. Ist die Drehzahl der Scheibe gleich der Frequenz des NF-Generators, wird der ellipsenförmige Umlauf des Elektronenstrahls ebensooft „gestört", wie die Scheibe Öffnungen aufweist. Stellt man die Frequenz des Generators so ein, daß ein Oszillogramm einen einzigen (stillstehenden) Impuls aufweist, ist die Motordrehzahl gleich dem Quotienten aus der Generatorfrequenz und der Anzahl Blendenöffnungen (die Öffnungen müssen gleichmäßig über einen Kreisbogen auf der Filterscheibe F verteilt sein).

3.99. Versuch 99: Frequenzmessung durch Z-Modulation

Versuchsaufbau

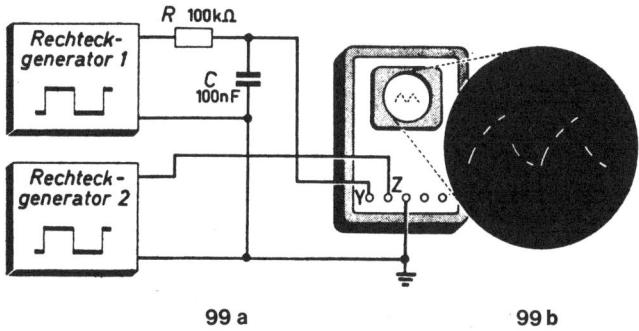

99 a　　　　　　　　　99 b

Anleitung

a. Ausgangsspannung der Generatoren maximal, Tastverhältnis auf 1:1, Frequenz f_1 auf 40 Hz, f_2 auf 200 Hz einstellen
b. X-Kanal des Oszilloskops auf „INT" schalten; Y-Verstärkung und Zeitmaßstab so einstellen, daß die Konturen des Oszillogramms nach Bild 97b sichtbar werden; Helligkeit so weit wie möglich herabsetzen, Frequenz f_2 etwas variieren, um stillstehende Bildelemente zu erzielen (Bild 99b)
c. Anzahl der Bildelemente je Periode bestimmen und hieraus Verhältnis $f_1 : f_2$ ermitteln
d. Frequenz f_2 so einstellen, daß 10 Bildelemente je Periode auftreten
e. Frequenz f_1 so einstellen, daß 8,5 Bildelemente je Periode auftreten
f. Tastverhältnis der Spannung von Generator 2 ändern und Resultate beobachten

Erklärung

Während des oberen Niveaus der Rechteckspannung 1 steigt die Kondensatorspannung an, während des unteren Niveaus sinkt sie ab (Y-Spannung). Ein voller Zyklus aus ansteigender Y-Spannung und abfallender Y-Spannung entspricht einer Periodendauer der Rechteckspannung (Versuch 37). Ein vollständiges Oszillogramm wird also innerhalb der doppelten Periodendauer geschrieben, und zwar durch 10 helle Kurvenabschnitte, die durch 10 weniger helle bzw. dunkle unterbrochen sind. Ein voller Zyklus aus hellem Kurvenabschnitt und dunklem Kurvenabschnitt dauert also nur ein Fünftel eines Zyklus aus ansteigender Y-Spannung und abfallender Y-Spannung. Die Modulation der Helligkeit erfolgt in einem — verglichen mit der Frequenz der Y-Spannung — fünffach schnelleren Rhythmus (Punkt c). Die Helligkeitsänderung kommt durch die am Z-Eingang liegende Spannung zustande; diese Spannung (von Generator 2) tastet den Elektronenstrahl periodisch dunkel. Man kann also durch Auszählen der Anzahl Bildelemente (heller Kurvenabschnitt, dunkler Kurvenabschnitt) die Frequenz der Y-Spannung bestimmen, wenn die Frequenz der Z-Spannung bekannt ist, und umgekehrt. Die Frequenz der Z-Spannung ist das Produkt aus der je Periode der Y-Spannung auftretenden Anzahl Bildelemente und der Frequenz der Y-Spannung.

3.100. Versuch 100: Frequenzteiler

Versuchsaufbau

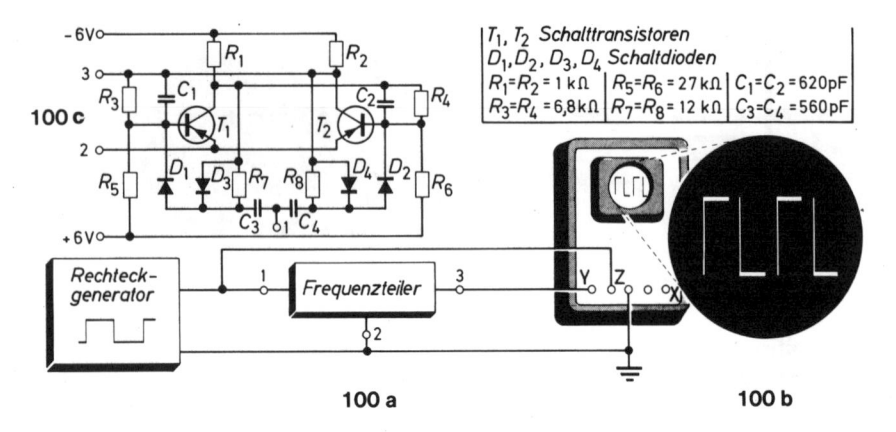

T_1, T_2 Schalttransistoren
D_1, D_2, D_3, D_4 Schaltdioden
$R_1 = R_2 = 1\,\text{k}\Omega$ | $R_5 = R_6 = 27\,\text{k}\Omega$ | $C_1 = C_2 = 620\,\text{pF}$
$R_3 = R_4 = 6{,}8\,\text{k}\Omega$ | $R_7 = R_8 = 12\,\text{k}\Omega$ | $C_3 = C_4 = 560\,\text{pF}$

100 a   100 b

100 c

Anleitung

a. Das Prinzipschema des Frequenzteilers ist in Bild 100c wiedergegeben; der Rechteckgenerator ist auf eine Ausgangsspannung von 6 V, eine Folgefrequenz von 10 kHz und ein Tastverhältnis von 1:1 einzustellen
b. X-Kanal des Oszilloskops auf „INT" schalten sowie Y-Verstärkung und Zeitmaßstab so einstellen, daß sich ein stillstehendes Bild von ausreichender Höhe ergibt; die Bildhelligkeit ist so weit zu reduzieren, bis die Helligkeitsunterschiede infolge der Strahlunterdrückung gut sichtbar werden
c. Es ist die Anzahl der Bildelemente (helles Bild — dunkles Bild) je Periode zu ermitteln und daraus das Teilungsverhältnis des Frequenzteilers zu bestimmen

Erklärung

Die Kombinationen der Widerstände R_1, R_4 und R_6 sowie R_2, R_3 und R_5 sind so gewählt, daß die Schaltung zwei stabile Zustände aufweist. Der eine ist dadurch gekennzeichnet, daß der Transistor T_1 gesperrt und der Transistor T_2 leitend sowie die Spannung am Anschluß 3 (Ausgang) etwa 0 V ist. Für den anderen Zustand ist kennzeichnend, daß T_1 leitend und T_2 gesperrt sowie die Spannung am Anschluß 3 etwa -6 V ist. Welcher Zustand gerade herrscht, ist vom voraufgegangenen Geschehen abhängig. Die Schaltung gelangt vom einen stabilen Zustand in den anderen, indem ein positiv gerichtetes Steuersignal auf den Anschluß 1 (Eingang) gegeben wird; auf ein negativ gerichtetes Signal reagiert die Schaltung nicht. Wird die Schaltung mit einer Rechteckspannung gesteuert, geht sie in jeder Periode *einmal* vom einen Zustand in den anderen über, denn es kommt immer nur *ein* positiv gerichteter Teil vor. Um also am Anschluß 3 (Ausgang) zweimal einen Spannungsumschlag (eine Periode einer Rechteckwelle) zu erzielen, müssen dem Anschluß 1 (Eingang) zwei Rechteckperioden zugeführt werden. Hinsichtlich der Frequenz teilt diese Schaltung durch 2 (Punkt c). Das Oszillogramm ist also eine durch die Z-Spannung zur Hälfte unterdrückte Rechteckspannung.

3.101. Versuch 101: Aufbau einer Treppenspannung

Versuchsaufbau

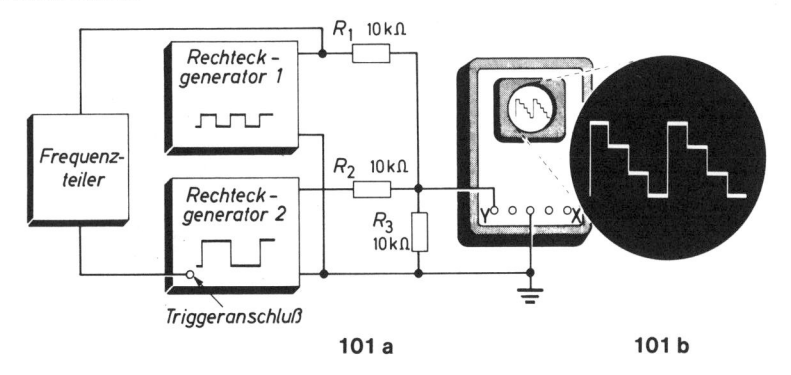

101 a   101 b

Anleitung
a. Die Ausgangsspannungen der beiden Rechteckgeneratoren 1 und 2 werden auf 3 bzw. 6 V eingestellt, das Tastverhältnis soll 1:1 betragen. Die Frequenz des Generators 1 ist auf 10 kHz einzustellen; hiermit ist unter Zwischenschaltung des Frequenzteilers (dieser gleicht dem von Versuch 100) Generator 2 zu triggern
b. X-Kanal des Oszilloskops auf „INT" schalten sowie Y-Verstärkung und Zeitmaßstab so einstellen, daß sich die Treppen-Darstellung gemäß Bild 101b ergibt
c. Es soll eine Erklärung für den Aufbau der Treppenspannung gefunden werden; hierzu sind die Periodendauer der Treppenspannung und die Spannungswerte der einzelnen Stufen zu messen
d. Es ist die Frequenz des Generators 1 zu verdoppeln und das Ergebnis zu betrachten
e. Es ist die Ausgangsspannung des Generators 2 zu halbieren und das Ergebnis zu betrachten

Erklärung
Die Addierschaltung mit den Widerständen R_1, R_2 und R_3 macht die Y-Spannung zu einem Drittel der Summe der Generatorspannungen. Der vom Generator 1 gesteuerte Frequenzteiler triggert den Generator 2; die Frequenz der Rechteckspannung des Generators 2 ist gleich der Hälfte jener des Generators 1. Zu den nach Punkt a eingestellten Amplituden gehört dann ein treppenförmiges Oszillogramm. Fallen positiv gerichtete Flanken des niederfrequenten Rechtecksignals mit ebensolchen des hochfrequenten Rechtecksignals zusammen, folgen niedrigere Stufen auf höhere. Die Treppe verläuft andersherum, wenn positiv gerichtete Flanken des niederfrequenten Rechtecksignals mit negativ gerichteten des hochfrequenten Rechtecksignals zusammenfallen (anderer Ausgang des Frequenzteilers). Da die Summe der eingestellten Generatorspannungen maximal 9 V beträgt, ist die Y-Spannung maximal 3 V; der Spannungsunterschied zwischen zwei aufeinanderfolgenden Stufen beträgt 1 V. Nach Punkt d wird die Frequenz beider Rechtecksignale verdoppelt; man behält eine Treppe, aber die Länge der Stufen wird halbiert. Nach Punkt e wird die gesamte Höhe der Treppe auf 2 V reduziert (d. h. auf ein Drittel von 3 + 3 V). Der Höhenunterschied zwischen der zweiten und dritten Stufe entfällt. Man erhält eine Treppe mit 3 Stufen; die Dauer der mittleren Stufe ist gegenüber der oberen und unteren verdoppelt. Treppenspannungen werden unter anderem benötigt, wenn Kurvenscharen sichtbar gemacht werden sollen (vgl. Versuch 108).

3.102. Versuch 102: Vor- oder Nacheilen der X-Spannung gegenüber der Y-Spannung

Versuchsaufbau

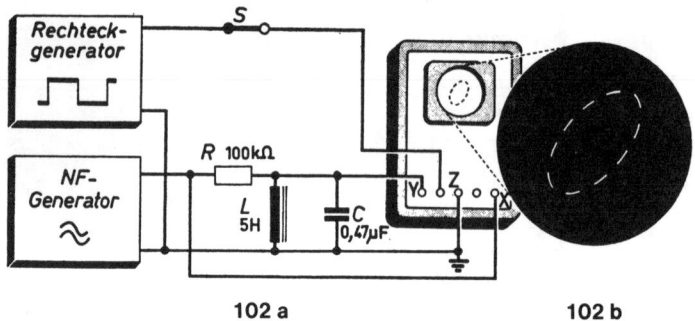

102 a   102 b

Anleitung

a. Ausgangsspannung beider Generatoren maximal, Sinusspannung (f_1) auf 50 Hz, Rechteckspannung (f_2) bei einem Tastverhältnis von 1:1 auf 500 Hz einstellen, Schalter S öffnen
b. X-Kanal des Oszilloskops auf „EXT" schalten; X- und Y-Verstärkung so einstellen, daß ein ellipsenförmiges Oszillogramm mit ausreichenden Abmessungen sichtbar wird; Helligkeit so weit wie möglich herabsetzen
c. Schalter S schließen; Frequenz f_2 in der Nähe von 500 Hz variieren, bis die hellen Kurvenabschnitte zum Stillstand kommen (Bild 102b); Frequenz f_2 dann etwas verringern und Resultat beobachten
d. Frequenz f_1 auf 200 Hz einstellen; helle Kurvenabschnitte durch Veränderung von Frequenz f_2 zum Stillstand bringen; Frequenz f_2 abermals etwas verringern und Resultat mit Punkt c vergleichen

Erklärung

Die Ellipse ist nach rechts geneigt; die Phasendifferenz zwischen X- und Y-Spannung ist kleiner als eine Viertelperiode (Versuch 94). Ist die X-Spannung Null, muß eine nacheilende Y-Spannung früher als eine Viertelperiode danach Null werden, d. h. der Elektronenstrahl schneidet, nachdem er die Y-Achse geschnitten hat, innerhalb einer Viertelperiode die X-Achse. Dabei wird das Oszillogramm also linksdrehend geschrieben. Es wird rechtsdrehend geschrieben, wenn zuerst die X-Achse und innerhalb einer Viertelperiode danach die Y-Achse geschnitten wird, also dann, wenn die Y-Spannung gegenüber der X-Spannung voreilt. Die jeweilige Schreibrichtung (vor- oder nacheilende Y-Spannung) läßt sich mit Hilfe der Z-Modulation bestimmen. Ausgehend von dem Zustand, in dem die Unterbrechungen „stillstehen" (d. h. je Umlauf jeweils wieder genau an derselben Stelle erscheinen), wird die Frequenz der Z-Spannung geringfügig herabgesetzt (Punkt c und d). Dadurch erfolgt die zeitliche Folge der einzelnen Unterbrechungen etwas weniger rasch, und der Elektronenstrahl kann etwas mehr als einen vollen Umlauf ausführen, bevor die gleiche Unterbrechung wieder auftritt. Man sieht jetzt, daß die Unterbrechungen in der gleichen Richtung wandern, die das Oszillogramm beschreibt: bei voreilender Y-Spannung rechtsherum (Punkt c), bei nacheilender Y-Spannung linksherum (Punkt d).

3.103. Versuch 103: Exzentrizität einer rotierenden Welle

Versuchsaufbau

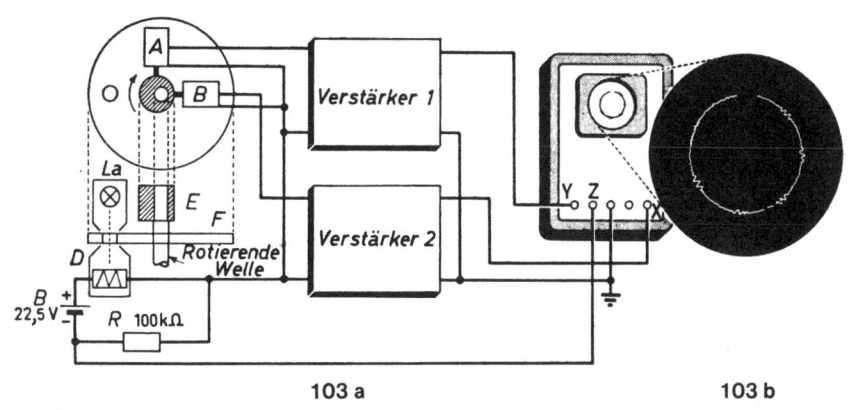

103 a   103 b

Anleitung
a. Auf einer Welle befinden sich eine Exzenterscheibe E und eine Filterscheibe F; zwei Schwingungsaufnehmer A und B werden unter einem Winkel von 90° zueinander so angeordnet, daß ihre Tastfinger oder dgl. die Exzenterscheibe E berühren; Lichtquelle La wirft einen Lichtstrahl durch die Blendenöffnung in Filterscheibe F auf die Fotodiode D
b. X-Kanal des Oszilloskops auf „EXT" schalten; X- und Y-Verschiebung so einstellen, daß der Leuchtfleck genau in der Schirmmitte liegt
c. Welle antreiben (Motor); X- und Y-Verstärkung so einstellen, daß Horizontal- und Vertikalauslenkung ausreichend (Bild 103b); Bildhelligkeit so weit herabsetzen, bis im Oszillogramm eine Dunkelzone sichtbar wird
d. Exzenterscheibe E um 90° gegen Filterscheibe F verdrehen und Resultat beobachten

Erklärung
Die Exzenterscheibe E soll eine gewisse Exzentrizität der Welle simulieren. Dabei werden die Schwingungsaufnehmer A und B abwechselnd angestoßen. Dreht sich die Welle in Pfeilrichtung (rechtsherum), wird zunächst die Y-Spannung und eine Vierteldrehung später die X-Spannung maximal. Das Oszillogramm ist dann eine geschlossene, rechtsdrehend geschriebene Kurve. Bei Linksdrehung der Welle wird das Oszillogramm linksdrehend geschrieben. Bei jeder Umdrehung (wenn die Blendenöffnung der Lampe La gegenübersteht) tritt am Z-Eingang ein Impuls auf, der ein Teilstück des Oszillogramms dunkeltastet. In der gezeichneten Anordnung fällt die Dunkeltastung mit dem Zeitpunkt zusammen, in dem der Tastfinger oder dgl. des Schwingungsaufnehmers A seine Mittellage einnimmt, während der des Aufnehmers B maximal eingedrückt ist. Die Y-Spannung ist dann maximal, die X-Spannung Null. Folglich muß die Unterbrechung an der Oberseite des Oszillogramms erscheinen. Verdreht man Exzenterscheibe E und Filterscheibe F gegeneinander, beispielsweise eine Vierteldrehung nach rechts (Punkt d), tritt bei rechtsdrehender Welle der Z-Impuls gegenüber der X- und Y-Spannung eine Vierteldrehung später als ursprünglich auf, bei linksdrehender Welle eine Vierteldrehung früher. In beiden Fällen ist die Unterbrechung im Oszillogramm um den gleichen Winkel der genannten Verdrehung verschoben; sie erscheint also rechts außen.

3.104. Versuch 104: I_a-U_{gk}-Kennlinie einer Elektronenröhre

Versuchsaufbau

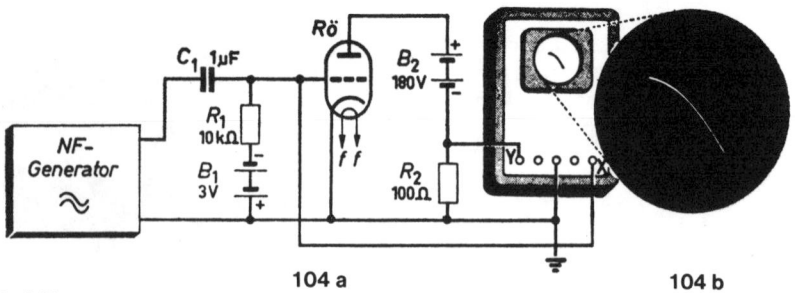

104 a   104 b

Anleitung

a. Daten der zu messenden Triode Rö: $R_i \approx 10$ kΩ, $\mu \approx 50$, Heizung (f-f) mit Nennspannung; NF-Generator auf 1 kHz einstellen, Ausgangsspannung 0 V
b. X-Kanal des Oszilloskops auf „EXT", X- und Y-Kanal auf „=" bzw. „DC" schalten; Leuchtfleck mit X- und Y-Verschiebung in Schirmmitte bringen
c. Ausgangsspannung des NF-Generators auf 2 V einstellen; X- und Y-Verstärkung so einstellen, daß sich ein Oszillogramm gemäß Bild 104b ergibt
d. Anschlüsse an X- und Y-Eingang nacheinander kurzzeitig unterbrechen und dabei entstehende Linien (X- und Y-Achse) auf dem Bildschirm markieren
e. Maßstäbe in X- und Y-Richtung (V/cm bzw. mA/cm) bestimmen und daraus Steilheit der Triode Rö im Arbeitspunkt berechnen

Erklärung

Die Y-Spannung (Spannung an R_2) ist dem Anodenstrom proportional. In der Triode Rö fließt entsprechend der klassischen Stromrichtung ein Strom von der Anode zur Katode, während der Elektronenstrom von der Katode zur Anode fließt. Die Y-Spannung ist schaltungsbedingt immer *negativ*. Als X-Spannung fungiert die Gitterspannung. Das Oszillogramm (Punkt c) gibt also die Beziehung zwischen Gitterspannung und Anodenstrom bei praktisch konstanter Anodenspannung wieder (die Y-Spannung ist klein im Vergleich zur Spannung von B_2). Ist die angelegte Gitterwechselspannung Null, ist nur die Gittervorspannung von —3 V wirksam, wobei die Y-Spannung einen bestimmten Wert annimmt. Die Leuchtfleckposition (Punkt b) entspricht mithin nicht dem Ursprung des Achsenkreuzes, sondern einem Punkt der darzustellenden Kennlinie (sogenannter Arbeitspunkt). Die X- und Y-Achse des Achsenkreuzes findet man durch kurzzeitige Unterbrechung der Verbindungen am Y- bzw. X-Eingang (Punkt d). Beim Anlegen des NF-Signals ändert sich die Gitterspannung zwischen —1 und —5 V (am weitesten rechts bzw. am weitesten links liegende Kurvenpunkte). Man sieht, daß der Anodenstrom um so kleiner ist, je negativer die Gitterspannung wird. Die unter Punkt e genannte *Steilheit* (Neigung der Kurve) ist der Quotient aus einer (kleinen) Anodenstromänderung und der zugehörigen Gitterspannungsänderung. Wegen der Kennlinien*krümmung* ist die Steilheit von Punkt zu Punkt verschieden.

3.105. Versuch 105: I_a-U_{gk}-Kennlinien einer Elekronenröhre bei zwei U_{gk}-Werten

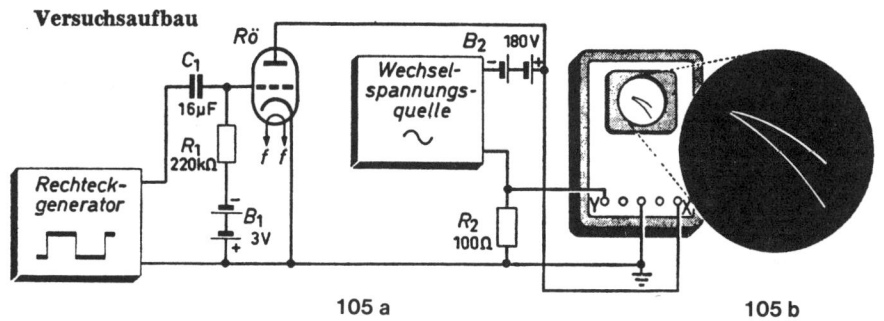

Versuchsaufbau

105 a   105 b

Anleitung

a. Triode Rö wie in Versuch 99; als Wechselspannungsquelle dient ein Stelltrenntransformator; Frequenz der Rechteckspannung 25 Hz; beide Spannungen auf 0 V einstellen
b. X-Kanal des Oszilloskops auf „EXT", X- und Y-Kanal auf „=" bzw. „DC" schalten; Leuchtfleck mit X- und Y-Verschiebung in Schirmmitte bringen
c. Amplitude der Sinusspannung auf 150 V einstellen; X- und Y-Verstärkung so einstellen, daß ein hinreichend großes Bild entsteht; Oszillogramm studieren
d. Anschlüsse an X- und Y-Eingang nacheinander kurzzeitig unterbrechen und dabei entstehende Linien (X- und Y-Achse) auf dem Bildschirm markieren
e. Anhand des Oszillogramms gemäß Punkt c den Innenwiderstand R_i der Triode Rö bestimmen
f. Amplitude der Rechteckspannung auf 2 V einstellen und Resultat beobachten (Bild 105b)

Erklärung

Da die Amplitude der Wechselspannung 150 V und die Batteriespannung 180 V beträgt, ändert sich die Anodenspannung (X-Spannung) zwischen 30 und 330 V. Die Y-Spannung — diese ist ständig negativ — ist dem Anodenstrom proportional. Das Oszillogramm (Punkt c) zeigt also die Beziehung zwischen Anodenstrom und Anodenspannung bei einer Gitterspannung von —3 V. Die X- und Y-Achse des Achsenkreuzes findet man durch kurzzeitige Unterbrechung der Verbindungen am Y- bzw. X-Eingang (Punkt d). Es zeigt sich, daß der Anodenstrom mit steigender Anodenspannung gleichfalls ansteigt. Der sogenannte Innenwiderstand R_i (Punkt e) der Röhre ist der Quotient aus einer (kleinen) Anodenspannungsänderung und der zugehörigen Anodenstromänderung. Wegen der Kennlinien*krümmung* hängt der Innenwiderstand vom betrachteten Punkt der Kennlinie ab. Unter Punkt f ist die Gitterspannung entweder —1 V (wenn die Rechteckspannung ihr oberes Niveau annimmt) oder —5 V (wenn sie ihr unteres Niveau annimmt). Es erscheint dann sowohl die für eine Gitterspannung von —1 V geltende Kennlinie (untere Kurve) wie auch die für eine Gitterspannung von —5 V geltende (obere Kurve).

3.106. Versuch 106: I_C-I_B-Kennlinien eines Transistors

Versuchsaufbau

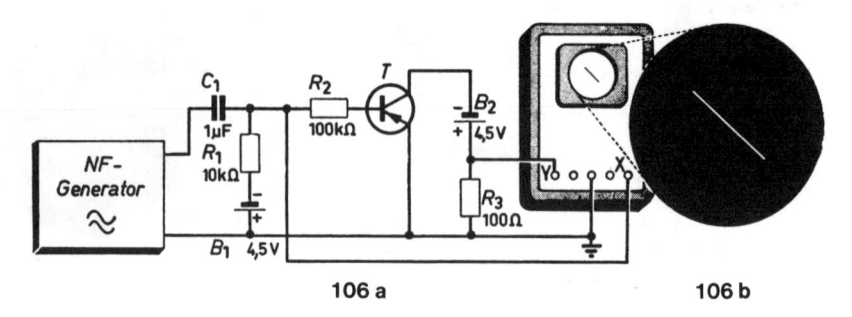

106 a   106 b

Anleitung

a. Transistor T ist ein gängiger NF-Transistor; NF-Generator auf 1 kHz, Ausgangsspannung auf 0 V einstellen
b. X-Kanal des Oszilloskops auf „EXT", X- und Y-Kanal auf „=" bzw. „DC" schalten; Leuchtfleck mit X- und Y-Verschiebung in Schirmmitte bringen
c. Ausgangsspannung des NF-Generators auf 4 V sowie X- und Y-Verstärkung so einstellen, daß ein Oszillogramm gemäß Bild 106b erscheint
d. Anschlüsse an X- und Y-Eingang nacheinander kurzzeitig unterbrechen und dabei entstehende Linien (X- und Y-Achse) auf dem Bildschirm markieren
e. Maßstäbe in X- und Y-Richtung (µA/cm bzw. mA/cm) bestimmen und daraus die Stromverstärkung des Transistors T berechnen
f. Ausgangsspannung des NF-Generators verringern und Resultat beobachten

Erklärung

Die X-Spannung setzt sich aus einer negativen Gleichspannung (etwa gleich der Spannung von B_1) und der Wechselspannung des NF-Generators zusammen. Die X-Spannung ändert sich also periodisch etwa zwischen 0 und 8 V. Der Basisstrom (Strom durch R_2) ist der X-Spannung praktisch proportional und ändert sich daher zwischen etwa 0 und 80 µA entsprechend dem linken und rechten Endpunkt des Oszillogramms. Die Y-Achse des Achsenkreuzes liegt folglich rechts vom Oszillogramm (Punkt d), die X-Achse darunter. Die Y-Spannung ist stets positiv, die X-Spannung negativ. Die Y-Spannung ist dem Strom durch R_3 proportional; dies ist der Kollektorstrom. Das Oszillogramm zeigt also den Kollektorstrom als Funktion des Basisstroms (bei praktisch konstanter Kollektorspannung). Das Oszillogramm erscheint als nahezu gerade Linie, deren Verlängerung ungefähr durch den Ursprung des Achsenkreuzes geht. Der Kollektorstrom ist also dem Basisstrom annähernd proportional. Die Stromverstärkung (Punkt e) ist der Quotient aus der Kollektorstromänderung und der diese Änderung bewirkenden Basisstromänderung (bei konstanter Kollektorspannung). Dies ist die Neigung der Kennlinie.

3.107. Versuch 107: I_C-U_{CE}-Kennlinien eines Transistors bei zwei I_B-Werten

Versuchsaufbau

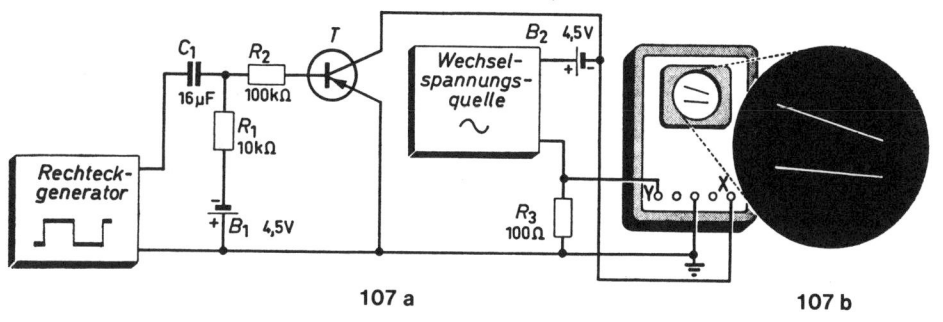

107 a　　　　　　　　　　　　　107 b

Anleitung

a. Transistor T ist ein gängiger NF-Transistor; als Wechselspannungsquelle dient ein Stelltrenntransformator; Rechteckgenerator auf 1 kHz, beide Spannungsquellen auf 0 V einstellen
b. X-Kanal des Oszilloskops auf „EXT", X- und Y-Kanal auf „=" bzw. „DC" schalten; Leuchtfleck mit X- und Y-Verschiebung in Schirmmitte bringen
c. Amplituden der Rechteckspannung und der Sinusspannung auf 4 V einstellen; X- und Y-Verstärkung so einstellen, daß sich ein Oszillogramm gemäß Bild 107b ergibt
d. Oszillogramm studieren und daraus den Innenwiderstand des Transistors T bestimmen
e. Transistor T von außen leicht erwärmen (keinesfalls bis auf 75° C oder darüber) und Resultat beobachten
f. Erst die Rechteckspannung und dann die Sinusspannung verringern; Resultat beobachten

Erklärung

Die Y-Spannung (an R_3) ist ein Maß für den Kollektorstrom; als X-Spannung fungiert die Kollektorspannung. Das Oszillogramm zeigt zwei Kennlinien. Die untere Kennlinie deckt sich nahezu mit der X-Achse; der zugehörige Basisstrom beträgt nur einige Mikroampere. Der sogenannte Innenwiderstand (Punkt d) ist der Quotient aus einer Kollektorspannungsänderung und der zugehörigen Kollektorstromänderung bei konstantem Basisstrom. Da die Neigung der oberen Kurve größer als die der unteren ist, ist der Innenwiderstand bei größeren Basisströmen geringer als bei kleinen. Macht man den Basisstrom eines Transistors gleich Null, fließt in der Kollektorleitung nur der sogenannte Reststrom, der weitgehend von der Temperatur des Transistors abhängt. Dieser Reststrom macht einen um so größeren Teil des gesamten Kollektorstroms aus, je kleiner der Basisstrom ist. Unter Punkt e ist daher die relative Verschiebung der unteren Kennlinie größer als der oberen. Verringert man die Amplitude der Wechselspannung (Punkt f), wird ein kleinerer Teil der Kennlinie sichtbar. Verringert man die Rechteckspannung, liegen die beiden Kennlinien näher beieinander.

3.108. Versuch 108: I_D-U_{DS}-Kennlinien eines Feldeffekt-Transistors bei vier U_{GS}-Werten

Versuchsaufbau

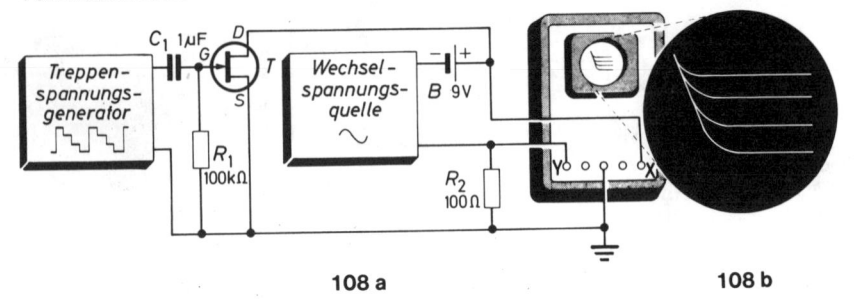

108 a   108 b

Anleitung

a. Das Element T ist ein Feldeffekt-Transistor vom N-Kanal-Typ. Die Treppenspannung ist so aufgebaut, wie bei Versuch 101 beschrieben; die Periodendauer der Treppenspannung beträgt 200 µs, die Stufen liegen um 1 V auseinander. Die Wechselspannungsquelle (Stelltrenntransformator) ist auf eine Ausgangsspannung von 9 V eingestellt. Die X- und Y-Verbindungen sind zu lösen bzw. noch nicht herzustellen
b. X-Kanal des Oszilloskops auf „EXT" sowie X- und Y-Kanal auf „=" bzw. „DC" schalten; X- und Y-Verschiebung so einstellen, daß der Leuchtfleck links oben auf dem Schirm erscheint
c. X- und Y-Kanal gemäß Bild 108a verbinden sowie X- und Y-Verstärkung so einstellen, daß sich ein Oszillogramm gemäß Bild 108b ergibt
d. Im Oszillogramm sind Strom- und Spannungsachse anzugeben
e. Es ist die Ausgangsspannung der Wechselspannungsquelle auf 3 V zu verringern und das Ergebnis zu betrachten

Erklärung

Ist das Gitter G negativ in bezug auf die Quelle S, verhält sich der G-S-Teil des FET (Feldeffekt-Transistor) als Isolator; ist die Spannung U_{GS} positiv, ist der G-S-Teil leitend. Der Kondensator C wird also geladen, bis U_{GS} gerade nicht mehr positiv ist. Die Spannung über dem Kondensator C kann sich danach wegen des großen Widerstands R_1 innerhalb 200 µs kaum ändern; daher bewirkt die Treppenspannung einen U_{GS}-Wert, der gerade völlig „unter Null" liegt. U_{GS} beträgt alle 200 µs während jeweils 50 µs nacheinander 0 V, -1 V, -2 V bzw. -3 V. Das Oszillogramm (Punkt c) enthält somit eine Schar von vier Kennlinien. Die oberste zeigt die Abhängigkeit des Senkenstroms $-I_D$ von U_{DS} bei $-U_{GS} = 3$ V; die unterste zeigt die gleiche Abhängigkeit, jedoch bei $-U_{GS} = 0$ V. Hierbei variiert die X-Spannung (U_{DS}) zwischen 0 und 18 V. Die Wechselspannungsamplitude sowie die Batteriespannung betragen 9 V. Die Strom- und die Spannungsachse ($-I_D$ und U_{DS}) findet man, indem nacheinander die Anschlüsse des X- und des Y-Kanals gelöst werden; es ist dann jeweils die X- bzw. Y-Spannung gleich Null (Punkt d). Nach Punkt e verschwinden die am weitesten rechts und links liegenden Partien des Oszillogramms. Die X-Spannung, die anfänglich zwischen 0 und 18 V variierte, verläuft nunmehr zwischen 6 und 12 V.

3.109. Versuch 109: Transistor als Stromverstärker
Versuchsaufbau

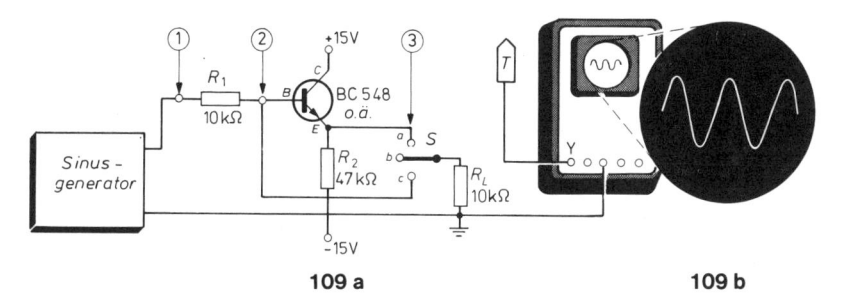

109 a   109 b

Anleitung

a. Sinusgenerator auf eine Ausgangsspannung von U_{ss} = 2 V (U_{eff} = 0,71 V) an Punkt ① mit einer Frequenz von 1 kHz einstellen
b. X-Kanal des Oszilloskops auf „INT", Zeitablenkung auf 0,5 ms/Teil und intern triggern. Y-Eingang zunächst auf „GND", Empfindlichkeit auf 0,5 V/Teil stellen (Tastkopf beachten) und Strich auf Schirmmitte justieren. Danach auf „DC" umschalten
c. Mit dem Tastkopf T die Punkte ①, ② und ③ abtasten und den Schalter S jeweils in die Positionen a, b und c bringen. Dabei die Signale studieren und vergleichen
d. Frequenz des Generatorsignals im Bereich von 10 Hz bis 100 kHz verändern, Zeitablenkung anpassen und Versuche nach c wiederholen
e. Amplitude des Generatorsignals ändern und Versuche c wiederholen

Erklärung

Die Spannung am Emitter E des Transistors ist praktisch gleich der Spannung an der Basis B minus 0,6 V. Diese Spannungsdifferenz scheint konstant zu sein. Aufgrund der exponentiellen Eingangskennlinie des Transistors ist jedoch eine kleine Änderung vorhanden. Sie beträgt jeweils 20 mV bei Änderung des Stromes um den Faktor 2. In unserem Beispiel liegt diese kleine Änderung in der Größenordnung der Meßgenauigkeit, so daß Spannungsänderungen am Punkt ② gleich denen am Punkt ③ sind. Die Spannungsverstärkung ist also V = 1. Wechselt man den Schalter S zwischen den Positionen b und c und mißt am Punkt ②, so bricht die Spannung auf die Hälfte zusammen, wenn der Lastwiderstand mit ② verbunden ist. Wechselt man die Schalterposition zwischen a und b, so ist praktisch keine Beeinflussung mehr gegeben. Auch die Spannung an ③ wird durch die Last kaum beeinflußt. Die Wirkung der Schaltung läßt sich auf zwei verschiedene Arten darstellen:

— Der Transistor wandelt den Quellwiderstand (R_1) so niederohmig, daß die Last R_L die Spannung am Punkt ③ kaum beeinflussen kann.
— Der Lastwiderstand, der am Emitter liegt, erscheint an der Basis so hochohmig, daß der Transistor aus einer relativ hochohmigen Quelle angesteuert werden kann, ohne daß ein Spannungsverlust auftritt.

Diese Schaltung wird deshalb auch als Emitterfolger, Spannungsfolger oder Impedanzwandler bezeichnet. Der Versuch d zeigt, daß dieses Verhalten praktisch frequenzunabhängig ist. Bei e wird gezeigt, daß die Verstärkung über einen großen Spannungsbereich konstant bei V = 1 bleibt. Bei Spannungen von $U_{ss} \geq 5$ V und angeschlossener Last ist an ③ die Übersteuerung zu erkennen.

3.110. Versuch 110: Transistor als gegengekoppelter Verstärker
Versuchsaufbau

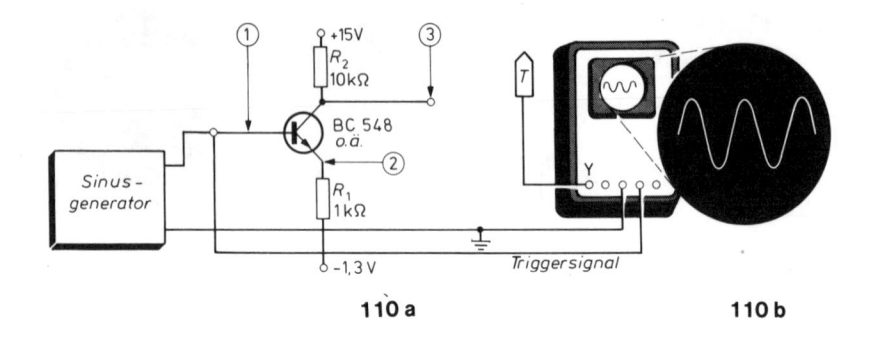

110 a   110 b

Anleitung

a. Sinusgenerator auf eine Ausgangsspannung von $U_{ss}=1$ V ($U_{eff}=0{,}35$ V) an Punkt ① mit einer Frequenz von 1 kHz einstellen
b. X-Kanal des Oszilloskops auf „INT", Zeitablenkung auf 0,5 ms/Teil und extern triggern. Y-Eingang zunächst auf „GND", Empfindlichkeit auf 2 V/Teil stellen (Tastkopf beachten) und Strich auf die erste Rasterlinie von unten justieren. Danach auf „DC" umschalten
c. Signale an ①, ② und ③ studieren. Zum genaueren Ausmessen eventuell vorübergehend Einstellungen des Y-Verstärkers anpassen
d. Frequenz des Generatorsignals im Bereich von 10 Hz bis 100 kHz verändern, Zeitablenkung anpassen und Versuche nach c wiederholen

Erklärung

Die Spannung am Emitter (Punkt ②) folgt mit einem Offset von − 0,6 V der Spannung an der Basis (Punkt ①). Damit ist der Wechselspannungsanteil der Signale an ① und ② gleich (bis auf wenige mV), und der Wechselstrom durch den Emitterwiderstand R_1 ist proportional der Eingangsspannung. Da der Transistor eine sehr hohe Stromverstärkung (IC/IB > 100) hat, wird der Kollektorwiderstand R_2 praktisch vom gleichen Strom durchflossen. Durch den Basisanschluß fließt weniger als 1 % des Emitterstroms. Setzt man nun Emitter- und Kollektorstrom gleich, so verhalten sich die Spannungen wie die Widerstände. Es ergibt sich also eine Verstärkung von

$V \approx \dfrac{R_2}{R_1}$, in unserem Fall $V \approx 10$. Weiterhin ist zu erkennen, daß bei steigendem Strom im Transistor das Emitterpotential positiver und das Kollektorpotential negativer wird. Die Signale an ② und ③ sind also gegenphasig. Die Versuche unter d zeigen, daß die Schaltung sehr breitbandig arbeitet. Die Zusammenhänge an dieser Schaltung werden noch deutlicher, wenn man ein Zweikanaloszilloskop verwendet und jeweils zwei Signale direkt vergleichen kann.

3.111. Versuch 111: Transistorverstärker in Basisschaltung
Versuchsaufbau

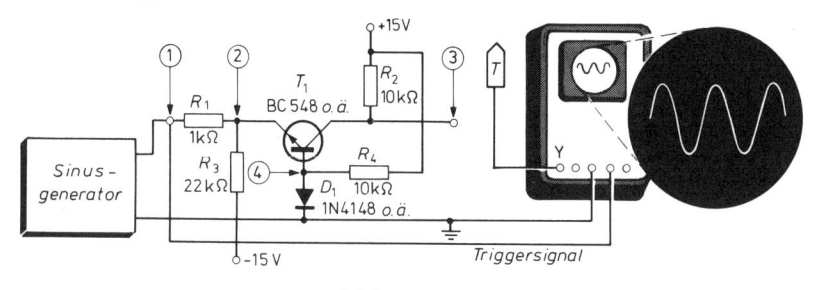

111 a   111 b

Anleitung

a. Sinusgenerator auf eine Ausgangsspannung von $U_{ss} = 1$ V ($U_{eff} = 0{,}35$ V) an Punkt ① mit einer Frequenz von 1 kHz einstellen
b. X-Kanal des Oszilloskops auf „INT", Zeitablenkung auf 0,5 ms/Teil und extern triggern. Y-Eingang zunächst auf „GND", Empfindlichkeit auf 2 V/Teil stellen (Tastkopf beachten) und Strich auf die erste Rasterlinie von unten justieren. Danach auf „DC" umschalten
c. Signale an ①, ②, ③ und ④ studieren. Zum genaueren Ausmessen eventuell vorübergehend Einstellungen des Y-Verstärkers anpassen
d. Frequenz des Generatorsignals im Bereich von 10 Hz bis 100 kHz verändern, Zeitablenkung anpassen und Versuche nach c wiederholen

Erklärung

Mit der Diode D_1 und dem Widerstand R_4 wird niederohmig eine Spannung von 0,6 V für die Basis des Transistors T_1 bereitgestellt. Der Emitter des Transistors, der 0,6 V negativer als die Basis ist, liegt damit auf Massepotential. Damit sowohl positive wie negative Signalströme verarbeitet werden können, wird mit R_3 ein Ruhestrom eingestellt. Eine Spannung an ① erzeugt in dem Widerstand R_1 einen Signalstrom, da der Punkt ② durch den niedrigen Eingangswiderstand, den der Transistor am Emitter zeigt, nur eine sehr kleine Signalspannung aufweist ($\approx$ 50 mV). Der Eingangswiderstand der Schaltung ist praktisch gleich dem Wert R_1. Der durch R_1 fließende Signalstrom durchfließt wegen der hohen Stromverstärkung des Transistors auch den Kollektor-Arbeitswiderstand R_2. Der dort auftretende Spannungsabfall ist proportional R_2. Damit ergibt sich die Spannungsverstärkung zu:

$$I_E = \frac{U_①}{R_1},\ I_C = \frac{U_③}{R_2},\ \text{mit}\ I_E \approx I_C\ \text{folgt:}\ \frac{U_①}{R_1} \approx \frac{U_③}{R_2}\ \text{oder}\ V = \frac{U_③}{U_①} \approx \frac{R_2}{R_1}$$

Wird der Eingang mit einer negativen Halbwelle beaufschlagt, so steigt der Emitterstrom an, was auch zum Anstieg des Kollektorstroms führt. Dadurch sinkt das Potential am Kollektor. Eingangs- und Ausgangssignal sind also gleichphasig. Die Versuche unter d zeigen, daß die Schaltung sehr breitbandig arbeitet. Die Zusammenhänge an dieser Schaltung werden noch deutlicher, wenn man ein Zweikanaloszilloskop verwendet und jeweils zwei Signale direkt vergleichen kann.

3.112. Versuch 112: Einfache integrierende Netzwerke

Versuchsaufbau

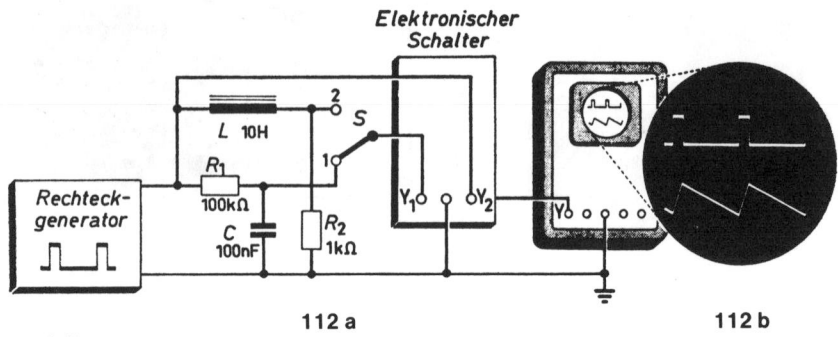

112 a   112 b

Anleitung

a. Rechteckspannung auf maximale Amplitude, Wiederholungsfrequenz auf 1 kHz und Tastverhältnis auf 1:10 einstellen; Schalter S in Stellung 1 bringen

b. X-Kanal des Oszilloskops auf „INT" schalten; Y-Verstärkung maximal; Umschaltfrequenz des elektronischen Schalters auf 100 Hz, Y_1- und Y_2-Verschiebung auf Null einstellen; Y_1- und Y_2-Verstärkung so einstellen, daß beide Oszillogramme gleiche Höhe haben; Zeitmaßstab so einstellen, daß das Bild stillsteht

c. Beide Teiloszillogramme mit Y_1- und Y_2-Verschiebung vertikal voneinander trennen (Bild 112b). Wie ist das jetzt entstandene Bild zu erklären?

d. Schalter S in Stellung 2 bringen; Resultat mit den Oszillogrammen nach Punkt c vergleichen

Erklärung

Der elektronische Schalter legt das Y_1- und Y_2-Signal abwechselnd je 5 ms lang (unter Einfügung geeigneter Gleichspannungen zur Vertikalverschiebung der beiden Teilbilder gegeneinander) an den Y-Verstärker. Das obere und das untere Bild wird abwechselnd je 5 ms lang geschrieben. Das eine Teilbild stellt die Generatorspannung dar; eine Rechteckspannung, die während 1/11 Periodendauer ihr oberes und während 10/11 ihr unteres Niveau einnimmt. Bezogen auf den *Mittelwert* ist der positive Impuls 10mal höher als der negative. Die Kondensatorspannung (das andere Teilbild) ist bestrebt, sich jeweils dem neuen Spannungsniveau anzupassen; C wird über R_1 abwechselnd mit einem bestimmten Strom geladen und durch einen 10mal kleineren Strom entladen. Die Y_1-Spannung (S in Stellung 1) nimmt also 10mal schneller zu als ab. Befindet sich S in Stellung 2, bleibt das Y_2-Signal (Rechteckspannung) unverändert. Das Y_1-Signal stellt dann die an R_2 abfallende Spannung dar; diese ist dem durch die Spule L fließenden Strom proportional. Da sich der Strom durch eine Spule ebenso wie die Spannung an einem Kondensator nur allmählich ändern kann, hat das Y_1-Signal — von Begleiterscheinungen abgesehen — in beiden Stellungen von S die gleiche Form (Versuch 34 und 44). Beide Schaltungen (L-R_2 und R_1-C) sind sogenannte integrierende Netzwerke.

3.113. Versuch 113: Spannung vor und hinter einem Glättungsfilter

Versuchsaufbau

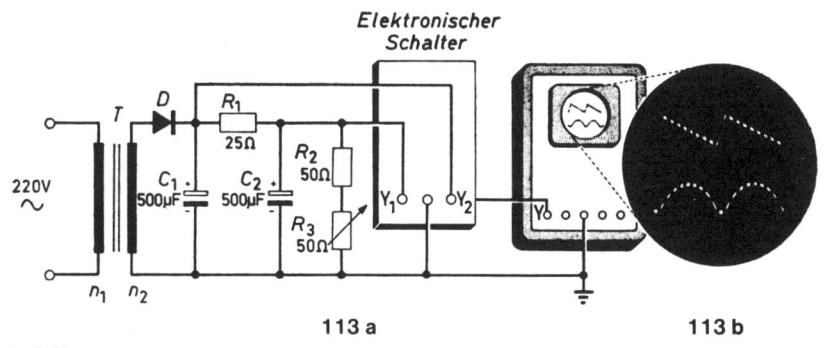

113 a 113 b

Anleitung

a. Transformator T hat ein Übersetzungsverhältnis $n_1 : n_2 \approx 10:1$; Diode D: Nennstrom ≈ 2 A, Sperrspannung ≈ 60 V; Widerstand R_3 auf Maximalwert einstellen
b. X-Kanal des Oszilloskops auf „INT" schalten; Y-Verstärkung maximal, Umschaltfrequenz des elektronischen Schalters auf 500 Hz, Y_1- und Y_2-Verschiebung auf Null einstellen; Y_1- und Y_2-Verstärkung so einstellen, daß beide Teilbilder gleichhoch sind; Zeitmaßstab so einstellen, daß das Bild stillsteht
c. Quotienten aus Y_1- und Y_2-Spannung (sogenannter Siebfaktor) bestimmen
d. Mit Y_1- und Y_2-Verschiebung beide Teilbilder vertikal auseinanderziehen (Bild 113b). Wie ist das jetzt entstandene Bild zu erklären?
e. Widerstand R_3 auf seinen Minimalwert einstellen und Resultat beobachten

Erklärung

Die Schaltfrequenz des elektronischen Schalters liegt wesentlich höher als die Wiederholungsfrequenz von Y_1- und Y_2-Signal. Im ständigen Wechsel wird 1 ms lang ein Element des einen Bilds und 1 ms lang ein Element des anderen Bilds geschrieben. Das Y_2-Signal (oberes Bild) gibt die Spannung an C_1 wieder (Ladekondensator). Bei jedem positiven Scheitel der Transformatorspannung ist die Diode D leitend. Der Stromimpuls fließt zum weitaus größten Teil in den Kondensator C_1, der dadurch nachgeladen wird (rasch ansteigender Teil der oberen Kurve). Nimmt die Transformatorspannung wieder ab, wird die Diode gesperrt, und C_1 entlädt sich teilweise (langsam abfallender Teil der oberen Kurve). Gelangt die Spannung von C_1 sehr weit über bzw. unter ihren Mittelwert, wird C_2 mit großem Strom geladen bzw. entladen. Weicht die Spannung von C_1 dagegen nur wenig von ihrem Mittelwert ab, ist der Lade- bzw. Entladestrom von C_2 entsprechend klein. Die Y_1-Spannung (untere Kurve) steigt bzw. sinkt demzufolge um so rascher, je weiter die Y_2-Spannung (obere Kurve) ihren Mittelwert über- bzw. unterschreitet. Die höchsten und niedrigsten Punkte des Y_1-Signals fallen mit den Zeitpunkten zusammen, in denen die Y_2-Spannung ihren Mittelwert eingenommen hat.

3.114. Versuch 114: Messungen an einem Schmitt-Trigger

Versuchsaufbau

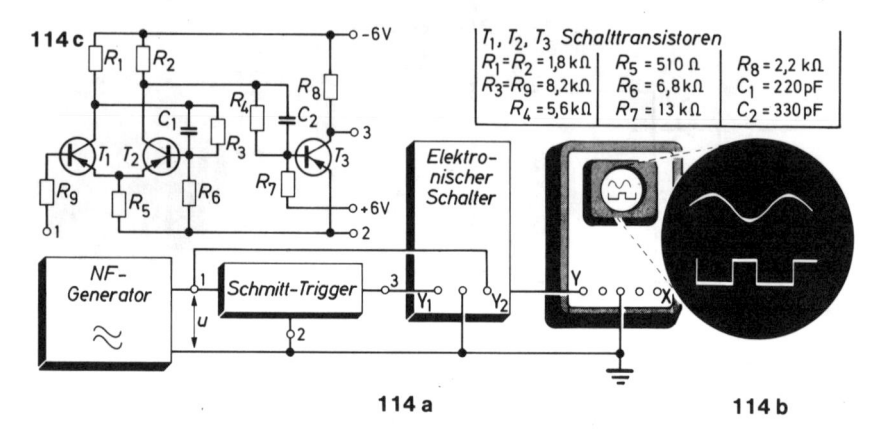

T_1, T_2, T_3 Schalttransistoren		
$R_1 = R_2 = 1,8\,\text{k}\Omega$	$R_5 = 510\,\Omega$	$R_8 = 2,2\,\text{k}\Omega$
$R_3 = R_9 = 8,2\,\text{k}\Omega$	$R_6 = 6,8\,\text{k}\Omega$	$C_1 = 220\,\text{pF}$
$R_4 = 5,6\,\text{k}\Omega$	$R_7 = 13\,\text{k}\Omega$	$C_2 = 330\,\text{pF}$

Anleitung

a. Das Prinzipschema des Schmitt-Triggers ist in Bild 114c wiedergegeben; der NF-Generator ist auf eine Ausgangsspannung $u = 3\,\text{V}$ und eine Frequenz von 1 kHz einzustellen.
b. X-Kanal des Oszilloskops auf „INT" schalten und Y-Abschwächer auf etwa 1 V/cm einstellen. Die Umschaltfrequenz des elektronischen Schalters ist auf 100 Hz einzustellen; Y_1- und Y_2-Verstärkung so einstellen, daß beide Oszillogramme gleichhoch sind. Der Zeitmaßstab ist so einzustellen, daß sich die gewünschten Oszillogramme ergeben; sie sind mit der Y_1- und Y_2-Verschiebung gemäß Bild 114b auf dem Schirm anzuordnen (man beachte hierbei, daß die Rechteckspannung *nicht* symmetrisch ist)
c. Die Amplitude des NF-Generators ist von 3 auf 10 V zu erhöhen. Was wird dabei wahrgenommen?
d. Es ist die Frequenz des NF-Generators zu erhöhen und zu verringern. Was wird dabei wahrgenommen?

Erklärung

Die Schaltung des Schmitt-Triggers weist zwei quasistabile Zustände auf. Der eine ist dadurch gekennzeichnet, daß der Transistor T_1 leitend und der Transistor T_2 gesperrt ist, wodurch der Transistor T_3 leitend und die Spannung am Anschluß 3 (Ausgang) etwa 0 V ist. Für den anderen Zustand ist kennzeichnend, daß T_1 gesperrt und T_2 leitend ist, wodurch T_3 gesperrt und die Spannung am Anschluß 3 etwa -6 V ist. Um T_1 aus dem gesperrten in den leitenden Zustand zu bringen, muß die Spannung am Anschluß 1 (Eingang) negativer als etwa -2 V werden; um T_1 wieder zu sperren, muß die genannte Spannung positiver als etwa $-1,5$ V werden. Nach Punkt b (Wechselspannungsamplitude 3 V) ist T_1 während etwa 30 % der Zeit leitend; währenddessen liegt dann die Eingangsspannung innerhalb der Grenzen -2 V fallend und $-1,5$ V steigend. Die Ausgangsspannung ist folglich während 30 % der Zeit 0 V und während 70 % der Zeit -6 V. Bei einer Wechselspannungsamplitude von 10 V ist T_1 während etwa 45 % der Zeit leitend. Die Ausgangsspannung ist demnach während 45 % der Zeit 0 V und während 55 % der Zeit -6 V; sie nähert sich einer symmetrischen Rechteckspannung (Punkt c). Die Frequenz der Rechteckspannung ist um so höher, wenn T_1 innerhalb einer Sekunde häufiger leitend ist, also bei entsprechend höherer Frequenz der Eingangswechselspannung (Punkt d).

3.1.15. Versuch 115: Messungen an einem monostabilen Multivibrator

Versuchsaufbau

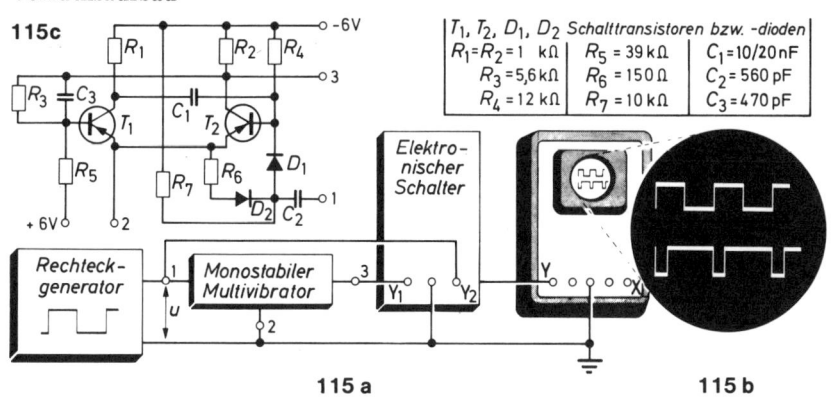

115c

T_1, T_2, D_1, D_2 Schalttransistoren bzw. -dioden		
$R_1 = R_2 = 1$ kΩ	$R_5 = 39$ kΩ	$C_1 = 10/20$ nF
$R_3 = 5{,}6$ kΩ	$R_6 = 150$ Ω	$C_2 = 560$ pF
$R_4 = 12$ kΩ	$R_7 = 10$ kΩ	$C_3 = 470$ pF

115 a   115 b

Anleitung

a. Das Prinzipschema des monostabilen Multivibrators ist in Bild 115c wiedergegeben; der Rechteckgenerator ist auf eine Ausgangsspannung $u = 5$ V, eine Frequenz von 1 kHz und ein Tastverhältnis von 1:1 einzustellen. Ferner gilt $C_1 = 10$ nF

b. X-Kanal des Oszilloskops auf „INT" schalten und Y-Abschwächer auf etwa 1 V/cm einstellen. Die Umschaltfrequenz des elektronischen Schalters ist auf 100 Hz einzustellen; Y_1- und Y_2-Verstärkung so einstellen, daß beide Oszillogramme gleichhoch sind. Der Zeitmaßstab ist so einzustellen, daß sich die gewünschten Oszillogramme ergeben; sie sind mit der Y_1- und Y_2-Verschiebung gemäß Bild 115b auf dem Schirm anzuordnen. Es ist die Impulsdauer (niedrigstes Niveau) des unteren Oszillogramms zu messen

c. Es ist die Kapazität von C_1 zu verdoppeln und die sich ergebende Impulsdauer mit jener nach Punkt b zu vergleichen

Erklärung

Im stationären Zustand ist der Transistor T_2 leitend, so daß die Spannung am Anschluß *3* (Ausgang) etwa 0 V ist; daher ist der Transistor T_1 gesperrt, und es steht über dem Kondensator C_1 eine Spannung von 6 V (links -6 V, rechts 0 V). Man kann zeitlich einen quasistationären Zustand einleiten, indem dem Anschluß *1* (Eingang) ein positiv gerichteter Impuls zugeführt wird, der T_2 sperrt. Dann springt die Spannung am Anschluß *3* auf etwa -6 V und T_1 wird leitend, so daß seine Kollektorspannung gegen 0 V geht (d. h. um 6 V positiver wird). Da die Spannung über C_1 sich nicht sprunghaft ändern kann, springt die Basisspannung von T_2 auf $+6$ V; T_2 ist zusätzlich gesperrt, denn über dem Widerstand R_4 steht eine Spannung von 12 V. Der dann durch R_4 fließende Strom entlädt C_1 und ist darüber hinaus bestrebt, C_1 mit entgegengesetzter Polarität zu laden. Die Basisspannung von T_2 strebt also von $+6$ nach -6 V. Sobald jedoch die 0-V-Schwelle passiert ist, wird T_2 leitend, und die Schaltung fällt in den stationären Zustand zurück. Die Dauer des quasistationären Zustands (niedrigstes Niveau im unteren Oszillogramm) ist der Kapazität von C_1 proportional; bei $C_1 = 10$ nF findet man etwa 85 µs (Punkt b), bei $C_1 = 20$ nF wird die Impulsdauer 170 µs (Punkt c).

3.116. Versuch 116: Frequenzhub eines FM-Signals

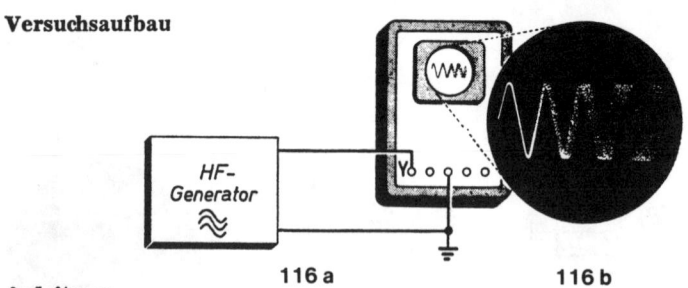

Versuchsaufbau

116 a   116 b

Anleitung

a. Ausgangsspannung des HF-Generators maximal, Frequenz auf 500 kHz, unmoduliert, einstellen
b. X-Kanal des Oszilloskops auf „INT" schalten; X-Verstärkung und Zeitmaßstab so einstellen, daß einige Schwingungen ausreichender Höhe sichtbar werden
c. HF-Generator auf FM schalten und maximalen Frequenzhub einstellen; Zeitablenkung in der Weise triggern, daß das Oszillogramm mit einer scharfen, nicht überlagerten Wellenlinie beginnt; Zeitmaßstab so einstellen, daß die „unscharfen" Linien am anderen Ende des Oszillogramms eine halbe Periode ausmachen (Bild 116b)
d. Oszillogramm studieren; Anzahl der Perioden feststellen und mittlere Periodendauer messen; hieraus Frequenzhub des zu messenden FM-Signals ermitteln
e. Wenn möglich, Frequenzhub ändern und Resultat beobachten

Erklärung

Bei einem frequenzmodulierten Signal (FM-Signal) ändert sich die Trägerfrequenz im Rhythmus der Modulationsfrequenz. Die größte Abweichung von der sogenannten Mittenfrequenz (mittleren Frequenz) nennt man *Frequenzhub*. Während jeder Periode der modulierenden Schwingung wird das Oszillogramm mehrere hundert Mal neu geschrieben, teils, wenn das FM-Signal seine niedrigste, teils, wenn es seine höchste Frequenz durchläuft. Die Mehrzahl der einzelnen Oszillogramme wird bei den diversen dazwischenliegenden Frequenzen geschrieben. Im erstgenannten Fall erscheinen je Hinlauf der Zeitablenkung weniger vollständige Perioden auf dem Bildschirm als im zweiten. Es kommen also nicht alle Einzelbilder zur Deckung. Da aber sämtliche Einzelbilder in demselben Punkt mit einem Schwingungsanstieg beginnen, ist das Oszillogramm links „scharf", rechts dagegen „unscharf". Der Frequenzunterschied folgt aus der unterschiedlichen Periodendauer. Für die Signale mit den beiden extremen Frequenzen (Punkt d) findet man beispielsweise nach n Perioden der Mittenfrequenz einen Unterschied von einer halben Periode. Der Unterschied zwischen einer der extremen Frequenzen und der Mittenfrequenz wäre demnach nach n Perioden gleich einem Viertel der Periodendauer der Mittenfrequenz, nach einer einzigen Periode gleich dem 4n-ten Teil davon. Ist also die Unschärfe nach n Perioden gleich einer halben Periodendauer, beträgt der Frequenzhub den 4n-ten Teil der Mittenfrequenz.

3.117. Versuch 117: Demodulation eines FM-Signals

Versuchsaufbau

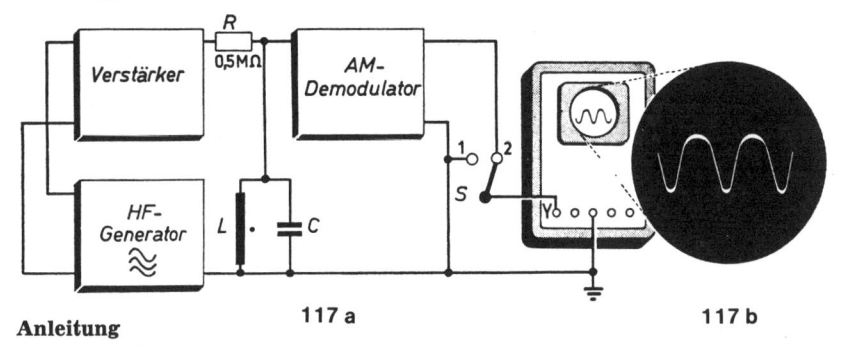

117 a 117 b

Anleitung

a. Ausgangsspannung des HF-Generators maximal, Frequenz auf 450 kHz, unmoduliert, einstellen; Bandbreite des Verstärkers 500 kHz; LC-Kreis auf 480 kHz abgestimmt; Demodulator wie in Versuch 83; Schalter S in Stellung 1
b. X-Kanal des Oszilloskops auf „INT", Y-Kanal auf „=" bzw. „DC" schalten; Y-Verschiebung so einstellen, daß das Oszillogramm an der Oberkante des Bildschirms erscheint
c. Schalter S in Stellung 2 bringen; Oszillogramm mit Y-Verstärkung in Bildmitte bringen
d. HF-Generator auf „FM" schalten, Frequenzhub maximal (jedoch $\leq$ 30 kHz); Zeitmaßstab so einstellen, daß sich ein Oszillogramm gemäß Bild 117b ergibt
e. Periodendauer messen. Entspricht diese der modulierenden Spannung?
f. FM-Signal auf 480 kHz einstellen; Resultat beobachten

Erklärung

Die Kreisimpedanz ist frequenzabhängig (Versuch 58). Je dichter die Frequenz des zugeführten Wechselstroms in Nähe des Resonanzpunkts liegt, um so größer wird die Kreisspannung; diese wird um so kleiner, je weiter die Frequenz vom Resonanzpunkt entfernt ist. Ist der HF-Strom unmoduliert, ist die Amplitude der Kreisspannung konstant. Der Modulator (Versuch 83) liefert dann eine Gleichspannung (Punkt c). Ist das HF-Signal frequenzmoduliert, ändert sich die Amplitude der Kreisspannung im Rhythmus der Frequenzänderung des Trägers. Da sich aber die Impedanz des Kreises nicht frequenzproportional ändert (Versuch 118), entspricht der Amplitudenverlauf der Kreisspannung nicht dem Frequenzverlauf der HF-Spannung. Die Änderung der vom Demodulator gelieferten Gleichspannung (Punkt e) entspricht nur dem Rhythmus, nicht der Form des Frequenzverlaufs der HF-Spannung. Dies besagt, daß die vom FM-Signal zu übertragende Information verzerrt ist. Geht die Frequenz des FM-Signals sowohl nach oben als auch nach unten über die Kreisresonanz hinaus (Punkt f), nimmt die Kreisimpedanz im Verlauf eines vollständigen Modulationszyklus zweimal einen hohen und einen niedrigen Wert an. Der Rhythmus, in dem die Y-Spannung jetzt schwankt, ist doppelt so groß wie der Frequenzhub des FM-Signals.

3.118. Versuch 118: Frequenzbereich eines Schwingkreises

Versuchsaufbau

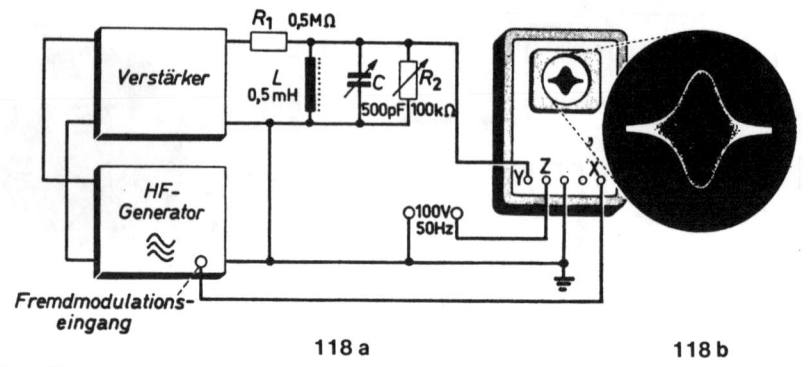

118 a   118 b

Anleitung

a. HF-Generator auf „unmoduliert" schalten, Ausgangsspannung maximal, Frequenz auf 450 kHz einstellen; Bandbreite des Verstärkers 500 kHz; Widerstand R_2 auf 100 kΩ einstellen; Z-Spannung einem Netztransformator mit getrennten Wicklungen entnehmen
b. X-Kanal des Oszilloskops auf „EXT" schalten; Kondensator C so einstellen, daß Bildhöhe maximal, nötigenfalls Y-Verstärkung nachstellen
c. HF-Generator auf „FM" schalten, Modulationsfrequenz auf 50 Hz, Frequenzhub (Δf) maximal einstellen; X- und Y-Verstärkung so einstellen, daß sich ein Oszillogramm gemäß Bild 118b ergibt (Bildhelligkeit herabsetzen, sofern zwei einander überlagerte Oszillogramme erscheinen)
d. Oszillogramm studieren. Bei welcher Frequenz ist der Schwingkreis in Resonanz?
e. Widerstand R_2 auf einige niedrigere Werte einstellen und Resultat studieren

Erklärung

Unter Punkt c schwankt die Frequenz des HF-Generators zwischen einem Wert unterhalb und einem Wert oberhalb der Kreisresonanz. Diese Schwankung erfolgt in demselben Rhythmus (50 Hz), in dem der Elektronenstrahl seine horizontale Schreibbewegung ausführt. Während eines vollständigen Modulationszyklus wird die Kreisresonanz zweimal durchlaufen (einmal, wenn das FM-Signal von der niedrigsten Frequenz zur höchsten übergeht, und einmal, wenn es von der höchsten Frequenz zur niedrigsten übergeht). Bewegt sich der Elektronenstrahl nach rechts, wird dabei in einem bestimmten Punkt die Kreisimpedanz maximal. Das gleiche geschieht beim Strahlrücklauf. Weil nun die (mit der Horizontalablenkung synchronisierte) Z-Spannung den Elektronenstrahl während der zweiten Hälfte des Zyklus dunkeltastet, entsteht nur ein einziges Bild: ein HF-Signal mit sich ändernder Amplitude. Der Frequenzhub ist der X-Spannung proportional. Man kann nun die X-Achse des Oszillogramms als Frequenzachse betrachten. Die Bildbreite entspricht dann dem doppelten Frequenzhub. Die Amplitude der Y-Spannung ist der Kreisimpedanz proportional. Der dargestellte Amplitudenverlauf gibt also die Kreisimpedanz als Funktion der Frequenz wieder.

3.119. Versuch 119: Frequenzbereich zweier miteinander gekoppelter Schwingkreise

Versuchsaufbau

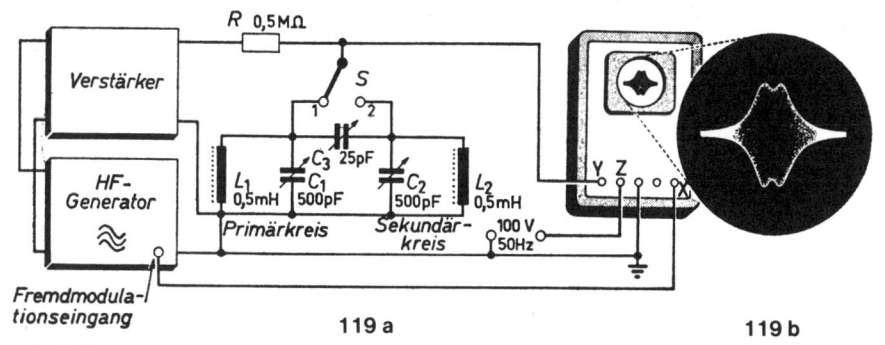

119 a   119 b

Anleitung

a. Ausgangsspannung des HF-Generators maximal, Frequenz auf 450 kHz, unmoduliert, einstellen; Bandbreite des Verstärkers 500 kHz; Kondensator C_3 auf Minimalwert einstellen; Schalter S in Stellung 2 bringen
b. X-Kanal des Oszilloskops auf „EXT" schalten; Kondensator C_2 so einstellen, daß Bildhöhe maximal; Schalter S in Stellung 1 bringen und Kondensator C_1 so einstellen, daß Bildhöhe maximal (nötigenfalls Y-Verstärkung nachstellen)
c. HF-Spannung frequenzmodulieren, Frequenzhub (Δf) maximal, Modulationsfrequenz auf 50 Hz einstellen; X- und Y-Verstärkung nach Wunsch einstellen; Kondensator C_3 so weit vergrößern, daß sich ein Oszillogramm nach Bild 119b ergibt (notfalls die Helligkeit verringern, bis Z-Modulation ein etwaiges Doppelbild zum Verschwinden bringt); Einsattelung des Oszillogramms erklären
d. Kondensator C_3 auf höhere und niedrigere Werte einstellen und Resultat beobachten

Erklärung

Unter Punkt b werden der Sekundärkreis L_2-C_2 (S in Stellung 2) und der Primärkreis L_1-C_1 (S in Stellung 1) auf 450 kHz abgestimmt. Ist C_3 auf einen sehr kleinen Wert eingestellt, ist die Kopplung gering, und der Sekundärkreis wird kaum zu Schwingungen angeregt (S in Stellung 1). Die Sekundärspannung ist niedrig. Das Oszillogramm hat jetzt die gleiche Form wie in Versuch 118. Vergrößert man C_3, macht sich der Einfluß des Sekundärkreises stärker bemerkbar, besonders im Resonanzpunkt. Hier ist nämlich die vom Sekundärkreis aufgenommene Leistung maximal. Insbesondere bei Resonanz bewirkt der Sekundärkreis eine Belastung des Primärkreises, die um so höher ist, je fester man die Kopplung (C_3) macht. Vergrößert man C_3, verringert sich die Höhe des Oszillogramms im Resonanzpunkt. Bei der sogenannten kritischen Kopplung ist sie auf die Hälfte abgesunken: die Primärkreisverluste sind dann gleich den Sekundärkreisverlusten; die Kreisströme — und damit die Kreisspannungen — sind einander gleich. Es besteht jetzt eine optimale Energieübertragung; 50 % der über R zugeführten Leistung gelangen in den Sekundärkreis. Etwas außerhalb des Resonanzpunkts ist bei kritischer Kopplung die Spannung am Primärkreis höher, weil hier die vom Sekundärkreis aufgenommene Leistung viel kleiner ist (Punkt c). Geht man über die kritische Kopplung hinaus, verringert sich die Primärspannung im Resonanzpunkt noch mehr.

3.120. Versuch 120: Nachweis der Seitenbänder eines AM-Signals

Versuchsaufbau

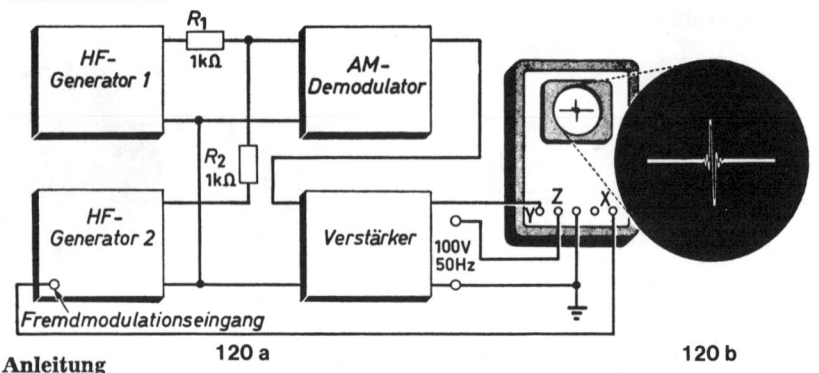

120 a 120 b

Anleitung

a. Beide HF-Spannungen auf 10 MHz und maximale Amplitude einstellen; HF-Generator 1 unmoduliert, HF-Generator 2 auf „FM" (Δf = maximal, Modulationsfrequenz 50 Hz); Z-Spannung einem Netztransformator mit getrennten Wicklungen entnehmen; AM-Demodulator wie in Versuch 83; Bandbreite des Verstärkers 1 kHz
b. X-Kanal des Oszilloskops auf „EXT" schalten; X- und Y-Verstärkung so einstellen, daß sich ein Oszillogramm gemäß Bild 120b ergibt (Bildhelligkeit nötigenfalls so weit verringern, bis die Z-Modulation ein etwaiges Doppelbild zum Verschwinden bringt)
c. Oszillogramm studieren; X-Verstärkung nötigenfalls vorübergehend erhöhen
d. HF-Generator 1 auf „AM" schalten (Modulationsfrequenz niedriger als Frequenzhub von HF-Generator 2); auf dem Bildschirm erscheinen zwei neue Maxima

Erklärung

Ist die Frequenzdifferenz beider HF-Signale relativ klein, ändert sich die Ausgangsspannung des Demodulators im Rhythmus dieser Differenz (Versuch 84). Der Verstärker liefert also eine niederfrequente Y-Spannung, wenn die Frequenzdifferenz der beiden HF-Signale kleiner als einige Kilohertz ist. Dies ist in der Praxis auch der Fall, wenn beide HF-Generatoren auf vermeintlich gleiche Frequenz abgestimmt sind (Einstelltoleranz). Unter Punkt b tritt je FM-Zyklus zweimal eine solche Frequenzdifferenz auf. Da der Elektronenstrahl während eines Zyklus in horizontaler Richtung je einen Hin- *und* Rücklauf ausführt und das Bild während des Hin- *oder* Rücklaufs von der Z-Spannung dunkelgetastet wird, entsteht nur ein einziges Bild. Es ist dieses eine horizontale Linie, die an einer Stelle gestört ist. Liegt die Störung beispielsweise weit links, ist die Frequenz des unmodulierten Signals gleich der einen extremen Frequenz, liegt sie weit rechts, ist sie gleich der anderen extremen Frequenz des FM-Signals. Die Störung ist also ein „Kennzeichen" auf der horizontalen Linie (Frequenzachse). Unter Punkt *d* erscheinen drei solcher Markierungen. Das AM-Signal besteht hier aus drei unmodulierten HF-Signalen: der Trägerwelle und beiderseits davon je ein Seitenband.

3.121. Versuch 121: Videosignal während einer Zeile

Versuchsaufbau

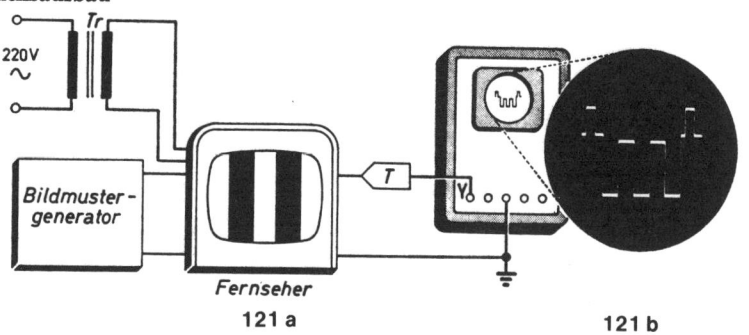

Fernseher
121 a

121 b

Anleitung

a. Fernseher über einen Trenntransformator Tr an Netz anschließen; Bildmustergenerator mit Antennenbuchsen des Fernsehers verbinden; Katode der Bildröhre liegt über den Tastkopf T am Y-Eingang des Oszilloskops
b. Fernseher einschalten; Bildmustergenerator auf ein vertikales Balkenmuster einstellen; Amplitude und Frequenz des Videosignals so einstellen, daß auf dem Fernseher das Balkenmuster erscheint (Bild 121a)
c. X-Kanal des Oszilloskops auf „INT" schalten; Y-Verstärkung und Zeitmaßstab (Frequenz $\approx$ 15 kHz) so einstellen, daß sich ein Oszillogramm gemäß Bild 121b ergibt
d. Zeilendauer messen, d. h. die Zeit zwischen den Anstiegsflanken zweier Zeilensynchronimpulse (in Bild 121b die Einsätze der Bildteile mit dem höchsten Niveau)
e. Kontrasteinstellung des Fernsehers betätigen und Resultat beobachten

Erklärung

Ein Fernsehbild besteht nach der europäischen Norm aus 625 Zeilen, die innerhalb von 40 ms geschrieben werden. Eine Zeile dauert somit 64 µs (Punkt d). In etwa 53 µs wird der wesentliche Teil einer Zeile, der Bildinhalt, geschrieben; während der restlichen 11 µs ist die Bildröhre (sofern richtig eingestellt) ungeachtet des Bildinhalts dunkelgetastet. In dieser Zeit kehrt der Elektronenstrahl der Bildröhre vom Ende der einen Zeile zum Anfang der (nach der Norm) nächstfolgenden Zeile zurück. Dieser Rücklauf wird durch die Anstiegsflanke des Zeilensynchronimpulses eingeleitet. In Bild 121b ist dies die vertikale Linie an der Vorderflanke des höchsten Niveaus. Dieser Impuls tritt 1 µs nach Aufzeichnung des wesentlichen Bildinhalts einer Zeile auf. Er bewirkt, daß die Bildröhre 10 µs lang dunkelgetastet wird; dann folgt der wesentliche Bildinhalt der nächsten Zeile. Der Synchronimpuls (höchstes Niveau) hat eine Breite (Dauer) von etwa 5 µs. Die unteren Niveaus des Oszillogramms entsprechen den hellsten Bildpartien, die darüberliegenden den dunkleren. Mit dem Kontrasteinsteller (Punkt e) verändert man die Amplitude des an die Bildröhre gelangenden Bildsignals.

3.122. Versuch 122: Videosignal während eines Halbbilds

Versuchsaufbau

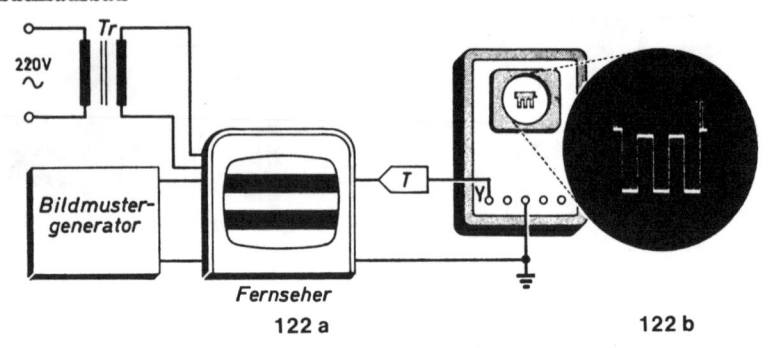

122 a   122 b

Anleitung

a. Fernseher über einen Trenntransformator Tr an Netz anschließen; Bildmustergenerator mit Antennenbuchsen des Fernsehers, Tastkopf T mit der Katode der Bildröhre verbinden
b. Fernseher auf das Signal des Bildmustergenerators abstimmen; Bildmustergenerator auf ein horizontales Balkenmuster einstellen; dieses Signal so einstellen, daß auf dem Fernseher das Balkenmuster erscheint (Bild 122a
c. X-Kanal des Oszilloskops auf „INT" schalten; Y-Verstärkung und Zeitmaßstab (Frequenz $\approx$ 50 Hz) so einstellen, daß sich ein Oszillogramm gemäß Bild 122b ergibt
d. Oszillogramm mit dem Schirmbild vergleichen (Balkenzahl beachten)
e. Anstelle des Bildmusters ein Fernsehprogramm einstellen und Oszillogramm verfolgen

Erklärung

Ein Fernsehbild kommt nach der europäischen Norm in jeweils 40 ms zustande. Dabei werden zunächst alle ungeraden, dann alle geraden Zeilen geschrieben (Zeilensprungverfahren). Der Elektronenstrahl der Bildröhre wandert also je Vollbild zweimal von oben nach unten. Das Vollbild besteht aus zwei Halbbildern. Ein Halbbild dauert 20 ms. Der wesentliche Bildinhalt eines Halbbilds erstreckt sich über einen Zeitraum von etwa 18,4 ms. Während der restlichen 1,6 ms ist die Bildröhre (sofern richtig eingestellt) dunkelgetastet. In dieser Zeit tritt das Vertikal-Austastsignal auf. Letzteres besteht aus einer komplizierten Folge schmaler und breiterer Impulse, die dafür sorgen, daß sowohl jede der 25 „unsichtbaren" Zeilen wie auch jedes neue Halbbild jeweils im richtigen Zeitpunkt beginnt. Die unteren Niveaus des Oszillogramms nach Bild 122b entsprechen den hellsten Bildpartien, die mittleren den dunkleren (Punkt d). Das höchste Niveau entspricht den Maximalpegeln der Synchron- und Austastimpulse. Unter Punkt e sieht man bei bewegten Fernsehbildern, daß sich die untere Kontur des Oszillogramms laufend ändert, während die Synchron- und Austastimpulse unverändert an der gleichen Stelle bleiben.

3.123. Versuch 123: Anstiegszeit des Y-Verstärkers

Versuchsaufbau

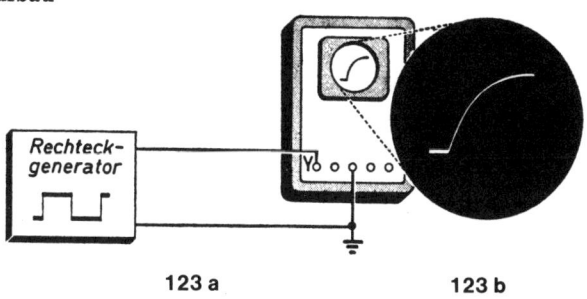

123 a 123 b

Anleitung

a. Rechteckspannung auf 1 V, Frequenz auf 1 kHz und Tastverhältnis auf 1:1 einstellen; Anstiegszeit der Rechteckspannung muß viel kleiner sein als die des Y-Verstärkers (vgl. technische Daten)
b. X-Kanal des Oszilloskops auf „INT" schalten; Y-Verstärkung und Zeitmaßstab so einstellen, daß ein rechteckförmiges Oszillogramm ausreichender Höhe entsteht
c. Oszillogramm studieren; Flankensteilheit beachten (vorübergehend maximale Helligkeit einstellen)
d. Zeitmaßstab maximal und Frequenz der Rechteckspannung so einstellen, daß sich ein Oszillogramm gemäß Bild 123b ergibt (nötigenfalls extern triggern)
e. Zeitspanne zwischen 10 und 90 % der maximalen Bildhöhe messen; Resultat mit der angegebenen Anstiegszeit des betreffenden Y-Verstärkers vergleichen

Erklärung

Eine ideale Rechteckspannung erzeugt — über einen idealen Y-Verstärker — ein Oszillogramm, in dem ausschließlich zwei Niveaus unterschieden werden können. Der Sprung vom einen Niveau auf das andere erfordert dann überhaupt keine Zeit, so daß er (selbst bei maximaler Bildhelligkeit) auch nicht im Bild erscheinen kann. Der Sprung zwischen den beiden Niveaus einer in der Praxis vorkommenden Rechteckspannung hat dagegen immer eine gewisse zeitliche Dauer. Außerdem kann eine Rechteckspannung, auch wenn sie ideal wäre, vom Oszilloskop nicht völlig naturgetreu wiedergegeben werden. Man stößt dabei nämlich auf die Schwierigkeit, daß sich die Spannung an den (parasitären) Kapazitäten (beispielsweise Kapazität der Ablenkplatten) nicht sprunghaft ändern kann (Versuch 37). Auch sehr sorgfältig konstruierte Verstärkerschaltungen, wie sie in Oszilloskopen zur Anwendung kommen, können diesen Effekt niemals völlig kompensieren. Hierunter versteht man die Zeitspanne, in der bei einem sogenannten Sprungvorgang der Augenblickswert der Ablenkung von 10 auf 90 % des im eingeschwungenen Zustand erreichten Endwerts ansteigt. Unter Punkt e wird die Anstiegszeit in der Annahme gemessen, daß der Sprung der zugeführten Rechteckspannung viel rascher als der ihm entsprechende Sprung im Oszillogramm verläuft.

3.124. Versuch 124: Operationsverstärker als invertierender Breitbandverstärker ($V = 1 \ldots 100$)

Versuchsaufbau

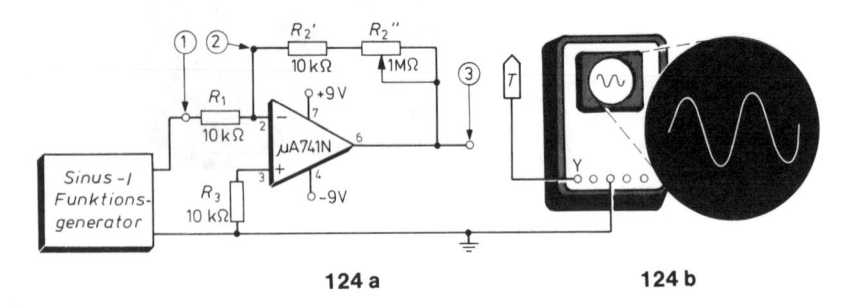

124 a **124 b**

Anleitung

a. Tastkopf T an Punkt ① der Schaltung und Signalgenerator auf $f = 1$ kHz und $U_{ss} = 100$ mV $U_{eff} = 35$ mV bei Sinussignal) einstellen; R_2'' auf Linksanschlag (kleinster Wert)
b. X-Kanal des Oszilloskops auf „INT", Zeitablenkung auf 0,2 ms/Teil. Y-Eingang zunächst auf „GND" und Strahl in die Schirmmitte bringen, dann auf „DC" stellen und Empfindlichkeit von 100 mV/Teil wählen (Tastkopf beachten)
c. Tastkopf an den Meßpunkt ③, Amplitude auf dem Schirmbild beobachten und R_2'' vergrößern
d. Versuch c wiederholen mit Tastkopf an Meßpunkt ②
e. Versuche a bis d bei 100 Hz, 10 kHz und 100 kHz wiederholen. Dabei jeweils die Zeitablenkung anpassen

Erklärung

Bei tiefen Frequenzen ist die Verstärkung zwischen den Punkten ③ und ① nahezu proportional den Widerstandsverhältnissen: $V_{③/①} = R_2/R_1$ ($R_2 = R_2' + R_2''$). Der Grund hierfür ist, daß die Verstärkung zwischen den Punkten ③ und ② erheblich größer ist als zwischen ③ und ①. Das zeigt der Versuch d. Während am Eingang ① eine Spannung von 100 mV und am Ausgang ③ eine Spannung von 100 mV bis 10 V zu messen ist, kann man direkt am Eingang ② des Operationsverstärkers praktisch keine Spannung nachweisen. Bei einer Frequenz von 100 Hz ist die Leerlaufverstärkung des µA 741 N ca. 10000fach. Daraus folgt, daß die Spannung am Eingang ② immer 10000 mal kleiner ist als am Ausgang ③. Bei maximal eingestellter Verstärkung $V_{③/①} = 100$ sind am Ausgang $U_3 = 10$ V zu messen. Am Eingang des µA 741 N ist dann eine Spannung von $U_② = 10$ V : 10000 = 1 mV zu erwarten. Da der Eingangsstrom in den µA 741 N sehr klein und die Spannung an ② praktisch Null ist, muß der Strom, den der Funktionsgenerator über R_1 liefert über R_2 kompensiert werden:

$$I_G = \frac{U_①}{R_1} \approx \frac{U_③}{R_2} \quad \text{daraus folgt:} \quad V = \frac{U_③}{U_①} \approx \frac{R_2}{R_1}$$

Diese Formeln stimmen nur, solange die gewählte Verstärkung viel kleiner als die Leerlaufverstärkung des Operationsverstärkers ist. Die Verstärkung des µA 741 N beträgt bei 10 Hz ca. 100000 und nimmt mit steigender Frequenz um den Faktor 10 pro Dekade ab. Daher kann bei der Frequenz von 100 kHz auch bei beliebig großem R_2 keine größere Verstärkung als 10fach erreicht werden. Dies wird durch die Versuche d und e deutlich.

3.125. Versuch 125: Operationsverstärker als nichtinvertierender Breitbandverstärker ($V = 1 \ldots 100$)

Versuchsaufbau

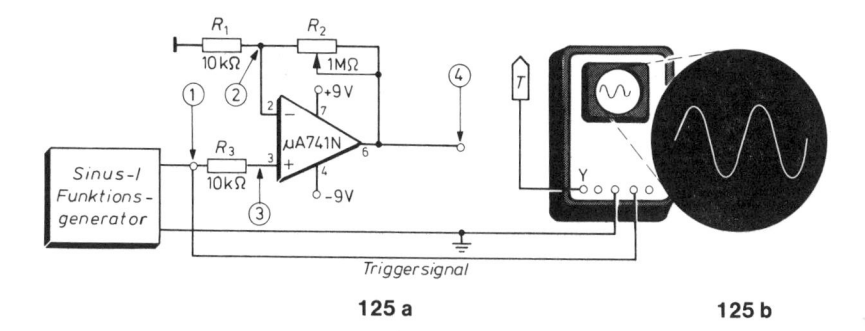

125 a   125 b

Anleitung

a. Tastkopf T an Punkt ① der Schaltung und Signalgenerator auf $f = 1$ kHz und $U_{ss} = 100$ mV ($U_{eff} = 35$ mV bei Sinussignal) einstellen; R_2 auf Linksanschlag (kleinster Wert)
b. X-Kanal des Oszilloskops auf „INT", Zeitablenkung auf 0,2 ms/Teil und extern triggern. Y-Eingang zunächst auf „GND" und die Empfindlichkeit auf 100 mV/Teil stellen (Tastkopf beachten). Danach Strahl auf die Schirmmitte justieren und auf „DC" umschalten
c. Tastkopf an den Meßpunkt ④, Amplitude auf dem Schirmbild beobachten und R_2 vergrößern
d. R_2 variieren und Spannungen an den Meßpunkten ② und ③ beobachten
e. Versuche a bis d bei 100 Hz, 10 kHz und 100 kHz wiederholen. Dabei jeweils die Zeitablenkung anpassen

Erklärung

Mit R_2 kann bei einem Generatorsignal von 100 mV die Ausgangsspannung zwischen 100 mV und 10 V eingestellt werden. Die Verstärkung kann also zwischen 1 und 100 gewählt werden (Versuch c). Sie verhält sich entsprechend der Gleichung $V \approx 1 + \frac{R_2}{R_1}$. Der Versuch d zeigt, daß die Spannung an den Punkten ② und ③ gleich groß und unabhängig von der Verstärkung ist. Das ist mit der hohen Leerlaufverstärkung des Operationsverstärkers zu erklären. Selbst für große Ausgangsspannungen (z. B. 10 V bei $f = 1$ kHz) ist die Eingangsspannung des Verstärkers, das heißt die Spannungsdifferenz zwischen den Punkten ② und ③, sehr klein (≈ 10 mV). Daraus folgt, daß sich bei gegebener Eingangsspannung eine solche Ausgangsspannung einstellt, die geteilt über den Spannungsteiler R_2, R_1 am Eingang ② praktisch die gleiche Spannung wie am Eingang ③ ergibt. Schließt man den Ausgang ④ mit dem Eingang ② kurz ($R_2 = 0$), so ist das Signal an allen Punkten gleich und die Verstärkung ist 1. Vergrößert man R_2, so muß die Spannung am Ausgang ④ wachsen, damit die Spannung an ② den ursprünglichen Wert behält.

Eine spezielle Eigenschaft, die diese Verstärkerkonfiguration hat, ist der hohe Eingangswiderstand. Dies läßt sich daran erkennen, daß die Spannung an den Punkten ① und ③ nahezu gleich ist. An R_3 tritt damit praktisch kein Spannungsabfall auf. Daraus folgt, daß durch R_3 nur ein extrem kleiner Strom fließt. Das kann nur bei einem hohen Eingangswiderstand der Fall sein.

Steigert man die Frequenz, so sinkt die Leerlaufverstärkung des Verstärkers, und das Verhalten weicht um so mehr von dem oben beschriebenen ab, je höher die Meßfrequenz ist (Versuch e). Bei der Frequenz von 100 kHz ist die Leerlaufverstärkung auf den Faktor 10 abgesunken.

4. Literaturverzeichnis

[1] J. CZECH, *Oscilloscope measuring technique;* Philips Technische Bibliothek, Eindhoven, 1965
Deutsch: *Oszillografen-Meßtechnik,* Grundlagen und Anwendungen moderner Elektronenstrahl-Oszillografen; Verlag für Radio-Foto-Kinotechnik GmbH, Berlin-Borsigwalde, 1959/1965

[2] DIN 43 740, *Angabe der Eigenschaften von Elektronenstrahl-Oszilloskopen;* Fachnormenausschuß Elektrotechnik im Deutschen Normenausschuß (DNA), Januar 1964 und Februar 1976

[3] A. C. J. BEERENS, *Meßgeräte und Meßmethoden in der Elektronik;* Philips GmbH, Hamburg, 2., verbesserte Auflage 1971

[4] H. W. FRICKE, *Die fotografische Registrierung von Elektronenstrahl-Oszillogrammen;* Philips Technische Bibliothek, Eindhoven, 1964

[5] H. CARTER, *Kleine Oszilloskoplehre,* Grundlagen, Aufbau und Anwendungen; Philips GmbH, Hamburg, 7., überarbeitete und verbesserte Auflage 1977

[6] W. SCHULTZ, *Messen und Prüfen mit Rechtecksignalen;* Philips Technische Bibliothek, Eindhoven, 1966

[7] H. NELTING und G. THIELE, *Elektronisches Messen nichtelektrischer Größen;* Philips Technische Bibliothek, Eindhoven, 1966

[8] J. Ph. KORTHALS ALTES und G. W. SCHANZ, *Logische Schaltungen mit Transistoren;* Philips GmbH, Hamburg, 4. Auflage 1972

[9] A. KORONCAI und R. ALVING, *Der Transistorschalter in der digitalen Technik;* Philips Technische Bibliothek, Eindhoven, 1965

5. Stichwortverzeichnis

Ablenkkoeffizient 3 f.
Ablenkplatten 2 f.
Abschirmung (Materialien) 23
Abschwächer 3, 5
akustische Schwebungen 32
AM-Signal 96
AM-Signal (Demodulation) 97
AM-Signal (Seitenbänder) 134
amplitudenmoduliertes Signal 96
Anoden 2
Ansprechgeschwindigkeit 4
Anstiegszeit (Y-Verstärker) 137
Aufnehmer 8
Augenblickswert 137
Ausdehnungskoeffizient (Metall) 66

Bändchenmikrofon 12
Basisschaltung 125
Begrenzereffekt 44
Begrenzung 89
Beleuchtungsstärke 13
Beschleunigung 99
bidirektionale Diode 43
bidirektionaler Thyristor 82
Bildhelligkeit 3
Blattfeder 101
Breitbandverstärker 4, 138 f.
Brennpunkt 2
Brennspannung 42, 79

Ceracap 85

Dämpfung 73, 95
Dauermagnet 23
Dehnungsmeßstreifen 10 f., 101
Demodulation (AM-Signal) 97
Demodulation (FM-Signal) 131
Diac 43, 81 f.
Diac (Strom-Spannungs-Kennlinie) 43
Dielektrikum 85
dielektrisches Material (Hystereseschleife) 85
Dielektrizitätskonstante 56
Differenzfrequenz 98
Diode, bidirektionale 43
Diodenstrom (Einweggleichrichtung) 86
Dipole, elektrische 54
*Doppler*effekt 34
Drehzahl (Motor) 112
Dunkelpegel 77
Dunkelwiderstand (LDR) 71
Durchbruchspannung 44
Durchlaßgebiet 40 f.

effekt, *Doppler*- 34
Effekt, piezoelektrischer 12
Effekt, Stroboskop- 78
Eigenfrequenz 27
Eingangsimpedanz 4
Eingangskapazität 4
Eingangswiderstand 4

eingestrichene Oktave 31
Einweggleichrichtung (Diodenstrom) 86
elektrische Dipole 54
elektrische Größen 9
Elektrodensystem 1 ff.
elektrodynamisches Mikrofon 12
Elektromagnet 23
Elektronenlinse 2
Elektronenröhren (Kennlinien) 118 f.
Elektronenstrahl-Oszilloskop 1 ff.
Elektronenstrahlröhre 1 ff.
elektronischer Schalter 7 f.
Emitterfolger 123
Erholzeit (LDR) 71
externe Triggerung 7
Exzentrizität (rotierende Welle) 117

Farad 49
Faradaysches Induktionsgesetz 22
Feldeffekt-Transistor (Kennlinien) 122
Felder, magnetische (Abschirmung) 23
FET 122
Flimmererscheinungen 7 f., 78
Flüssigkeiten (Füllstandsbestimmung) 56
FM-Signal (Demodulation) 131
FM-Signal (Frequenzhub) 130
Formänderung 11
Fortpflanzungsgeschwindigkeit (Schall) 33
Fotodiode 13
Fotoleitung 13
Fotowiderstand 13
Fotozelle 13
Frequenzbereich 4
Frequenzbereich (gekoppelte Schwingkreise) 133
Frequenzbereich (Schwingkreis) 132
Frequenzhub (FM-Signal) 130
Frequenzkennlinie 4
Frequenzmessung (Lissajousfiguren) 110
Frequenzmessung (Z-Modulation) 113
Frequenzmessung (Zykloiden) 111
Frequenzteiler 114
Frequenzvergleich (HF-Signale) 98
Füllstandsbestimmung (Flüssigkeiten) 56
Füllstandsbestimmung (kapazitiver Aufnehmer) 56
fünfgestrichene Oktave 31

galvanische Kopplung 4
Ganzton 31
Gasdiode (Strom-Spannungs-Kennlinie) 42
Gasdiode (Zünd- und Brennspannung) 79
Gegeninduktionsspannung 65
gekoppelte Kreise (Ausschwingen) 75
gekoppelte Schwingkreise (Frequenzbereich) 133
gekoppelte Spulen (Eigenschaften) 65
gespannte Saite 28
Glättungsfilter 127
Gleichspannung (X- und Y-Ablenkung) 36

Gleichspannungsdrift 5
Gleichspannungskomponente 5
Gleichspannungsverstärker 4 f.
Gleichstrom (Messung) 16
Gleichstromkreis, Kondensator im 47
Gleichstromkreis, Spule im 57
Glühlampe (Helligkeit) 77
Größen, elektrische 9
Größen, nichtelektrische 9
große Oktave 31
Grundschwingung 29
Grundton 29

Halbbild 136
Halbleiterdiode (Sperrträgheit) 90
Halbleiterdiode (Strom-Spannungs-
   Kennlinie) 41
Haltestrom (Thyristor) 81
Harmonische 29, 76
Helligkeit 1
Helligkeit (Glühlampe) 77
Helligkeit (Leuchtstofflampe) 78
Helligkeitseinsteller 2
Helligkeitsmodulation 2
Helltastung 6
Henry 59
HF-Signale (Frequenzvergleich) 98
Hinlauf 6
Hörbereich (Prüfung) 26
Hörschwelle 26
Hystereseschleife (dielektrisches
   Material) 85
Hystereseschleife (Transformatorblech) 84

Impedanz 62
Impedanzwandler 123
Impulsgenerator 103
Induktions-EMK 22
Induktionsgesetz, *Faradaysches* 22
integrierende Netzwerke 126
interne Triggerung 7
Inverter 105 f.

Kalibrierung (X-Kanal) 35
Kalibrierung (Y-Kanal) 15
Kapazität 9, 49, 54
kapazitiver Aufnehmer (Füllstands-
   bestimmung) 56
kapazitiver Aufnehmer (Wägen) 55
Kennlinien (Elektronenröhren) 118 f.
Kennlinien (Feldeffekt-Transistor) 122
Kennlinien (Transistoren) 120 f.
Klangcharakter 29
Klangfarbe 29
Klangfarbeneinsteller 30
Klavierseite (Schwingungen) 31
kleine Oktave 31
Koaxialkabel 94
Kohlemikrofon 11
Kondensator im Gleichstromkreis 47
Kondensator im Wechselstromkreis 52
Kondensator (Kapazität) 49, 54
Kondensator (Phasenverschiebung) 53
Kondensator (Spannungsverlauf) 48, 51

Kondensatormikrofon 11
Kondensatorschaltung (Stromverlauf) 50
Kontra-Oktave 31
Kopplung, galvanische 4
Kopplung, lose 65
Kopplungsgrad 65
Kraft 10 f.
Kreise, gekoppelte (Ausschwingen) 75
Kristallmikrofon 12
kurzgeschlossene Transformatorwicklung
   74

Ladungsträger 46
Längenänderung 10, 66
Lampenfaden 77
Laufwelle 28
LDR-Widerstand 71
Leitkreis 72
Leuchtfleck 1 f.
Leuchtschirm 1 f.
Leuchtstofflampe (Helligkeit) 78
lichtempfindlicher Widerstand (Trägheit)
   71
Lichtsteuerung *(Triac)* 82
Lichtstrom 13
Lissajousfiguren 110
Literaturhinweis *nach* 155
Literaturverzeichnis 140
Logikschaltung 105 ff.
lose Kopplung 65
Luftspalt 66
Lumineszenzschicht 1

magnetische Felder (Abschirmung) 23
magnetischer Widerstand 66
Magnetismus 23
mechanische Schwingungen 11 f.
Meßraster 4
Meßwertaufnehmer 8 ff.
Metall (Ausdehnungskoeffizient) 66
Mikrofarad 49
Mikrofon 11
Mittenfrequenz 130
Modulationsgrad 96
monostabiler Multivibrator 129
Motor (Zündkontrolle) 68
Motordrehzahl 112
Multivibrator, monostabiler 129

Nachbeschleunigung 3
Nachbeschleunigungsanode 3
Nacheilen 116
Nachleuchteffekt 2
Nadelimpuls 106
Nanofarad 49
Netzfilter 67
Netzspannung 67
Netzspannungs-Triggerung 7
Netztransformator (Primärstrom) 83
Netzwerke, integrierende 126
nichtelektrische Größen 9
Niveaueinstellschaltungen 91
NTC-Widerstand 14

Oberton 29
Oktave 31
Operationsverstärker 104, 138 f.
Oszilloskop 1 ff.

Paralleldrahtleitung 95
Parallelschwingkreis 72
Phasenanschnitt 80
Phasendifferenz (Sinusspannungen) 97
Phasenverschiebung (Kondensator) 53
Phasenverschiebung (Spule) 63
piezoelektrischer Effekt 12
Pikofarad 49
Plattenkondensator 9 f.
PN-Übergang 46, 103
Polarisation 54
Prellen (Kontakt) 69
Prellen (Zungenkontakt) 70
PTC-Widerstand 14

Quarte 31
Quarzoszillator 107
Quinte 31

Rechteckgenerator 104 f.
Rechtecksignal (Beobachtung) 29
Rechteckspannung (Amplitude) 17
Rechteckspannung (Mittelwert) 18
Rechteckspannung (Zerlegung) 76
Reedkontakt 70
Reflexion 34
Resonanzfrequenz 72
rotierende Welle (Exzentrizität) 117
Rücklauf 6
Rundfunkempfänger (Ausgangssignal) 30

Sägezahngenerator 102
Sägezahnspannung 6
Saite 28, 100
Sättigungsgebiet 40
Saugkreis 72
Schärfeeinsteller 2
Schall (Fortpflanzungsgeschwindigkeit) 33
Schallschwingungen 11 f.
Schallsignal (Wellenlänge) 24
Schalter, elektronischer 7 f.
Schaltzeiten (Zerhacker) 69
Scheinwiderstand 62
Schmerzempfindung 26
Schmerzgrenze 26
Schmitt-Trigger 128
Schreibrichtung 116
Schwebungen, akustische 32
Schwingbeschleunigung 12
Schwinggeschwindigkeit 12, 99
Schwingkreis (Ausschwingen) 73
Schwingkreis (Frequenzbereich) 132
Schwingkreis (Selektivität) 72
Schwingkreis, gekoppelte (Frequenzbereich) 133
Schwingungen 11 f.
Schwingungen (Klaviersaite) 31
Schwingungsaufnehmer 12
Schwingungsbauch 24, 100

Schwingungsformen (Saite) 28
Schwingungsknoten 24, 100
Schwingweg 12, 99
SCR 81
Seitenbänder (AM-Signal) 134
Sekundäremission 3
Selbstinduktion 9, 59, 64
Selektivität (Schwingkreis) 72
Serienschwingkreis 72
Signalverzögerungseinrichtungen 4
Sinus-Halbwelle (Mittelwert) 21
Sinusspannung (Amplitude) 19
Sinusspannung (Effektivwert) 20
Sinusspannung (X- und Y-Ablenkung) 37
Sinusspannungen (Phasendifferenz) 108
Spannungsbegrenzer 89
Spannungsfolger 123
Spannungsreflexion 94
Spannungsstabilisatorröhre (Betriebsbereich) 45
Spannungsverdopplung 88
Spannungsverlauf (Kondensator) 48, 51
Spannungsverlauf (Spule) 60
Sperrgebiet 41
Sperrkreis 72
Sperrschichtfotozelle 13
Sperrträgheit (Halbleiterdiode) 90
Sprache/Musik-Schalter 30
Sprungvorgang 137
Spule im Gleichstromkreis 57
Spule im Wechselstromkreis 62
Spule (Phasenverschiebung) 63
Spule (Selbstinduktion) 59
Spule (selbstinduktionsbestimmende Größen) 64
Spule (Spannungsverlauf) 60
Spule (Stromverlauf) 58, 61
Spulen, gekoppelte (Eigenschaften) 65
Stammton 31
Stehwelle 28
Stimmgabel (Eigenfrequenz) 27
Strahlmodulation 2
Stroboskop-Effekt 78
Strom 9
Strom-Spannungs-Kennlinie (*Diac*) 43
Strom-Spannungs-Kennlinie (Gasdiode) 42
Strom-Spannungs-Kennlinie (Halbleiterdiode) 41
Strom-Spannungs-Kennlinie (Vakuumdiode) 40
Strom-Spannungs-Kennlinie (VDR-Widerstand) 39
Strom-Spannungs-Kennlinie (Widerstand) 38
Stromverlauf (Kondensatorschaltung) 50
Stromverlauf (Spule) 58, 61
Stromverstärker 123
Subkontra-Oktave 31

Tastkopf 4
Tastteiler (Abgleich) 93
Tauchspulenmikrofon 12
Teillänge 4

143

Temperatur 13 f.
Terz 31
Thermo-EMK 14
Thermopaar 14
Thyratron im Wechselstromkreis 80
Thyristor, bidirektionaler 82
Thyristorschaltung 81
Torschaltungen 92
Trägerwelle 96
Trägheit (lichtempfindlicher Widerstand) 71
Transformatorblech (Hystereseschleife) 84
Transformatorwicklung, kurzgeschlossene 74
Transistor als Verstärker 123 ff.
Transistoren (Kennlinien) 120 ff.
Treibspannung 69
Treppenspannung (Aufbau) 115
Triac (Lichtsteuerung) 82
Triggersignal 6 f.
Triggerung 6 f.

Übertragungseigenschaften 4
Umsetzer 8
Unijunctiontransistor 46, 103

Vakuumdiode (Strom-Spannungs-Kennlinie) 40
VDR-Widerstand (Strom-Spannungs-Kennlinie) 39
Verspringen (Elektronenstrahl) 8
Verständlichkeit 30
Versuche 14 ff.
Vertikal-Austastsignal 136
Videosignal 135
Voreilen 116
Vorverstärker 8

Wägen (kapazitiver Aufnehmer) 55
Wechselspannungsverstärker 4 f.
Wechselstromkreis, Kondensator im 52
Wechselstromkreis, Spule im 62
Wechselstromkreis, Thyratron im 80

Wechselstromleistung 109
Weg 9 f.
*Wehnelt*zylinder 2
Welle, rotierende (Exzentrizität) 117
Wellenwiderstand 94 f.
Widerstand 9
Widerstand, lichtempfindlicher (Trägheit) 71
Widerstand, magnetischer 66
Widerstand (Strom-Spannungs-Kennlinie) 38

X-Ablenkung (Gleichspannung) 36
X-Ablenkung (Sinusspannung) 37
X-Abschwächer 5 f.
X-Richtung 2 f.
X-Verstärker 5 f.

Y-Ablenkung (Gleichspannung) 36
Y-Ablenkung (Sinusspannung) 37
Y-Abschwächer 3
Y-Richtung 2 f.
Y-Verstärker 3 ff.
Y-Verstärker (Anstiegszeit) 137

Z-Diode (Betriebsbereich) 44
Z-Modulation (Frequenzmessung) 113
Z-Spannung 2
Zeile 135
Zeilensynchronimpuls 135
Zcitablenkkoeffizient 6
Zeitablenkung 6 f.
Zeitmaßstab 6
Zeitmaßstab (Kalibrierung) 25
Zerhacker (Schaltzeiten) 69
Zündanlage 68
Zündkerzen 68
Zündkontrolle (Motor) 68
Zündspannung 42, 79
Zungenkontakt (Prellen) 70
Zweiklang 31
Zweiweggleichrichter (Ausgangsspannung) 69
Zykloiden (Frequenzmessung) 111

Hobby-Skope PM 3207

Damit das Hobby zum Erlebnis wird.

Hobby soll Spaß machen. Und Spaß macht's, wenn man als Hobbyelektroniker ein Oszilloskop mit den vielfältigen Möglichkeiten des PM 3207 hat.

Natürlich zu einem hobby-gerechten Preis.

Professionelle Technik für Profis

Bildungs-Skope PM 3207

Damit die Ausbildung eine Klasse besser wird.

PM 3207: Ein Oszilloskop mit einem Konzept wie für die Ausbildung maßgeschneidert. Technologie, die jeder gleich versteht.

Die preiswerte Alternative mit der besseren Technik.

Professionelle Technik für Profis

Service-Skope PM 3207

Damit der Service eine Klasse besser wird.

Der Service-Techniker und das PM 3207 – ein ideales Gespann, denn dieses Philips Oszilloskop läßt einfach keine Wünsche offen.

Aber auch an den mobilen Einsatz ist gedacht. Das Gerät ist kompakt. Geringe Abmessungen.

Professionelle Technik für Profis

Technische Daten auf der folgenden Seite ▶

6. Anhang: Eine Auswahl von PHILIPS Oszilloskopen

Das heutige Oszilloskop-Angebot ist sehr vielseitig. Es reicht vom preisgünstigen Universal-Oszilloskop bis zu aufwendigen Mehrstrahl- bzw. Mehrkanal-Oszilloskopen mit sehr großer Bandbreite – mit und ohne Speichermöglichkeit. Der Einsatz von Mikroprozessoren und digitalen Speichern ermöglicht völlig neue Meßmöglichkeiten bei hohem Bedienungskomfort. Auf den folgenden Seiten werden einige Oszilloskope aus dem PHILIPS Lieferprogramm vorgestellt.

15 MHz-Zweikanal-Oszilloskop PHILIPS PM 3206 (Das Hobby-Skope)

- Bandbreite: 15 MHz bei einem Ablenkkoeffizienten von 5 mV/cm
- Nutzbare Bildschirmfläche 8 × 10 cm^2
- Triggermöglichkeiten: NORM, TV, von Kanal A, B oder extern
- sofort stehende Bilder durch Triggerpegelautomatik
- X/Y-Darstellungen über Kanal A und B
- Externe Z-Modulation
- Leicht und handlich, Gewicht ca. 5 kg

Das Gerät PM 3206 ist das preiswerteste PHILIPS-Zweikanal-Oszilloskop. Es eignet sich ganz besonders für Hobby und Ausbildung, als auch für Service und Industrieanwendungen. Die Bedienung dieses Oszilloskops ist auch für ungeübte Personen kein Problem. Alle Hauptbedienungselemente liegen griffgünstig auf der gleichen Höhe. Die Eingangsbuchsen befinden sich am unteren Geräterand, so daß angeschlossene Tastköpfe und Kabel die Bedienung nicht behindern.

Die verschiedenen Darstellungsmöglichkeiten sowie die Triggerpegelautomatik, die für sofort stehende Bilder sorgt, bieten ein breites Anwendungsfeld, ermöglichen Messungen ohne Zeitverlust und vermeiden Fehlmessungen.

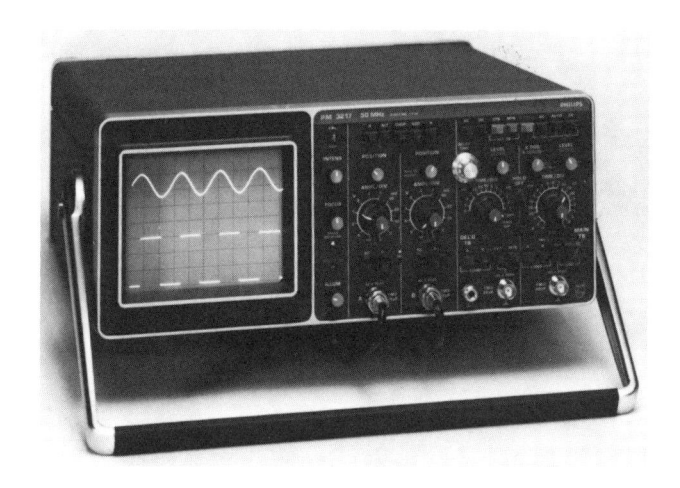

50 MHz-2-Kanal-Oszilloskop PHILIPS PM 3215

- Bandbreite: 50 MHz bei einem Ablenkkoeffizienten von 2 mV/cm
- Helles Bild durch 10 kV Beschleunigungsspannung
- Nutzbare Bildschirmfläche 8 × 10 cm^2 mit beleuchtbarem Innenraster
- Umfassende Triggermöglichkeiten: Automatik, AC, DC, TV, von Kanal A, B, extern oder von der Netzfrequenz
- Vielseitige X-Y-Darstellungsmöglichkeiten
- Speisung: wahlweise aus dem Wechselspannungsnetz, aus einem Batterieteil oder mit 24 V Gleichspannung
- Doppelt isoliertes Netzteil

Das Gerät PM 3215 ist mit seiner Bandbreite von 50 MHz und dem günstigen Ablenkkoeffizienten von 2 mV/cm für die unterschiedlichsten Anwendungen in Labors, im Service und in der Ausbildung geeignet. In der Triggerbetriebsart „Automatik" wird der Pegelbereich automatisch dem Amplitudenwert des darzustellenden Signals angepaßt. Der Triggerpegel liegt so immer innerhalb der Signalamplitude, und man erhält nach Anlegen eines Signals sofort stehende Bilder. Vorteilhaft ist auch die doppelte Isolation des Netzteils, die einen Schutzleiteranschluß überflüssig macht, so daß Messungen ohne Erdschleifen und Brummeinflüsse durchgeführt werden können.

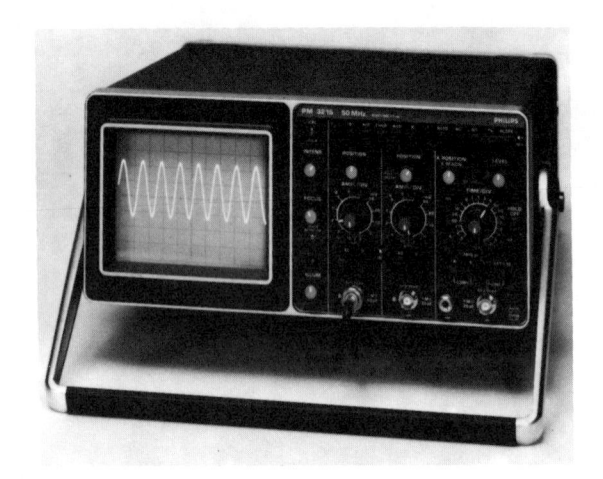

50 MHz-Zweikanal-Oszilloskop PHILIPS PM 3217

- Bandbreite: 50 MHz bei einem Ablenkungskoeffizienten von 2 mV/cm
- Helles Bild durch 10 kV Beschleunigungsspannung
- Nutzbare Bildschirmfläche 8 × 10 cm² mit beleuchtbarem Innenraster
- Erweiterte Darstellungsmöglichkeiten durch kalibrierte verzögerte Zeitbasis mit alternierender Zeitbasisdarstellung
- Z-Modulation möglich
- Versorgung über Netz oder mit 24 V$_=$

Das Gerät PM 3217 besitzt eine eindrucksvolle Kombination von Eigenschaften. Neben der großen Empfindlichkeit von 2 mV/cm über die gesamte Bandbreite von 50 MHz der beiden Y-Kanäle besitzt das Gerät eine Doppelzeitbasis mit der Möglichkeit der alternierenden Zeitbasisdarstellung. In dieser Betriebsart können sowohl die aufgehellte Hauptzeitbasis als auch die verzögerte Zeitbasis gleichzeitig über den gesamten Bildschirm dargestellt werden, so daß vier Oszillogramme gleichzeitig ausgewertet werden können. Die vielfältgen Triggermöglichkeiten AC, DC, TVF (Bildtriggerung), TVL (Zeilentriggerung) wie auch die hohe Triggerempfindlichkeit für die externen Eingänge machen das Gerät gleich gut geeignet für Messungen in modernsten Fernsehsystemen und in der Digitaltechnik. Der variable Trigger-hold-off verhindert das Doppelschreiben bei Digitalsignalen, ohne daß die Zeitbasis in die unkalibrierte Position geschaltet werden muß.

Jede gewählte Triggerquelle wie auch die Eingangssignale der beiden Y-Kanäle lassen sich für Y/Y-Darstellungsmöglichkeiten auch zur Horizontalablenkung verwenden. Daneben ist abwechselndes Triggern für beide Zeitbasen möglich. Damit kann eine stabile Anzeige zweier nicht miteinander verkoppelter Signale erreicht werden.

Die Vielseitigkeit in Kombination mit professionellen Spezifikationen macht das Gerät geeignet für Forschung, Labor, Ausbildung und Service.

100 MHz-Kompaktoszilloskop PHILIPS PM 3267

- Bandbreite: 100 MHz bei einem Ablenkungskoeffizienten von 20 mV/cm bzw. 80 MHz bei 2 mV/cm
- Helle Röhre mit 10 kV Beschleunigungsspannung und beleuchtbarem Innenraster 8 × 10 cm^2
- Dritter Kanal zur gleichzeitigen Darstellung des Triggersignals
- Doppelzeitbasis mit alternierender Zeitbasisdarstellung
- Warnlampen für unkalibrierte Einstellungen
- Geringe Leistungsaufnahme ermöglicht wahlweise auch Batteriebetrieb
- Z-Modulationseingang TTL kompatibel

Mit dem PM 3267 können praktisch alle Messungen an modernen elektronischen Systemen – sowohl im Labor als auch im Feld – durchgeführt werden. Durch die hohe Ablenkgeschwindigkeit bis zu 5 ns/cm genügt das Gerät praktisch allen Anforderungen schneller, logischer Schaltungen wie ECL und TTL.
Mit der Funktion Trigger View läßt sich das Triggersignal als dritter Kanal mit auf dem Bildschirm darstellen. Mehrdeutigkeiten bei der Triggerung werden damit erkannt. Die alternierende Zeitbasisdarstellung bietet eine leichte und schnelle Auswertung von Signaleinheiten. Die Composite Triggerung ermöglicht die stabile Darstellung von zwei Signalen, die in keinem festen Verhältnis zueinander stehen.

50 MHz-Speicheroszilloskop PM 3219

- Bandbreite: 50 MHz bei einem Ablenkkoeffizienten von 2 mV/Teil
- Speicherröhre mit hoher Einbrennsicherheit und exzellenter Bildschärfe, $\geq$ 2 Teile/µs Schreibgeschwindigkeit, Innenraster 8 × 10 Teile à 9 mm
- Variable Nachleuchtdauer
- Automatische Speicherung bis zu mindestens 24 Stunden in der „Babysit"-Betriebsart
- Doppelflanken-Triggerung
- Doppelzeitbasis mit alternierender Zeitbasisdarstellung

Das Speicheroszilloskop PM 3219 verfügt über universelle Speichermöglichkeiten für einmalig auftretende Ereignisse, niederfrequente Phänomene und andere Signale und besitzt neuartige Betriebsarten wie z.B. die Babysit-Funktion. Diese Betriebsart ermöglicht die automatische Überwachung von Signalleitungen. Ein positives oder negatives Signal wird aufgezeichnet und bis zu 24 Stunden lang gespeichert. Es ist dadurch möglich, morgens Ereignisse darzustellen und zu analysieren, die irgendwann in der Nacht aufgetreten sind.

Im PM 3219 sind die Vorteile der variablen Nachleuchtdauer mit der variablen Speicherung kombiniert. Das bedeutet, daß sowohl langsame Vorgänge, flackerfrei dargestellt, als auch schnelle Ereignisse mit niedriger Wiederholrate erfaßt werden können.

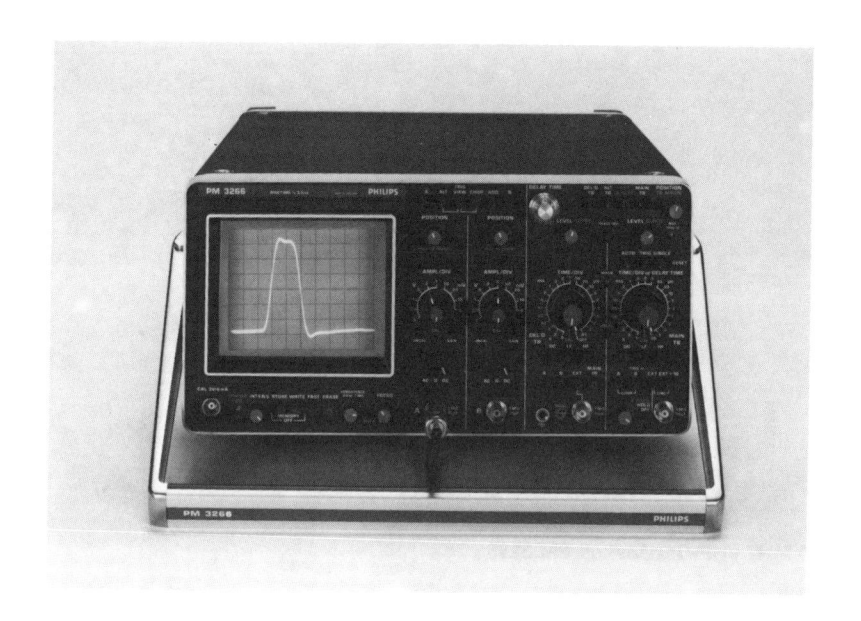

100 MHz-Speicheroszilloskop mit hoher Schreibgeschwindigkeit PHILIPS PM 3266

- Bandbreite: 100 MHz bei einem Ablenkungskoeffizienten von 5 mV/cm bzw. 35 MHz bei 2 mV/cm
- Transfer-Speicherröhre mit der hohen Schreibgeschwindigkeit von max. 1000 Teilen/ µs, Innenraster 8 × 10 Teile à 9 mm
- Variable Nachleuchtdauer
- Kontinuierlich aufgefrischte Darstellungen durch einstellbares automatisches Löschen
- Hauptzeitbasis mit alternierender Zeitbasisdarstellung
- Dritter Kanal zur gleichzeitigen Darstellung des Triggersignals

Das Gerät PM 3266 ist mit der PHILIPS Transfer-Speicherröhre L 14–140 ausgestattet. Es bietet damit vielseitige Speichermöglichkeiten für die komplexen Meßprobleme wie sie in Forschung und Entwicklung bis hin zum Service auftreten. Ermöglicht wird die hohe Schreibgeschwindigkeit von 1000 Teilen pro µs durch Anwendung der Transfer-Speichertechnik. Diese ermöglicht auch die kontrastreiche Darstellung in der Halbton-Speicher-Betriebsart und die variable Nachleuchtdauer. Beide Speicherbetriebsarten sind über den vollen Bildschirm von 8 × 10 Teilen einzusetzen. Einmalige Vorgänge werden durch die Möglichkeit der einmaligen Auslösung der Zeitbasis (Single Shot) erfaßt, gespeichert und in Abhängigkeit von der Helligkeitseinstellung von 15 s bis zu 1 h dargestellt.

350 MHz VHF-Oszilloskop PM 3295

- Bandbreite: 350 MHz bei einem Ablenkungskoeffizienten von 5 mV/cm bzw. 70 MHz/cm und 2 mV/cm
- Dritter Kanal für die gleichzeitige Darstellung des Triggersignals
- Röhre mit hoher Schreibgeschwindigkeit, 24 kV Beschleunigungsspannung, beleuchtbarem Innenraster 8 × 10 cm^2 sowie Meßwert- und Parametereinblendung
- „Auto-Set"-Funktion
- Amplituden- und Zeitmessung mittels „Cursor"
- Mikroprozessorgesteuert, voll fernsteuerbar

Überraschend bedienungsfreundlich und leistungsstark ist dieses VHF-Oszilloskop mit eingebauter „Intelligenz". Die „Auto-Set"-Funktion z.B. nimmt selbständig die Grundeinstellung des Gerätes vor, so daß bei beliebigen perodischen Eingangssignalen sofort ein getriggertes Bild erscheint. Cursormessungen mit Parameter- und Meßwerteinblendung sowie LED- und LCD-Statusanzeigen erhöhen den Meßkomfort ebenso wie: 2 unabhängige Zeitbasen, umfassende Triggermöglichkeiten und „trigger view" als 3. Kanal. Die hohe Schreibgeschwindigkeit (4 cm/ns) der leistungsstarken Röhre mit „helical deflection"-System schafft bemerkenswerte Reserven für schnellste Vorgänge. Einsatz neuester Technologie wie Hybrid-Schaltkreise, SMDs (surface mounted devices) sowie opto-elektronische Drehschalter bieten ein hohes Maß an Zuverlässigkeit bei kompaktem Design.

Voll fernsteuerbar (mit IEC/IEEE-Bus Option) eignet sich das PM 3295 besonders für automatische Test- und Meßsysteme.

Digitales 4-Kanal-Speicheroszilloskop PM 3305

- Bandbreite 35 MHz bei einem Ablenkungskoeffizienten von 2 mV/cm
- Röhre mit 10 kV Beschleunigungsspannung, beleuchtbares Innenraster 8 × 10 cm^2
- Vierkanal-Speicherbetrieb: Zwei zusätzliche, galvanisch getrennte Eingänge an der Geräterückseite
- Vergleichsbetriebsart
- „Glitch" – Erfassung durch MIN/MAX-Detektor
- Wahlweise mit XY-Schreiberausgang und IEC-Bus Schnittstelle

Das PM 3305 ist ein 35-MHz Digital-Speicheroszilloskop mit 4 Kanälen. 2 Kanäle mit identischen Abschwächer-Stufen von 2 mV/cm bis 10 V/cm sind auf der Frontplatte, 2 zusätzliche, galvanisch voneinander und vom Gehäuse isolierte Eingänge stehen auf der Geräterückseite zur Verfügung.

Bei eingeschalteter Vergleichsbetriebsart können bis zu 4 vorher gespeicherte Signale mit 4 neuen Signalen verglichen werden.

Damit sind maximal 8 Signale auf dem Bildschirm, die auf Wunsch entweder über die IEC-Bus-Schnittstelle an einen Rechner oder direkt an den Plotter PM 8154 B übertragen werden können.

Die Ausgabe auf XY-Schreiber ist ebenfalls möglich. Zusätzlich steht das Ausgangssignal des Analog-Digital-Wandlers für weitere Signalverarbeitung zur Verfügung.

Der systembedingte Nachteil der Digitalspeicher-Oszilloskope, daß Ereignisse, die kürzer als das Abtastintervall sind, nicht mit Sicherheit registriert werden, wurde beim PM 3305 durch einen MIN./MAX.-Detektor überwunden. Selbst 10 ns „kurze" Störimpulse werden noch sicher aufgezeichnet.

Direktbetrieb bedeutet, daß mit PM 3305 auch ohne Speicherbetrieb wie mit einem normalen Echtzeit-Oszilloskop gearbeitet werden kann.

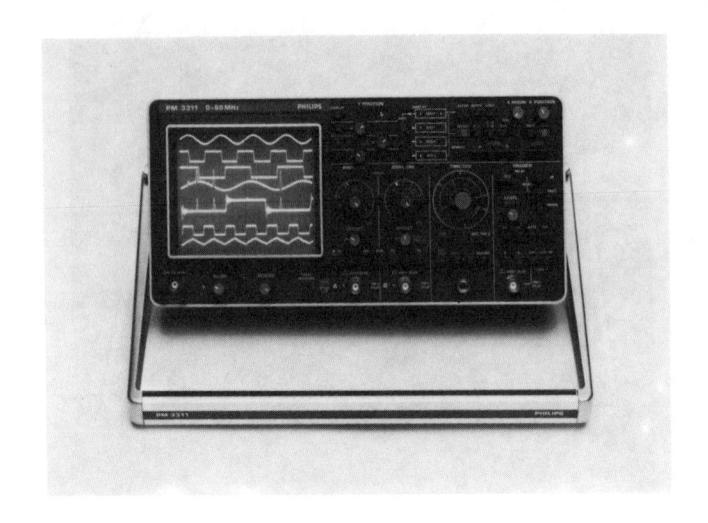

60 MHz-Digital Speicheroszilloskope PM 3310/3311/3315

- Bandbreite: 60 MHz bei einem Ablenkungskoeffizienten von 10 mV/cm
- Helles Bild durch 10 kV Beschleunigungsspannung, beleuchtbares Innenraster 8 × 10 cm^2
- Digitale Speicherung der Analogsignale
- Hohe Abtastfrequenz bis zu 50 MHz bei PM 3310, 125 MHz bei PM 3311/15
- 4 eingebaute Speicher à 256 Byte
- „Roll"-Betriebsart, damit Langzeitspeicherung bis zu 40 Stunden
- XY-Ausgang für Schreiber
- Datenspeicherung bei Netzausfall und ausgeschalteten Gerät
- Wahlweise Gerätefunktionen über IEC-Bus fernsteuerbar.

Diese digitalen Zweikanal-Speicheroszilloskope werden von einem Mikroprozessor gesteuert. Das analoge Eingangssignal wird durch schnelle Abtastung in eine Folge digitaler Werte umgewandelt. Diese Werte werden in einem Halbleiterspeicher abgespeichert. Diese Technik hat – im Gegensatz zu analogen Speichern – den Vorteil, daß noch nachträglich, wenn die Signale abgespeichert sind, Darstellungsparameter geändert werden können. Für die Speicherung von verschiedenen Signalen stehen 4 Speicher zur Verfügung. Jeder der vier Speicher kann die Signale der beiden Eingangskanäle abspeichern, so daß bis zu 8 Signalkurven auf dem Bildschirm dargestellt werden können. Die Darstellungsparameter werden mit der Taste Select für den jeweiligen Speicher abgerufen und auf LED-Displays dargestellt. Zur Verschiebung des „Speicherfensters" dient die digitale Verzögerung mit dem Bereich von –9 .... + 9999 Bildschirmteilen; d.h. das zu speichernde Ereignis darf um diese Werte vom Triggerpunkt entfernt sein, um trotzdem noch registriert zu werden. Eine Verzögerung von –9 Teilen bedeutet, daß auch Ereignisse, die 9 Bildschirmteile vor dem Triggerpunkt liegen abgespeichert und dargestellt werden (Pre-Trigger). Im „Plot-Mode" steht ein Ausgangssignal für einen XY-Schreiber zur Verfügung. Damit können u.a. schnelle, einmalige analoge Vorgänge für eine Dokumentation aufgezeichnet werden.

Hobby-Skope PM 3206

Damit das Hobby zum Erlebnis wird.

Hobby soll Spaß machen. Und Spaß macht's wenn man als Hobbyelektroniker ein Oszilloskop mit den vielfältigen Möglichkeiten des PM 3206 hat.
Natürlich zu einem hobby-gerechten Preis.

Professionelle Technik für Profis

Bildungs-Skope PM 3206

Damit die Ausbildung eine Klasse besser wird.

PM 3206: Ein Oszilloskop mit einem Konzept wie für die Ausbildung maßgeschneidert. Technologie, die jeder gleich versteht.
Die preiswerte Alternative mit der besseren Technik.

Professionelle Technik für Profis

Service-Skope PM 3206

Damit der Service eine Klasse besser wird.

Der Service-Techniker und das PM 3206 ein ideales Gespann, denn dieses Philips Oszilloskop läßt einfach keine Wünsche offen.
Aber auch an den mobilen Einsatz ist gedacht. Das Gerät ist kompakt. Geringe Abmessungen.

Professionelle Technik für Profis

Technische Daten auf der folgenden Seite ▶

Eine praktische Ergänzung, die Kenntnisse vom Aufbau der Oszilloskope vermittelt:

H. Carter

Kleine Oszilloskoplehre

Grundlagen, Aufbau und Anwendungen

8., überarb. und erw. Aufl. 1983,
130 S., 100 Abb., kart., DM 28,–
ISBN 3-7785-0801-1

Es gibt wohl kaum ein allgemein vorhandenes Meßgerät, das vielseitiger als das Elektronenstrahl-Oszilloskop verwendbar ist. Ursprünglich wurde es in ziemlich primitiver Form als reines Laborgerät geschaffen, aber bald vervollkommnete man die Konstruktion der Elektronenstrahlröhre und fand Wege, diese Röhren präzise und in großer Stückzahl herstellen zu können. Mit der Entwicklung neuer und eleganter Schaltungen entstand erst das eigentliche Oszilloskop, das heute in einer Vielzahl von Typen existiert. Einige sind speziell auf die Bedürfnisse der wissenschaftlichen oder industriellen Forschung zugeschnitten, aber die weitaus meisten eignen sich ebensogut für Prüf-, Wartungs-, Abgleich- und Reparaturarbeiten auf elektrischem wie auf mechanischem Gebiet.

Diese „Allzweck"-Oszilloskope müssen oft von Technikern und Betriebsingenieuren bedient werden, die in ihrem eigenen Fach zwar Experten sind, jedoch von der Elektronik nur eine oberflächliche Kenntnis haben. Besonders im Hinblick auf diese Benutzer wurde das vorliegende Buch geschrieben. Aber auch für andere kann diese Einführung interessant sein, wie beispielsweise für Anfänger, Studenten an technischen Lehranstalten oder auch für Wissenschaftler, um nur einige zu nennen. Darüber hinaus ist dieses Buch für alle diejenigen bestimmt, die eine einfache Erklärung der Funktion der Elektronenstahlröhre und der Grundlagen, Konstruktion und Anwendung von Elektronen-Oszilloskopen suchen.

Von jeder mathematischen Behandlung wurde abgesehen und ferner versucht, die Erklärungen so einfach zu gestalten, daß sie auch für solche Leser verständlich sind, die nur eine ungefähre Vorstellung von elektronischen Schaltungen haben, ohne daß dabei erfahrenere Leser gelangweilt werden. Die praktischen Beispiele wurden so ausgewählt, daß sowohl die wesentlichen technischen Grundlagen wie auch eine möglichst große Anzahl interessanter Anwendungsmöglichkeiten zur Sprache kommen. Natürlich wird dabei kein Anspruch auf Vollständigkeit erhoben.

Das einzigartige Nachschlagwerk über Elektrotechnik und Elektronik:

Die beiden „Blauen" von Philips:

**Philips Lehrbriefe
Elektrotechnik und Elektronik**

Band 2: Technik und Anwendung

8. Aufl. 1984, XII, 538 Abb., 38 Tab., geb., DM 39,80
ISBN 3-7785-0949-7

Elektrotechnische Formeln und Gesetze · Grundschaltungen: Widerstände, Kondensatoren, Spulen · Verstärker – Plattenspieler – Magnetbandgeräte · Rundfunkempfangstechnik · Fernsehempfangstechnik · Antennen und Empfangsanlagen · Audiovisuelle Verfahren und Systeme · Digitale Elektronik · Prüfen, Messen, Regeln · Radar, Laser, Holografie · Lichtquellen und ihre Anwendungen · Technik für Haus und Umwelt.

Das zweibändige Lese-, Lern- und Lehrbuch über Elektrotechnik und Elektronik:

Die beiden „Blauen" von Philips:

**Philips Lehrbriefe
Elektrotechnik und Elektronik**

Band 1: Einführung und Grundlagen

10. Aufl. 1982, 409 S., 851 Abb., 27 Tab., geb. DM 39,80
ISBN 3-7785-0815-6

Erste Bekanntschaft mit der Elektrizität · Etwas über Wechselspannung und Wechselstrom · Einfache elektrische Bauelemente · Elektronenröhren und ihre Arbeitsweise · Aufbau und Eigenschaften des Halbleiter-Materials · Halbleiter- oder Kristall-Dioden · Transistoren und ihre Arbeitsweise · Integrierte Schaltungen · Niederfrequenztechnik, Ton- und Bildplatte · Grundlagen der Rundfunktechnik · Einführung in die Fernsehtechnik · Magnetische Aufzeichnung von Ton und Bild · Etwas von Computern und logischen Funktionen · Licht und Beleuchtung · Internationales Einheitensystem (SI-System).

Hüthig

Erich Roske

Grundlagen der Funktechnik

Für Auszubildende, Funkamateure und Hobbytechniker

1985, 252 S., zahlr. Abb., kart.,
DM 49,—
ISBN 3-7785-1035-5

Dieses Buch enthält einen programmierten Lehrstoff mit Nachschlage-Info und Fremdwörterverzeichnis sowie englischen Fachausdrücken auf einer mittleren Verständnisgrundlage. Es wendet sich an Auszubildende der Elektronik, Rundfunk- und Fernsehtechnik, Interessenten der Nachrichtentechnik, an Hobbyfunker und Funkamateure und ist zwischen der populärwissenschaftlichen Literatur und wissenschaftlichen Fachbüchern angesiedelt. Der Lehrstoff ist mit aktuellen Übungsaufgaben angereichert und enthält zur Selbstkontrolle beispielhafte Prüfungsfragen für die technische Prüfung von Funkamateuren nach den Bestimmungen über den Amateurfunkdienst von 1982 und ist in unbedingt notwendige und in weiterführende Kenntnisse gegliedert, die bei fehlendem Interesse überlesen werden können.

Dr. Alfred Hüthig Verlag
Im Weiher 10
6900 Heidelberg 1

Gerhard Boggel

Hüthig

Satellitenrundfunk

Empfangstechnik für Hör- und Fernsehrundfunk in Aufbau und Betrieb

1985, 107 S., 53 Abb., 11 Tab., kart., DM 28,—
ISBN 3-7785-1080-0

Mit diesem Werk sollen Satelliten-Rundfunk-Systeme den bereits heute mit der Erstellung und Planung von Empfangsantennenanlagen beschäftigten Ingenieur- und Beratungsbüros bekannt gemacht werden. Der hohe technische Aufwand, der sowohl in der Sendetechnik als auch beim Empfang der Satelliten Signale erforderlich ist, setzt allgemeine bis gute Kenntnisse der heutigen Empfangsantennentechnik voraus.
Das in diesem Buch vermittelte Wissen macht es möglich, die neuen Anwendungstechniken im Gigahertzbereich in Verbindung mit Kabel-Pilotprojekten der Deutschen Bundespost oder aber auch in den zukünftigen Breitbandkommunikationsnetzen zu verstehen und zu verarbeiten.

**Dr. Alfred Hüthig Verlag
Im Weiher 10
6900 Heidelberg 1**

Hüthig

Dietrich Alfred Schilling

EDV - Kein Geheimnis!

Grundwissen für Mitarbeiter und Chefs

1985, 118 S., 34 Abb., kart.,
DM 36,—
ISBN 3-7785-1059-2

Aufgrund seiner einfachen Ausdrucksweise und der zahlreichen Skizzen und Beispiele sollte das Buch sowohl Anfänger als auch Anwender und Praktiker sowie Mikro- und Homecomputer-Begeisterte ansprechen.
Es soll Lücken schliessen, die bei der üblichen Schnellausbildung der Mitarbeiter - und Chefs - im Rahmen einer EDV-Einführung unweigerlich entstehen und bleiben.
Der Verfasser versucht mit möglichst einfachen Worten zunächst die Hardware, dann das grundsätzliche der Software zu erläutern. Die Art der Darstellung der einzelnen Themen basiert auf mehr als zehnjähriger Tätigkeit als EDV-Instruktor für das Schulungs-Zentrum eines EDV-Herstellers.
Nach den Grundlagen in den Themenblöcken Hardware, Software und Mikrocomputer werden in geschlossenen Themenkreisen kommerzielle Anwendungen an Beispielen erläutert: Die EDV in der Buchhaltung; die EDV im Handwerk. In diesen Abschnitten wird Interessenten und Anwendern sehr detailliert gezeigt, wie man ein Problem lösen kann und welche organisatorischen Vorarbeiten bei der Planung eines EDV-Einsatzes notwendig sind.
Der Themenkreis „Die Daten-Übertragung in der EDV" sollte außer dem Laien auch den EDV-Spezialisten ansprechen. Anhand von vielen Skizzen wird hier das Grundwissen umd die Daten-Übertragung und Netzwerktechnik vermittelt.

Dr. Alfred Hüthig Verlag
Im Weiher 10
6900 Heidelberg 1

Jürgen Schultz, Konrad Dürrer, Gottfried Gubsch

1000 Begriffe für den Praktiker

Elektrische Meßtechnik

Hüthig

1986, ca. 200 S., zahlr. Abb., geb., ca. DM 30,—
ISBN 3-7785-1131-9

Elektrotechnik, Elektronik und Mikroelektronik stellen immer höhere Anforderungen an die Meßinstrumente und deren Meßgenauigkeit. Alte Instrumente erfüllen die Anforderungen zum fehlerfreien Ermitteln der Meßdaten nur noch bedingt. Neue Meßinstrumente, die den Forderungen der Elektrotechnik, Elektronik und Mikroelektronik entsprechen, sind in den letzten Jahren geschaffen worden. Die Vielfalt der Anwendungsbereiche und Einsatzmöglichkeiten erfordern darum besonders vom Praktiker umfassendes Wissen über die Meßgeräte und deren Einsatz.

Das Lexikon ist behilflich, sich mit dem Gebiet der elektrischen Meßtechnik vertraut und sie für die Praxis nutzbar zu machen. Die Erklärungen der 1000 Stichwörter geben Antwort auf die wichtigsten Fragen zum Sachgebiet. Dabei wendet es sich einerseits an den Elektro-Fachmann, der zur schnellen Klärung von Sachfragen eine Hilfe benötigt. Andererseits vermittelt es dem Auszubildenden in den Elektrohandwerken bis hin zum Hobbyelektroniker, Grundsätzliches zum Messen, als eines der wichtigsten Arbeitsgebiete der Elektrotechnik/Elektronik.

Im Anhang des Lexikons werden die zu den Themenkomplexen gehörenden wichtigsten Normen, VDE- und IEC-Bestimmungen genannt.

Dr. Alfred Hüthig Verlag
Im Weiher 10
6900 Heidelberg 1

Hüthig

Wolfgang Eggerichs, Roman Weiß

CBASIC

Das Einführungs- und Nachschlagewerk für den Anwender

1985, 172 S., kart., DM 39,80
ISBN 3-7785-1015-0

Die Programmiersprache CBASIC ist eine kaufmännisch, verwaltungstechnisch orientierte Variante von BASIC und läuft unter den Betriebssystemen der CP/M-Familie. Die Vorteile von CBASIC liegen in der hohen Rechengenauigkeit, der Möglichkeit zur strukturierten (und zur selbstdokumentierenden) Programmierung und zur Erzeugung von schnell ablauffähigen, compilierten Programmen.

In diesem Buch werden die CBASIC-Anweisungen erläutert, Unterschiede zwischen der Interpreter- und der Compilerversion aufgezeigt und der Leser wird anhand von zahlreichen Beispielen (auch zur Dateiverwaltung) an die Anwendung von CBASIC herangeführt. Zusätzlich enthält dieses Einführungs- und Nachschlagewerk eine Kurzeinführung in den CP/M-Editor und in mehreren Anhängen die Zusammenfassung der verschiedenen Fehlermeldungen und Wahlschalter der BASIC-Interpreter- und -Compiler-Module.

Dr. Alfred Hüthig Verlag
Im Weiher 10
6900 Heidelberg 1